2 Yukawa ライブラリー

京都大学基礎物理学研究所［監修］

弦とブレーン

細道和夫［著］

朝倉書店

〈Yukawa ライブラリー〉刊行によせて

私たちは誰でも「この世界の最も基本的な構成要素は何なのか，宇宙はいかに始まり，生命はどのようにして生まれたのか?」といったような疑問を持っています．

このような自然界に対する素朴なそして根元的な問いに答えるべく物理学は 20 世紀に急速な発展をとげ，自然現象に関する人類の理解は大きく進展しました．しかしその一方で，素粒子 (ミクロ)，宇宙 (マクロ)，さらにミクロとマクロの境界領域において，解明を要する新たな現象が次々と発見され，自然現象を支配する統一的な基本法則の発見や，生命を含む諸現象の示す豊かさと複雑さの理解などが，未解明の大きな課題として残されています．

Yukawa (ユカワ) ライブラリーは，湯川秀樹博士のノーベル物理学賞受賞を記念して創設された京都大学基礎物理学研究所 (英語名 Yukawa Institute for Theoretical Physics) の監修の下，素粒子論，原子核理論，物性論，宇宙論などの理論物理学の諸分野で活躍する研究者による，それぞれの分野の最先端の研究成果や残された課題の紹介と解説を目指したシリーズです．

読者の皆さんが，このシリーズを通して，理論物理学研究の最前線に触れつつ自然の理解をより深め，基礎物理学研究所が目指す「文化としての科学」を育てる一翼を担って頂ければ望外の喜びです．

2017 年 1 月

京都大学基礎物理学研究所所長　佐々木　節

まえがき

本書は，京都大学および国立台湾大学での筆者の弦理論の講義ノートをもとにして教科書の体裁に整えたものである．主に対象とするのは素粒子論・弦理論を志す学部学生・大学院生の皆さんである．量子力学，相対論および物理数学の基礎に加えて場の量子論の初等的知識があるとよいが，もしなくても，興味さえあれば読み進められるよう，できる限り丁寧な説明に努めた．

本書の目的は，超弦理論の成り立ちを丁寧にたどりつつ，かつ現代的な超弦理論の全体像を素早く掴むこと，特に双対性やブレーンといった重要な概念まで最短経路で到達することである．一般的な教科書に比べて取り上げた内容は非常に限られているが，1つの繋がった自己充足的な読み物になるように配慮している．超弦理論の進んだ話題の研究に早く取り組みたい，先輩たちとの議論に早く混じりたい，という人たちのために，本書が手助けになれば幸いである．

簡単に本書の構成を述べると，前半は閉じたボソン弦，タイプ II 超弦，開いた弦，向きのない弦の順に世界面理論による定式化を学び，後半では D ブレーン上の有効理論や超重力理論による記述に移る．最後の章では，いわゆる超弦の第 2 次革命以降数年の間に起こった進展の中から，とりわけ重要なものを選んで紹介する．これ以降も進展は続くが，個々の話題はどんどん専門的になってゆくので，短い教科書にまとめるのは難しい．また，2 次元共形場理論の進んだ話題やヘテロ弦など，非常に重要であるが本書の構成の都合上やむを得ず割愛した話題もある．

最後に，執筆の機会を下さった京都大学基礎物理学研究所の佐々木節所長，筆の遅い筆者を辛抱強く見守って下さった朝倉書店の皆様に御礼申し上げる．常に励ましてくれた同僚たち，また講義ノートを輪講に使って下さり，たくさんのコメントを下さった東京大学素粒子論研究室の皆さんおよび立川裕二氏には，心から感謝の意を表したい．

2017年1月

細道和夫

目　　次

Chapter 1 弦理論の生い立ち

1960年代の素粒子物理においては，核力を通じて強く相互作用するハドロンと呼ばれる粒子たちが主要な問題のひとつであった．当時行われた様々な実験の結果，数多くのハドロンが見つかり，各々を素粒子と見なすにはあまりにも不自然なほどだったのである．それらの中には大きなスピン J の値を持つものも含まれ，またハドロンの2乗質量とスピン J の間にはレッジェ軌跡と呼ばれる次のような線形関係が成り立つことが見つかっていた．

$$m^2 = J/\alpha' + (\text{定数}), \quad \alpha' \sim (1\text{GeV})^{-2}\,. \tag{1.1}$$

これらのハドロンの各々を基本粒子として扱えない理由のひとつは，スピンが1より大きな粒子を矛盾なく記述する場の量子論が知られていなかったことである．これはどのくらい難しいのだろうか? 図1.1のような，メソンの2体散乱過程 $\mathbf{1}+\mathbf{2}\to\mathbf{1}'+\mathbf{2}'$ の計算を例にとって考えてみよう．

場の量子論の散乱振幅は，図1.1のようにファインマン図形を足し上げて評価される．図の右辺の最初の2項は仮想粒子 i を介した2通りの相互作用で，それぞれ s チャネル，t チャネルと呼ばれる．仮想粒子 i の質量を m_i，スピンを J_i とするとき，t チャネル図形の寄与は次で与えられる．

$$A_i^{[t]}(s,t) = -\frac{g_i^2(-s)^{J_i}}{t-m_i^2}\,. \tag{1.2}$$

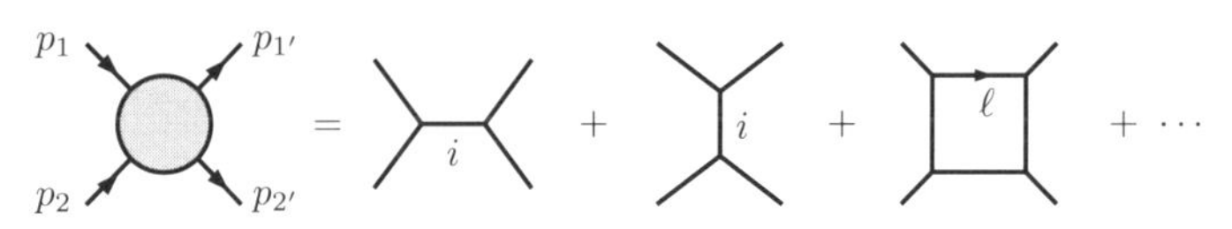

図1.1 メソンの散乱振幅．右辺第1項，第2項の形の相互作用はそれぞれ s チャネル，t チャネルと呼ばれる．第3項はループを含む図形の例である．

ただし s,t はマンデルスタムの変数である.

$$s=-(p_1+p_2)^2, \quad t=-(p_{1'}-p_1)^2 . \tag{1.3}$$

s チャネル図形の寄与は，変数 s,t の入れ替えで与えられる.

スピン J_i の仮想粒子は，ベクトルの添字を J_i 個持つカレント演算子との結合を通じて吸収・放出される. (1.2) 式右辺の因子 s^{J_i} は，このカレント演算子の次元が J_i に応じて大きくなることの現れである. この因子のため，スピンの大きな粒子を交換する図形の寄与は高エネルギーにいくほど大きくなる.

この好ましくない振る舞いの効果は，複数個の仮想粒子を交換する図形，つまり閉じたループを含む図形の評価の際にさらに顕著である. ループに沿って流れる運動量 ℓ は運動量保存則からは決まらないので，ループを含む振幅の評価は ℓ についての積分を要する. 積分はしばしば ℓ の大きな領域で発散するため，場の量子論の繰り込みと呼ばれる手続きでこれを除去する必要がある. ところが，被積分関数の ℓ 依存性は (1.2) 式と同じように仮想粒子のスピンに応じて変わり，特にスピンが 1 より大きな粒子を含む理論は 4 次元では繰り込み可能ではないのである.

弦理論の誕生　s の大きい領域での振幅の振る舞いは，様々なスピンを持った仮想粒子の効果を足し合わせることによって改善する可能性がある. そのような振る舞いを持つ振幅の例として，ヴェネツィアーノの提案した双対共鳴模型がある. これによると，メソンの 2 体散乱振幅は次で与えられる.

$$A(s,t)=\frac{\Gamma(-\alpha(s))\Gamma(-\alpha(t))}{\Gamma(-\alpha(s)-\alpha(t))} \qquad \big(\alpha(x)\equiv\alpha(0)+\alpha' x\big) . \tag{1.4}$$

右辺を $\alpha(t)$ の関数と見なすと，その極 $\alpha(t)=n$ (非負整数) と留数の情報をもとに t チャネル相互作用の足し上げの形に書き換えることができる.

$$A(s,t)=-\sum_{n\geq 0}\frac{1}{\alpha(t)-n}\frac{(\alpha(s)+1)(\alpha(s)+2)\cdots(\alpha(s)+n)}{n!} . \tag{1.5}$$

右辺の各項は 2 乗質量 $\sim n$，スピン $\leq n$ の仮想粒子の交換を表し，レッジェ軌跡を再現している. 興味深いのは，図 1.1 のように s チャネル，t チャネルの図形を足し合わせることなく，t チャネルの相互作用の足し上げのみでチャネル双対性 $A(s,t)=A(t,s)$ を満たす振幅となることである. そしてさらに興味深いことに，この散乱振幅 (1.4) はのちに相対論的な弦の量子論から従うことが見出されるのである．この弦理論は，振幅 (1.5) の中間状態に現れる無限個のハドロンをすべて 1 本の弦の異なる振動状態として記述できるものである．

しかし，この模型の量子論的な無矛盾性の要件が詳しく調べられた結果，

- 時空の次元は 26 次元である．
- ハドロンはすべてボース粒子である．
- 最も軽い粒子は負の 2 乗質量を持つタキオンである．
- 閉じた弦は，ハドロンの世界にはないスピン 2 の零質量粒子を生じる．

などの「不具合」が見つかっていった．また，高エネルギー極限での振幅の減衰の様子も実験結果をよく再現しないことが明らかになった．このような理由で，弦理論はハドロンの多様性を再現する理論としては大成せず，同時期に提案された量子色力学にその役割を譲ることとなった．しかしながら，弦理論はここから当初の目標を超えて大きな進化を遂げることになる．

超弦の第 1 次革命　強い力を記述する量子色力学を電磁気力，弱い力の理論に合わせた素粒子の標準模型は，その後何十年にもわたって，加速器その他の実験事実を精度よく説明する理論として大きな成功を収めている．しかし，現在の素粒子の標準模型は重力の量子論を含まない．重力を伝搬する重力子は零質量，スピン 2 の粒子であり，先に説明した紫外発散の繰り込み不可能性の理由で，通常の場の量子論の手法では量子化できないのである．ただし，重力の量子論が重要になると予想される質量スケール (プランク質量) は

$$m_p = \left(\frac{\hbar c}{G_{\mathrm{N}}}\right)^{\frac{1}{2}} = 1.2 \times 10^{19}\ \mathrm{GeV}/c^2 \tag{1.6}$$

と非常に大きく，加速器実験で探索できるようなエネルギー領域では量子重力の効果は無視して問題ないと考えられる．

一方で，弦理論がハドロンの物理を説明する上で障害となっていたスピン 2 の零質量粒子は，実は重力子なのではないかという提案がなされ，弦理論は重力を発散なく量子化する模型として再び見直されることになる．理論にフェルミ粒子を含める改良の試みから，超対称性理論，超重力理論が発見されたのもこの頃である．またタキオンを除去する機構も発見され，これに基づいて超弦理論と呼ばれる 10 次元の弦の模型がいくつか構成された．そしてそのうちの 1

つ，ゲージ対称性 $SO(32)$ を持つタイプ I 超弦理論が，10 次元超重力理論のアノマリー相殺と呼ばれる無矛盾性条件の数少ない解のひとつであることが示されると，超弦理論は究極理論として大きな注目を集めることとなった．これは超弦の第 1 次革命と呼ばれる．もうひとつの非自明な解である $E_8 \times E_8$ ゲージ対称性は，少し後にヘテロ弦と呼ばれる模型によって実現された．

ここで注意すべきは，10 次元が大きすぎるからという理由で超弦理論をただちに棄却する必要がないということである．我々の時空は実は 4 次元ではなく，小さく丸まった別の 6 次元方向があるのかもしれない．実際，1920 年代にカルツァ・クラインによって，4 次元時空に 1 次元の内部空間を加えるというアイデアに基づく重力と電磁気力の統一が試みられている．同じように，余分な 6 次元を巻きつける (コンパクト化する) 内部空間をうまく選べば，望ましい性質を備えた 4 次元の弦理論が得られる可能性がある．さらに，超対称性や大きなゲージ対称性といった特徴も，現実の世界には直接は見られないものであるが，標準模型の抱える様々な不満足な点，例えば

- ゲージ対称性が $SU(3) \times SU(2) \times U(1)$ と 3 つの因子に分かれている．
- 実験に合わせて決めねばならないパラメータが数多くある．
- ヒッグス粒子の質量がプランク質量 (1.6) 式に比べて不自然なほど小さい．

といった問題を解決する鍵になるものとして注目されている．

超弦の第 2 次革命　1990 年代における超弦の双対性，および D ブレーンの発見は，弦理論へのアプローチを一変させ，弦の強い相互作用の理解を飛躍的に進めることになる．この転換期は超弦の第 2 次革命と呼ばれる．

超弦の双対性とは，それまで知られていた 5 つの超弦理論

タイプ IIA，タイプ IIB，タイプ I，$SO(32)$ ヘテロ，$E_8 \times E_8$ヘテロ

を関係づける量子論的な等価性をいう．例えばタイプ I 理論と $SO(32)$ ヘテロ弦理論は結合定数の反転 $g_{(\text{タイプ I})} = 1/g_{(\text{ヘテロ})}$ のもとで等価であり，S 双対と呼ばれる．摂動論による近似計算が有効なのは弱結合領域に限られるため，双対な理論のペアは互いの理解を助け合う関係にある．また，タイプ IIA，IIB 理論をそれぞれ円周にコンパクト化して得られる 9 次元の理論は，円の半径の反転 $R_{(\text{IIA})} = \alpha'/R_{(\text{IIB})}$ のもとで互いに等価であり，T 双対と呼ばれる．

双対性の発見によって，5つの超弦理論はそれぞれ別個の理論ではなく，ある1つの「究極理論」の異なる側面を記述するものと認識されるようになった．この究極理論はM理論と呼ばれ，11次元時空を持つ量子超重力理論であると考えられている．M理論は超弦理論のいくつかの極限において現れるが，相対論的な弦の量子化を通じて超弦理論が定義されたのと同様なきちんとした定義はいまだ与えられていない．しかしその存在を仮定するだけで，強く相互作用する超弦理論についての実に様々な予想が従うのである．

双対性の発見と並んで，超弦理論に存在するソリトンの理解も大きく進展した．超弦理論には，弦の他にも様々な次元の空間的広がりを持った物体があり，膜(メンブレーン)の一般化を意味するブレーンという名で総称される．空間 p 次元(および時間1次元)に広がった物体は p ブレーンと呼ばれる．

このうちDブレーンと呼ばれる物体は，開いた弦の端点が付着できるという非常に簡単な性質で特徴づけられることが明らかになった．つまりDpブレーンに付着した弦の端点はその $(p+1)$ 次元の世界体積に沿ってのみ動けるわけである．この発見のおかげで，Dブレーンについて多くの性質が，ディリクレ境界条件に従う開いた弦の量子化から明らかにされてきている．

特に重要なのは，Dpブレーンの運動が $(p+1)$ 次元の超対称ゲージ理論で記述されることである．いろいろなDブレーンを複雑に組み上げた配位を考えることにより，多種多様なゲージ理論を実現できることも分かってきている．これは現実的な素粒子模型を構築する上でも，あるいは場の理論のより基礎的な問題を深く理解する上でも，非常に有効な枠組みとなっている．さらにはブラックホールの微視的構造の研究にも応用され，AdS/CFT対応と呼ばれる重力理論とゲージ理論の驚くべき双対性が発見されるきっかけにもなった．

超弦理論，M理論は現在もなお盛んに発展を続ける分野であるが，その構成要素である弦やブレーンの基本的な性質についての理解は整ってきている．本書ではボソン弦理論およびタイプII超弦理論を中心に，それらの性質を概観してゆくことにする．

Chapter

2 弦理論の基礎

弦理論の出発点として，ここではまず与えられた時空を運動する相対論的な弦の作用積分を導入する．さらに，弦の自由伝搬および相互作用を記述するのに必要な量子化の手続きを与える．この過程で，2 次元の自由場の理論を例にとって，演算子形式および経路積分による量子化についても学ぶ．

2.1 弦の世界面理論

一般相対性理論では，曲がった時空上の粒子の運動は測地方程式に従う．これは平坦時空上の自由粒子が等速直線運動することの自然な一般化である．これを変分原理から導くには，作用積分として粒子の世界線の長さ (にその質量を掛けたもの) を採用すればよいことが知られている．同じアイデアを弦の運動に適用して得られるのが南部・後藤の作用である．

2.1.1 粒子の世界線と作用積分

D 次元の平坦時空 (ミンコフスキー時空)

$$ds^2 = \eta_{\mu\nu} dX^\mu dX^\nu = -(dX^0)^2 + (dX^1)^2 + \cdots + (dX^{D-1})^2 \tag{2.1}$$

を運動する質量 m の自由粒子を考えよう．その運動の軌跡は D 次元時空内に 1 次元の世界線を定める．世界線に沿った座標を ξ とすると，D 個の ξ の関数 $X^\mu(\xi)$ が定まる．粒子の運動方程式はこれらの従う微分方程式である．

粒子の運動の作用積分を，その質量と世界線の長さの積で与えよう．

$$S = -m \int d\xi \sqrt{-\eta_{\mu\nu} \dot{X}^\mu \dot{X}^\nu}, \quad ただし \quad \dot{X}^\mu \equiv \frac{d}{d\xi} X^\mu(\xi). \tag{2.2}$$

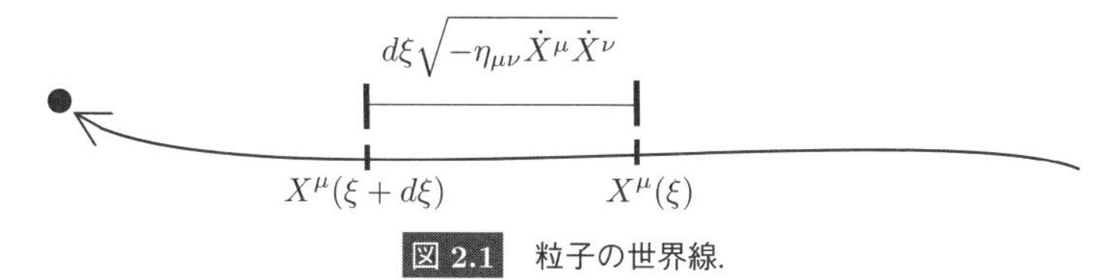

図 2.1　粒子の世界線.

古典的には，粒子の運動はこの作用積分を最小とするように決まる．これは変分原理または最小作用の原理と呼ばれる．

世界線上の座標 ξ の選び方は任意であり，したがって作用 S は世界線上の座標変換のもとで不変でなければならない．例えば座標変換 $\xi = \xi(\tilde{\xi})$ を用いて $X^\mu(\xi)$ から新しい関数 $\tilde{X}^\mu(\tilde{\xi}) = X^\mu(\xi(\tilde{\xi}))$ を定義すると，次が成り立つ．

$$\int d\xi\sqrt{-\eta_{\mu\nu}\frac{dX^\mu}{d\xi}\frac{dX^\nu}{d\xi}} \;=\; \int d\tilde{\xi}\sqrt{-\eta_{\mu\nu}\frac{d\tilde{X}^\mu}{d\tilde{\xi}}\frac{d\tilde{X}^\nu}{d\tilde{\xi}}}. \tag{2.3}$$

これを利用して $\xi = X^0$ と選んでみよう．$\{\dot{X}^i\}_{i=1}^{D-1}$ が 1 より十分小さいとすると，次のように非相対論的な自由粒子のラグランジアンが再現される．

$$-m\sqrt{-\eta_{\mu\nu}\dot{X}^\mu\dot{X}^\nu} = -m + \frac{1}{2}m\dot{X}^i\dot{X}^i + \cdots. \tag{2.4}$$

変分原理から従うオイラー・ラグランジュの方程式

$$\frac{d}{d\xi}\left(\frac{m\dot{X}_\mu}{\sqrt{-\eta_{\mu\nu}\dot{X}^\mu\dot{X}^\nu}}\right) = 0 \tag{2.5}$$

は，平坦時空内の直線，すなわち等速直線運動を一般解とする．座標変換不変性を用いて $\sqrt{-\eta_{\mu\nu}\dot{X}^\mu\dot{X}^\nu} = 1$ とおく，すなわち ξ を粒子の固有時に等しくとると，運動方程式は $\ddot{X}^\mu = 0$ となるので解くのは簡単である．

曲がった時空においては，計量テンソルは座標 X^μ の関数 $G_{\mu\nu}(X)$ になる．

$$ds^2 \;=\; G_{\mu\nu}(X)dX^\mu dX^\nu. \tag{2.6}$$

曲がった時空においても，粒子の運動はその世界線の長さを最小にするように決まるとするのが自然である．そこで，(2.2) 式の $\eta_{\mu\nu}$ を一般の計量 $G_{\mu\nu}(X)$ で置き換えて作用積分を定める．これを変分して得られる運動方程式は，

$$\ddot{X}^\mu + \Gamma^\mu_{\nu\lambda}\dot{X}^\nu\dot{X}^\lambda = \dot{X}^\mu\cdot\frac{d}{d\xi}\ln\sqrt{-G_{\lambda\rho}\dot{X}^\lambda\dot{X}^\rho}\,,$$

$$\text{ただし}\quad \Gamma^\mu_{\nu\lambda} \equiv \frac{1}{2}G^{\mu\rho}(\partial_\nu G_{\lambda\rho} + \partial_\lambda G_{\nu\rho} - \partial_\rho G_{\nu\lambda}) \tag{2.7}$$

である．ここで ∂_μ は X^μ による偏微分，$\Gamma^\mu_{\nu\lambda}$ はクリストッフェル記号である．この場合も，作用積分は世界線上の座標 ξ の選び方に依らない．特に ξ を粒子の固有時にとると，1 行目は右辺が零になってよく知られた測地方程式になる．

作用積分 (2.2) は明解な幾何学的な意味を持つけれども，平方根を含むため扱いにくい．そこで，補助的な変数 $e(\xi)$ を含む次のような作用を考えよう．

$$S = \frac{1}{2}\int d\xi \left(e^{-1}\dot{X}^\mu \dot{X}^\nu \eta_{\mu\nu} - em^2\right). \tag{2.8}$$

新しい変数 e の変分方程式の解は $e = m^{-1}\sqrt{-\dot{X}^\mu\dot{X}^\nu\eta_{\mu\nu}}$ であり，これを (2.8) 式に代入すると (2.2) 式に帰着する．したがって (2.8) 式は古典的には (2.2) 式と等価である．この書き換えは曲がった時空の場合も同様にできる．

世界線上の座標変換 $\xi = \xi(\tilde{\xi})$ のもとで，関数 $\tilde{X}^\mu(\tilde{\xi})$ および $\tilde{e}(\tilde{\xi})$ を

$$\tilde{X}^\mu(\tilde{\xi}) \equiv X^\mu(\xi(\tilde{\xi})), \quad d\tilde{\xi}\,\tilde{e}(\tilde{\xi}) = d\xi\, e(\xi) \tag{2.9}$$

と定めると，(2.8) 式の作用積分 $S[X^\mu, e]$ は座標変換不変である．また，作用 (2.8) は零質量 ($m = 0$) の粒子も記述できるという利点がある．

非零の電磁ポテンシャル $A_\mu(X)$ が背景にあるとき，電荷 q を持つ荷電粒子の世界線作用には次の座標変換不変な相互作用項が加わる．

$$S = \cdots + q\int d\xi\, \dot{X}^\mu A_\mu. \tag{2.10}$$

2.1.2 南部・後藤の作用

1 次元の空間的広がりを持った弦の運動の軌跡は，時空内に 2 次元の世界面を定める．これを数学的に記述するには，面上に座標 $\xi^0 = t, \xi^1 = \sigma$ をとり，時空の座標をそれらの関数 $X^\mu(t,\sigma)$ あるいは $X^\mu(\xi^a)$ とする．これらの従う運動方程式は，どのような作用から導かれるだろうか．

粒子の運動の議論では解析力学の用語を用いたが，弦に対しては $X^\mu(t,\sigma)$ を世界面上の場と見なして，$1+1$ 次元の場の理論の用語で議論しよう．弦の作用は，場 X^μ とその微分からなるラグランジアン密度 $\mathcal{L}[X^\mu]$ を世界面上で積分して定義される (以下，「密度」はしばしば省略される)．

計量 $G_{\mu\nu}$ を持つ曲がった時空を運動する弦の南部・後藤の作用は，粒子の作用 (2.2) の自然な拡張であり，次で与えられる．

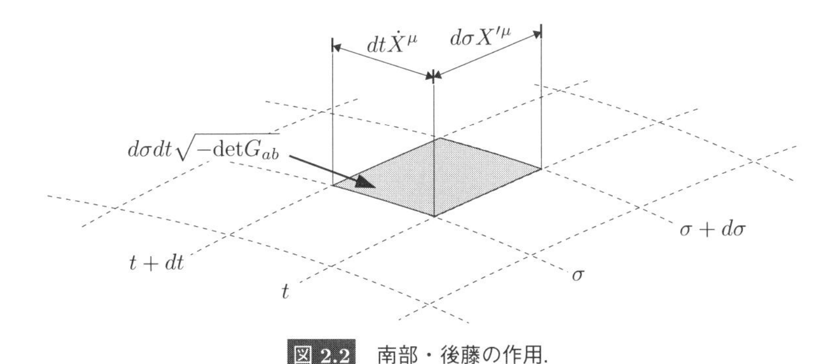

図 2.2 南部・後藤の作用.

$$S_{\rm NG} = -\frac{1}{2\pi\alpha'}\int d^2\xi\sqrt{-{\rm det}G_{ab}}, \quad G_{ab} \equiv \partial_a X^\mu \partial_b X^\nu G_{\mu\nu}. \tag{2.11}$$

ここで $T \equiv 1/(2\pi\alpha')$ は弦の張力，すなわち弦の単位長さあたりの質量であり，$\ell_s \equiv (\alpha')^{1/2}$ は弦の基本長と呼ばれる．この作用は世界面上の座標のとり方に依らず，すなわち座標変換不変である．

南部・後藤の作用は世界面の面積という幾何学的な意味を持つことを示そう．2 つのベクトル $\partial_\sigma X^\mu \equiv X'^\mu$ および $\partial_t X^\mu \equiv \dot{X}^\mu$ のなす角を θ と書く．このとき図 2.2 に示された平行四辺形は $d\sigma X'^\mu$, $dt\dot{X}^\mu$ を辺に持つが，

$$\begin{aligned} -{\rm det}G_{ab} &= -{\rm det}\left(\partial_a X^\mu \partial_b X^\nu G_{\mu\nu}\right) \\ &= (\dot{X}\cdot X')^2 - |\dot{X}|^2|X'|^2 \\ &= |\dot{X}|^2|X'|^2(\cos^2\theta - 1) \;=\; -|\dot{X}|^2|X'|^2\sin^2\theta \end{aligned} \tag{2.12}$$

より，その面積は $dtd\sigma\sqrt{-{\rm det}G_{ab}}$ で与えられることが分かる [*1]．

2.1.3 ポリヤコフの作用

南部・後藤の作用は平方根を含んでいて扱いにくいが，(2.8) 式と同様に，世界面上の計量テンソル $h_{ab}(\xi)$ を導入して書き直すことができる．h_{ab} は 2×2 の対称行列で，その逆行列は h^{ab}，行列式は h と書かれる．h_{ab} はミンコフスキー符号とすると，弦のポリヤコフ作用は次で与えられる．

[*1] ただし計量が正定値でないことには目をつぶった．また $\dot{X}^\mu$ は時間的，X'^μ は空間的とすると (2.12) 式最右辺は正の量になる．

$$S_{\mathrm{P}} \;=\; -\frac{1}{4\pi\alpha'}\int d^2\xi\sqrt{-h}h^{ab}\partial_a X^\mu \partial_b X^\nu G_{\mu\nu}. \tag{2.13}$$

h_{ab} は弦の運動する時空 (標的空間) の計量 $G_{\mu\nu}$ とは独立な量で，役割も異なることに注意しよう．

ポリヤコフの作用が南部・後藤の作用に等価であることを確かめよう．作用 (2.13) を h_{ab} で変分して得られる運動方程式は

$$G_{ab} \;=\; \frac{1}{2}h_{ab}h^{cd}G_{cd} \quad (G_{ab} = \partial_a X^\mu \partial_b X^\nu G_{\mu\nu}) \tag{2.14}$$

で与えられ，その一般解は次のように書ける．

$$h_{ab} = (\text{任意の正定値スカラー関数})\cdot G_{ab}. \tag{2.15}$$

ただし $\delta h^{ab} = -h^{ac}\delta h_{cd}h^{db}$, $\delta h = hh^{ab}\delta h_{ab}$ を用いた．これをもとの作用 (2.13) に代入すると，南部・後藤の作用を得る．

ポリヤコフ作用の定める弦の世界面理論は，場 X^μ が 2 次元の重力場 h_{ab} に結合した理論と見なせる．X^μ は，重力との対比の意味でしばしば物質場と呼ばれる．場 X^μ の表す自由度に注目するために，いったん h_{ab} を 2 次元平坦計量 η_{ab} に固定してみよう．ポリヤコフ作用は次のようになる．

$$S_{\mathrm{P}}\Big|_{h_{ab}=\eta_{ab}} = \frac{1}{4\pi\alpha'}\int dtd\sigma\left(\partial_t X^\mu \partial_t X^\nu - \partial_\sigma X^\mu \partial_\sigma X^\nu\right)G_{\mu\nu}. \tag{2.16}$$

標的空間が平坦時空 $G_{\mu\nu} = \eta_{\mu\nu}$ の場合，X^μ は D 個の零質量スカラー場 (クライン・ゴルドン場) であり，それぞれ任意の実数値をとる．標的空間が曲がっている場合は，X^μ はそのパッチごとに定義された局所座標であり，より厄介である．そのような場 X^μ の理論は非線形シグマ模型と呼ばれる．

後ほど見るように，弦の標的空間には曲がった計量 $G_{\mu\nu}$ だけでなく，B 場と呼ばれる反対称テンソル場 $B_{\mu\nu}$ や，ディラトンと呼ばれるスカラー場 Φ などが存在する．弦の運動をフルに一般的に議論する際には，これらの場が零でない可能性も考慮してシグマ模型を拡張する必要がある．また超弦理論においては，物質場の理論はフェルミオンを含む超対称なシグマ模型になる．

2.1.4 作用の対称性

ポリヤコフ作用 (2.13) は世界面上の座標変換のもとで不変である．具体的に

は，世界面上の座標変換 $\xi^a = \xi^a(\tilde{\xi})$ に対して，場 $X^\mu(\xi), h_{ab}(\xi)$ から新しい場 $\tilde{X}^\mu(\tilde{\xi}), \tilde{h}_{ab}(\tilde{\xi})$ への変換則を次のとおり定めると，

$$\tilde{X}^\mu(\tilde{\xi}) = X^\mu(\xi(\tilde{\xi})), \quad \tilde{h}_{ab}(\tilde{\xi}) = \frac{\partial\xi^c}{\partial\tilde{\xi}^a}\frac{\partial\xi^d}{\partial\tilde{\xi}^b} h_{cd}(\xi(\tilde{\xi})), \tag{2.17}$$

作用はこの変換のもとで不変，すなわち $S_{\mathrm{P}}[X, h_{ab}] = S_{\mathrm{P}}[\tilde{X}, \tilde{h}_{ab}]$ が成り立つ．また，作用 (2.13) は次のワイル変換のもとでも不変である．

$$\tilde{X}^\mu(\xi) = X^\mu(\xi), \quad \tilde{h}_{ab}(\xi) = e^{2\omega(\xi)} h_{ab}(\xi)\,. \tag{2.18}$$

微小な座標変換 $\tilde{\xi}^a = \xi^a - v^a(\xi)$ およびワイル変換に対する場の変化量は

$$\begin{aligned} \delta X^\mu &= v^a \partial_a X^\mu, \\ \delta h_{ab} &= v^c \partial_c h_{ab} + \partial_a v^c h_{cb} + \partial_b v^c h_{ac} + 2\omega h_{ab} \\ &= \nabla_a v_b + \nabla_b v_a + 2\omega h_{ab} \end{aligned} \tag{2.19}$$

で与えられ，このもとで作用が不変であるとは $\delta S_{\mathrm{P}} = 0$ を意味する．

3つのパラメータ v^a, ω は座標の任意関数なので，(2.19) 式は局所対称性 (ゲージ対称性) の例である．一般に局所対称性は理論の冗長性，つまり場のいくつかが力学的自由度を担わないことを示唆する．今の場合，h_{ab} の 3 つの独立成分は運動方程式から一意に決まらないばかりか，対称性を使って標準的な形に固定することさえできる．

例として，閉じた弦・開いた弦の自由伝搬を表す無限に延びた円筒あるいは帯状の世界面を考えよう (図 2.3)．面上に時間座標 t，空間座標 σ を導入するとき，通常は閉じた弦に対して $\sigma \sim \sigma + 2\pi$，開いた弦では $0 \leq \sigma \leq \pi$ の条件をおく．このとき，ポリヤコフ作用の対称性を使うと面上の計量を $h_{ab} = \eta_{ab}$ の形にできてしまう．このことから，閉じた弦・開いた弦の自由伝搬の法則は平

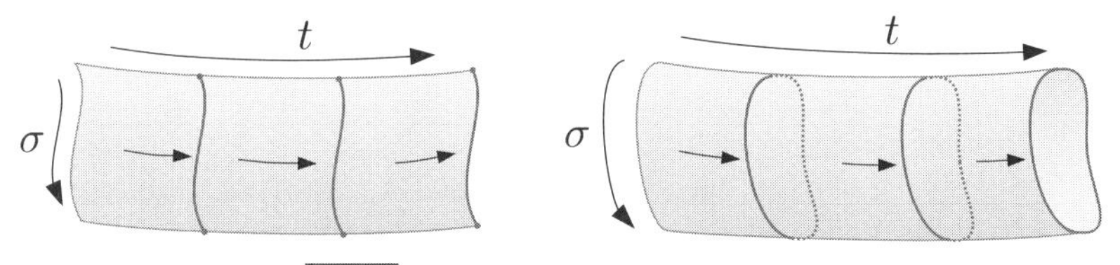

図 2.3　開いた弦と閉じた弦の世界面.

坦な円筒・帯の上の物質場 X^μ の理論から導かれることが示唆される.

ポリヤコフ作用のワイル不変性の持つ重要性を考えるために，世界面理論がワイル不変でない場合について少しふれる．平坦計量 $h_{ab}=\eta_{ab}$ を持つ様々な幅の帯 $(t\in\mathbb{R}, 0\le\sigma\le e^{\varphi}\pi)$ の上で，同じラグランジアンに基づく理論を考える．各々の帯に座標変換を施して $(t\in\mathbb{R}, 0\le\sigma\le\pi)$ となるようにすると，今度は計量が $h_{ab}=e^{2\varphi}\eta_{ab}$ となり，φ は計量全体をスケール倍する因子 (共形因子) になる．よって，世界面作用がワイル不変でなければ，幅の異なる弦はそれぞれ異なる力学法則に従うことになる．量子論の経路積分では異なる h_{ab} について足し上げねばならないが，これは異なる幅の弦が混在する理論を考えることに相当する.

実は計量の共形因子 φ は量子効果で運動項を獲得し，X^μ と同じく，あたかも時空の座標の 1 つのように振る舞う．そして，X^μ に φ を加えた物質場の理論が重力と結合する系はワイル対称性を持つ．弦の標的空間の次元は実質的に 1 上がり，異なる幅の弦は φ 軸方向に離れた別々の地点を運動していると解釈されるようになる．このような構成に当てはまる理論は非臨界弦理論と呼ばれ，特に低次元時空を伝搬する弦のトイモデルが詳しく研究されている.

本書では，世界面作用がワイル不変性を持ち，それが量子論でも保たれる理論，いわゆる臨界弦理論に限って議論する．この場合は計量の共形因子 φ は確かに冗長な変数として無視してよく，異なる幅の弦を区別する必要もない.

2.2　円筒上の量子化

世界面の計量を $h_{ab}=\eta_{ab}$ として，平坦な円筒上の物質場 X^μ の理論を量子化しよう．閉じた弦の自由伝搬を記述するのに必要な道具立てはここから整えられる．帯上の理論，すなわち開いた弦の量子化は 6 章で議論する.

最も簡単な弦の標的空間として 1 次元の直線 $\mathbb{R}$ をとり，X をその座標とする．シグマ模型は零質量スカラー場 X ただ一つの理論になり，作用は

$$S=\frac{1}{4\pi\alpha'}\int dtd\sigma\left\{(\partial_t X)^2-(\partial_\sigma X)^2\right\}, \tag{2.20}$$

場 X の運動方程式は次で与えられる.

$$0 = (\partial_t^2 - \partial_\sigma^2)X = (\partial_t + \partial_\sigma)(\partial_t - \partial_\sigma)X. \tag{2.21}$$

この一般解は，左向き・右向きの進行波 $X_{\mathrm{L}}, X_{\mathrm{R}}$ の重ね合わせとして，

$$X(t,\sigma) = X_{\mathrm{L}}(t-\sigma) + X_{\mathrm{R}}(t+\sigma) \tag{2.22}$$

で与えられる [*2]．周期条件 $\sigma \sim \sigma + 2\pi$ を考慮すると，一般解は弦の振動と重心運動の重ね合わせとして次のように書ける．

$$X = x + \alpha' p t + i\sqrt{\frac{\alpha'}{2}}\sum_{n\neq 0}\frac{1}{n}\left(\alpha_n e^{-in(t-\sigma)} + \tilde{\alpha}_n e^{-in(t+\sigma)}\right). \tag{2.23}$$

この理論を量子化すると，モード展開の係数 $\alpha_n, \tilde{\alpha}_n, x, p$ は理論の状態空間に作用する演算子となる．これらの従う交換関係を調べよう．X に正準共役な運動量は $\delta S/\delta(\partial_t X) = \partial_t X/(2\pi\alpha')$ であり，それらは

$$[\,X(t,\sigma)\,,\,\partial_t X(t,\sigma')\,] = 2\pi\alpha' i\delta(\sigma-\sigma') \tag{2.24}$$

の正準交換関係に従う．便利のため，以下の量を定義しよう．

$$\begin{aligned}
J_-(t,\sigma) &\equiv \frac{1}{\sqrt{2\alpha'}}(\partial_t X - \partial_\sigma X) = \sqrt{\frac{\alpha'}{2}}p + \sum_{n\neq 0}\alpha_n e^{-in(t-\sigma)}, \\
J_+(t,\sigma) &\equiv \frac{1}{\sqrt{2\alpha'}}(\partial_t X + \partial_\sigma X) = \sqrt{\frac{\alpha'}{2}}p + \sum_{n\neq 0}\tilde{\alpha}_n e^{-in(t+\sigma)}.
\end{aligned} \tag{2.25}$$

さらに $\alpha_0 = \tilde{\alpha}_0 = \sqrt{\alpha'/2}\cdot p$ として，最右辺の第 1 項を n に関する和に組み入れてしまおう．このとき J_- どうしの交換関係は次のようになる．

$$\begin{aligned}
[\,J_-(t,\sigma)\,,\,J_-(t,\sigma')\,] &= \sum_{n,m\in\mathbb{Z}}[\alpha_n e^{-in(t-\sigma)}, \alpha_m e^{-im(t-\sigma')}] \\
&= -2\pi i\partial_\sigma\delta(\sigma-\sigma') = \sum_{n\in\mathbb{Z}} n e^{in(\sigma-\sigma')}.
\end{aligned} \tag{2.26}$$

モード演算子 α_m の交換関係は，この結果から読み取ることができる．同様の計算を繰り返してゆくと，非零の交換関係は最終的に次のようにまとめられる．

$$[\alpha_m, \alpha_n] = [\tilde{\alpha}_m, \tilde{\alpha}_n] = m\delta_{m+n,0}, \quad [x,p] = i\,. \tag{2.27}$$

[*2] 円筒上の座標軸は通常は図 2.3 のようにとるので，右向きと左向きの名前が逆だと思われるかもしれないが，伝統的にこの呼称が通っている．

演算子 x, p は弦の重心運動の自由度であり，$\alpha_n, \tilde{\alpha}_n$ はそれぞれ左向き・右向きの振動モードに対応する．例えば α_{-n}, α_n の対は波数 n の左向き波の励起を生成・消滅する演算子で，1 個の調和振動子の量子力学系と同等である．

さて，場 X の理論は並進不変であるため，ネーターの定理よりストレステンソルの保存則 $\partial_a T^{ab} = 0$ が従い，エネルギー H および運動量 P は運動の定数となる (3.1.4 項参照)．これらは次のように定義される．

$$
\begin{aligned}
H &\equiv -\int \frac{d\sigma}{2\pi} T^{tt} = \int \frac{d\sigma}{4\pi\alpha'} \left\{ (\partial_t X)^2 + (\partial_\sigma X)^2 \right\}, \\
P &\equiv -\int \frac{d\sigma}{2\pi} T^{t\sigma} = -\int \frac{d\sigma}{2\pi\alpha'} \partial_t X \partial_\sigma X, \\
T^{ab} &\equiv 2\pi \left(\frac{\partial \mathcal{L}}{\partial(\partial_a X)} \partial^b X - \eta^{ab} \mathcal{L} \right).
\end{aligned}
\tag{2.28}
$$

H と P をモード演算子を用いて表してみよう．和 $H + P$ を計算すると，

$$
\begin{aligned}
H + P &= \int \frac{d\sigma}{4\pi\alpha'} (\partial_t X - \partial_\sigma X)^2 = \sum_{n \in \mathbb{Z}} \alpha_n \alpha_{-n} \\
&= \frac{\alpha'}{2} p^2 + 2 \sum_{n>0} \alpha_{-n} \alpha_n + \varepsilon_0
\end{aligned}
\tag{2.29}
$$

となる．2 行目では α_n の積を生成演算子を左，消滅演算子を右におく正規順序に並べ替えている．その際に現れる零点エネルギー ε_0 は素朴には無限大であるが，ゼータ関数正則化を用いると次のようになる．

$$
\varepsilon_0 = \sum_{n>0} n = \zeta(-1) = -\frac{1}{12}\,. \tag{2.30}
$$

$H - P$ の計算も同様で，結果は次のようにまとめられる．

$$
\begin{aligned}
H &= L_0 + \tilde{L}_0 - \frac{1}{12}, \quad & L_0 &= \frac{\alpha'}{4} p^2 + \sum_{n>0} \alpha_{-n} \alpha_n, \\
P &= L_0 - \tilde{L}_0, & \tilde{L}_0 &= \frac{\alpha'}{4} p^2 + \sum_{n>0} \tilde{\alpha}_{-n} \tilde{\alpha}_n.
\end{aligned}
\tag{2.31}
$$

こうして，円筒上の場 X の理論は，演算子 x, p を力学変数とする量子力学と無限個の調和振動子を合わせた模型と理解できる．理論の状態空間を張る基底ベクトルは，したがって次のようにとれる．

$$
\prod_{i=1}^{n} \alpha_{-j_i} \prod_{\tilde{\imath}=1}^{\tilde{n}} \tilde{\alpha}_{-\tilde{\jmath}_{\tilde{\imath}}} |k\rangle, \quad p|k\rangle = k|k\rangle\,. \tag{2.32}
$$

これらは $L_0, \tilde{L}_0$ の固有ベクトルであり，次の固有値を持つ．

$$L_0 = \frac{\alpha'}{4}p^2 + \sum_i j_i, \quad \tilde{L}_0 = \frac{\alpha'}{4}p^2 + \sum_{\tilde{\imath}} \tilde{\jmath}_{\tilde{\imath}}. \tag{2.33}$$

標的空間を D 次元平坦時空にとると，シグマ模型は D 個の零質量スカラー場 X^μ の理論になる．量子化の手順はこれまでの議論と同じで，場 X^μ のモード演算子 $x^\mu, p^\mu, \alpha_n^\mu, \tilde{\alpha}_n^\mu$ の交換関係は

$$[\alpha_m^\mu, \alpha_n^\nu] = [\tilde{\alpha}_m^\mu, \tilde{\alpha}_n^\nu] = m\eta^{\mu\nu}\delta_{m+n,0}, \quad [x^\mu, p^\nu] = i\eta^{\mu\nu}, \tag{2.34}$$

となり，エネルギーと運動量は次のようになる．

$$\begin{aligned} H &= L_0 + \tilde{L}_0 - \frac{D}{12}, \quad & L_0 &= \frac{\alpha'}{4}p^\mu p_\mu + \sum_{n>0} \alpha_{-n}^\mu \alpha_{n\mu}, \\ P &= L_0 - \tilde{L}_0, & \tilde{L}_0 &= \frac{\alpha'}{4}p^\mu p_\mu + \sum_{n>0} \tilde{\alpha}_{-n}^\mu \tilde{\alpha}_{n\mu}. \end{aligned} \tag{2.35}$$

ラグランジアンが場 X^μ の 2 次関数のとき，X^μ は線形の運動方程式に従う．そのような理論は自由場の理論と呼ばれ，量子化は簡単である．平坦時空上のシグマ模型は自由場の理論であるが，時空が曲がっている場合はそうはならず，一般には解くのが難しい．

シグマ模型の状態 (2.32) が時空を自由伝搬する弦の量子論的状態と見なせるためには，実はビラソロ拘束条件と呼ばれる追加の条件をさらに満たさねばならない．というのは，この節では計量を固定して物質場のみを量子化したけれども，元々は X^μ と h_{ab} どちらも力学的な変数だったためである．計量を固定する前のポリヤコフ作用を計量で変分すると，運動方程式

$$\frac{\delta S_{\mathrm{P}}}{\delta h_{ab}} = -\frac{\sqrt{-h}}{4\pi}\,T^{ab} = 0 \tag{2.36}$$

が得られる [*3]．これに $h_{ab} = \eta_{ab}$ を代入すると X^μ に関する方程式となるが，これが古典的なビラソロ拘束条件である．量子論においてもこれと似た条件が弦の物理的状態に課されるのだが，それを議論するにあたっては，まず弦の相互作用や散乱振幅をどのように定式化するかを見てゆくことにする．

[*3] この関係式の導出は 3.1.4 項を参照のこと．

2.2.1　分配関数と経路積分

スカラー場 X ただ一つの理論に戻って，次の物理量を計算してみよう．

$$Z(\tau,\bar{\tau}) \equiv \mathrm{Tr}\left[e^{2\pi i\tau_1 P - 2\pi\tau_2 H}\right] = \mathrm{Tr}\left[q^{L_0-\frac{1}{24}}\bar{q}^{\tilde{L}_0-\frac{1}{24}}\right]. \tag{2.37}$$

ここで $q \equiv e^{2\pi i\tau}$，$\tau \equiv \tau_1 + i\tau_2$ である．Tr は物質場の理論の状態空間におけるトレースを表し，したがって Z は分配関数と呼ばれる．この量は後ほど弦理論の 1 ループ振幅の評価 (7 章参照) の際に重要になるが，ここでの目的は場の理論の経路積分を実践的に理解することである．

理論が無限個の調和振動子と 1 個の自由粒子の系からなること，特に状態空間の基底が (2.32) 式で与えられることを用いて，分配関数をあらわに書き下してみよう．まず，1 個の調和振動子 α_{-n},α_n の系の分配関数は

$$\mathrm{Tr}\, q^{\alpha_{-n}\alpha_n} = 1 + q^n + q^{2n} + \cdots = \frac{1}{1-q^n}, \tag{2.38}$$

自由粒子 x,p の系の分配関数は，トレースを位相空間上の積分に置き換えて，

$$\int \frac{dxdp}{2\pi} e^{-\pi\tau_2\alpha' p^2} = \frac{V}{2\pi\ell_s\sqrt{\tau_2}} \quad \left(V \equiv \int dx\right) \tag{2.39}$$

で与えられる．これらを零点エネルギーの寄与と合わせると次のようになる．

$$Z = \frac{V(q\bar{q})^{-\frac{1}{24}}}{2\pi\ell_s\sqrt{\tau_2}} \prod_{n\geq 1} \frac{1}{1-q^n}\frac{1}{1-\bar{q}^n}. \tag{2.40}$$

デデキントの関数 $\eta(\tau)$ を使うと，分配関数は最終的に次のように書ける．

$$Z = \frac{V}{2\pi\ell_s}\frac{1}{\sqrt{\tau_2}|\eta(\tau)|^2}, \quad \eta(\tau) \equiv q^{\frac{1}{24}} \prod_{n\geq 1}(1-q^n). \tag{2.41}$$

さて，上の結果を経路積分を用いて再現することを考えてみよう．作用 $S[X]$ で定義される場の理論があるとき，その経路積分とは e^{iS} を重み関数として場 X のあらゆる可能な配位について足し上げる (積分する) 操作のことで，

$$Z = \int \mathcal{D}X e^{iS[X]} \tag{2.42}$$

のように書き表される．ここでは場 $X(\sigma,t)$ は円筒上の関数であり，その作用は (2.20) 式で与えられるものとする．積分測度 $\mathcal{D}X$ は，素朴には円筒上の各点における場 X の値を積分変数と見なして，いわば無限個の変数について積分

することを表す．

分配関数 (2.37) においてトレースを評価される演算子は，σ, t の方向にそれぞれ $2\pi\tau_1, -2\pi i\tau_2$ の並進を生成するユニタリ演算子である．これに対応して，経路積分表式 (2.42) では場 X に次の 2 つの独立な周期条件を課す．

$$X(\sigma, t) = X(\sigma + 2\pi, t) = X(\sigma + 2\pi\tau_1, t - 2\pi i\tau_2)\,. \tag{2.43}$$

ユークリッド時間座標 $t_{\mathrm{E}} \equiv it$ を導入すると，作用と周期性は

$$\begin{aligned} &Z = \int \mathcal{D}X e^{-S_{\mathrm{E}}[X]}, \quad S_{\mathrm{E}} \equiv \frac{1}{4\pi\alpha'}\int dt_{\mathrm{E}} d\sigma \left\{(\partial_{t_{\mathrm{E}}} X)^2 + (\partial_\sigma X)^2\right\}, \\ &X(\sigma, t_{\mathrm{E}}) = X(\sigma + 2\pi, t_{\mathrm{E}}) = X(\sigma + 2\pi\tau_1, t_{\mathrm{E}} + 2\pi\tau_2) \end{aligned} \tag{2.44}$$

と書き換えられる．X を σ, t_{E} の実関数とすると $S_{\mathrm{E}}[X]$ は X の正定値関数となり，また経路積分の重みは振動関数 e^{iS} より収束性のよい減衰関数 $e^{-S_{\mathrm{E}}}$ に変わる．このような時間軸の位相回転操作はウィック回転と呼ばれる．また X の従う 2 つの周期条件から，世界面はトーラス，すなわち有限長さの円筒の両端を同一視して得られる 2 次元面をなす．なお，新しい座標 s_1, s_2 を

$$\sigma = s_1 + \tau_1 s_2, \quad t_{\mathrm{E}} = \tau_2 s_2 \tag{2.45}$$

に従って導入すると，トーラスの周期性は単純に $s_i \sim s_i + 2\pi$ で与えられる．

場 X についての経路積分は，その素朴な定義に従うと途方もない無限次元の積分のように思われるが，今の場合 $X(s_1, s_2)$ は周期関数なので

$$X(s_1, s_2) = \sum_{m,n\in\mathbb{Z}} X_{mn} e^{ims_1 + ins_2}, \quad (X_{mn})^* = X_{-m,-n} \tag{2.46}$$

とフーリエ展開できる．よって経路積分 $\mathcal{D}X$ は係数 X_{mn} に関する積分としてよいだろう．(2.46) 式を S_{E} に代入して整理すると，分配関数は X_{mn} についての単純なガウス積分に書き換わる．

$$\begin{aligned} Z &= \int \prod_{m,n} dX_{mn} \exp\left(-\frac{\pi}{\tau_2\alpha'}\sum_{m,n\in\mathbb{Z}} |n - m\tau|^2 |X_{mn}|^2\right) \\ &= V \prod_{(m,n)\neq(0,0)} \left(\frac{\alpha'\tau_2}{|n - \tau m|^2}\right)^{\frac{1}{2}}. \qquad \left(V \equiv \int dX_{00}\right) \end{aligned} \tag{2.47}$$

この無限積は，実は適切な正則化のもとで (2.41) 式と等価である．

経路積分は，簡単な場合はこのようにあらわに実行できる．場の量子論や弦理論ではこれより複雑な経路積分の表式を扱うが，たとえあらわに評価できなくても，何らかのよく定まった値をとるという前提で議論を続ける．

2.3 弦の相互作用

多数の弦が相互作用する様子や散乱振幅は，ポリヤコフ作用を用いてどのように記述されるだろうか?

場の量子論の摂動論では，散乱振幅をファインマン図形の足し上げによって評価する．各々の図形は図 2.4 左のように線と頂点からなり，外線は入射粒子や放出粒子，内線はそれらの間で交換される仮想粒子，頂点はそれらの粒子の相互作用を表す．頂点の数の多い図形，すなわちループを多く含む図形ほど摂動論のより高次の寄与に相当する．

弦の散乱振幅の定式化の基本的なアイデアは，このファインマン図形を滑らかな弦の世界面で置き換えることにある (図 2.4 右)．例えば n 点散乱振幅に対しては，n 本の半無限の円筒状の脚を持つ世界面を考え，各々の脚の端でそれぞれ自由伝搬する弦の始状態・終状態に相当する境界条件を場 X^μ, h_{ab} に課す．この境界条件のもとで X^μ, h_{ab} について経路積分することによって振幅を定義するのである．場の理論のラグランジアンを用いた相互作用の記述と違って，ポリヤコフ作用に相互作用項を加えたりはしない．

ファインマン図形のループの数に対応するのは世界面の把手の数であり，種数と呼ばれる．世界面の計量 h_{ab} についての経路積分の際には世界面の種数についても足し上げるのが自然であり，これによって場の理論のループ展開が再現されるのである．また 3.2.2 項で見るように，ポリヤコフ作用に適切な項を

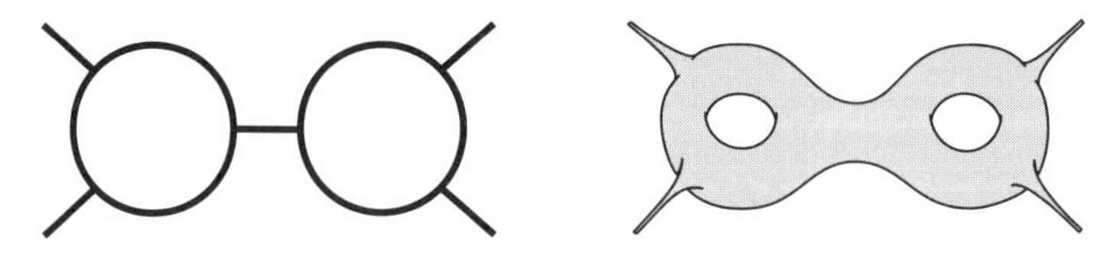

図 2.4　2 ループファインマン図形の例 (左) と，対応する種数 2 の滑らかな世界面 (右).

加えて，種数 g の世界面からの寄与に重み g_s^{2g-2} が掛かるようにできる．g_s は弦の結合定数と呼ばれる．

弦の相互作用を記述するためには，世界面の計量 h_{ab} をユークリッド符号とする方が都合がよい．というのは，任意の世界面上に不定符号の滑らかな計量を矛盾なく導入できるかどうかは自明ではないからである．特に，散乱振幅を表す世界面の円筒状の脚の部分では，円筒の伸びる方向を時間的，円筒に巻きつく方向を空間的になるように計量を選びたいが，それらを矛盾なく繋ぎ合わせることを考えるのは難しい．ユークリッド計量にはこのような困難はない．

2.2.1 項では，時間座標を $t_{\mathrm{E}} \equiv it$ とするウィック回転によって，物質場 X の経路積分の重みが e^{iS} から $e^{-S_{\mathrm{E}}}$ に，作用が (2.20) 式の S から (2.44) 式のあらわに正定値な作用 S_{E} に変わることを見た．同様に，今後は h_{ab} をユークリッド符号とし，弦理論の経路積分の重みを次のようにとる．

$$e^{-S_{\mathrm{P}}[X^\mu, h_{ab}]} = \exp\left(-\frac{1}{4\pi\alpha'}\int d^2\xi\sqrt{h}h^{ab}\partial_a X^\mu \partial_b X^\nu G_{\mu\nu}\right). \tag{2.48}$$

2.3.1 共形場理論と状態・演算子対応

弦の世界面理論の経路積分の方針としては，まず計量 h_{ab} を固定して物質場 X^μ の理論の経路積分を行い，その結果を h_{ab} について経路積分する．計量についての経路積分は，ポリヤコフ作用の対称性を考慮して，座標変換 (2.17) およびワイル変換 (2.18) のもとでの同値類についての積分と定める．

ところで，ポリヤコフ作用のワイル対称性は，2 次元重力に結合する物質場の理論の持つ特別な性質とも見なせる．一般に重力場 h_{ab} と物質場 $\{\phi_I\}_{I=1,2,\ldots}$ の結合する理論がワイル変換のもとで不変であるとき，その物質場の理論は共形不変であるという．古典的には，共形不変性は作用の対称性

$$S[h_{ab}, \phi_I] = S[e^{2\omega(\xi)}h_{ab}, e^{-\Delta_I\omega(\xi)}\phi_I] \tag{2.49}$$

を意味するが，3.2 節で見るように，作用の対称性が必ずしも量子論の対称性を保証するとは限らない．物質場 ϕ_I のワイル変換性が上のようであるとき，係数 Δ_I は ϕ_I の共形ウェイトと呼ばれる．共形場理論は 3 次元以上でも存在し，場の理論の基礎研究においては重要な位置を占める．

計量 h_{ab} および $\tilde{h}_{ab}$ を持つ空間の対 $M, \tilde{M}$ は，$\tilde{h}_{ab} = e^{2\omega}h_{ab}$ のとき共形同

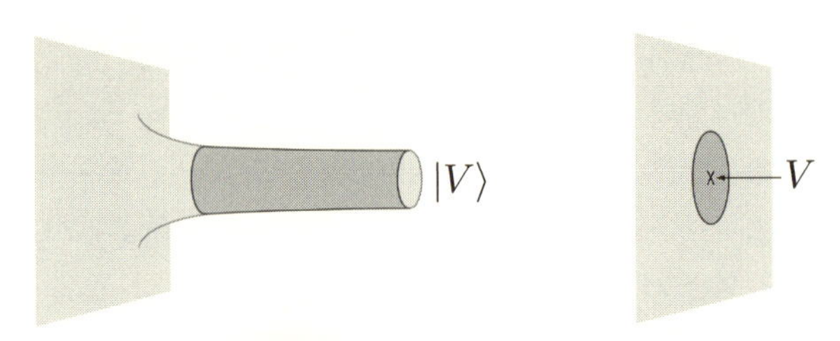

図 2.5 状態・演算子対応.

値であるという．共形不変な理論は $M, \tilde{M}$ どちらの上に定義しても等価であり，M 上の理論と $\tilde{M}$ 上の理論の間には物理量の対応関係が成り立つ．例えば，D 次元平坦空間と D 次元円筒 $\mathbb{R} \times S^{D-1}$ は共形同値である．

$$ds^2_{(\mathbb{R}^D)} = dr^2 + r^2 ds^2_{(S^{D-1})} = e^{2\tau}\left(d\tau^2 + ds^2_{(S^{D-1})}\right). \tag{2.50}$$

同様に，2 次元の半無限の円筒 $(\sigma \sim \sigma + 2\pi, \tau \leq 0)$ と単位円板 $\xi_1^2 + \xi_2^2 \leq 1$ も共形同値である．したがって，半無限円筒および単位円板上の共形場理論の経路積分は，場の境界条件を正しく合わせてとれば一致する．

図 2.5 左は，散乱振幅を表す世界面の脚の部分に現れる半無限の円筒に着目したものである．この円筒の左端 $\tau = 0$ では，残りの世界面に滑らかに繋がるべしとの境界条件が課される．もう一方の端 $\tau = -\infty$ での境界条件は，自由伝搬する弦の始状態あるいは終状態を特徴づけるもので，これは円筒上の物質場の理論の量子状態 $|V\rangle$ を定める．一方，これに共形同値な円板 (同図右) の上では，世界面の端 $\tau = -\infty$ は円板の中心 $\xi_1 = \xi_2 = 0$ に開けられた微小な穴に相当する．自由伝搬する弦の状態の情報は，この穴の直上に挿入された局所演算子，いわゆる頂点演算子 $V(\xi^a)$ を定める．この対応を使うと，弦の n 点散乱振幅を共形場理論の頂点演算子の n 点相関関数から構成することができる．

一般に D 次元の共形場理論においては，円筒 $\mathbb{R} \times S^{D-1}$ 上の理論の状態と平坦空間 $\mathbb{R}^D$ 上の理論の局所演算子が 1 対 1 に対応する．これを共形場理論の状態・演算子対応と呼ぶ．

2.3.2 弦の散乱振幅と頂点演算子

世界面の計量を h_{ab} とするとき，その上の物質場の理論 (共形場理論) の頂点演算子 $\{V_i\}_{i=1}^n$ の n 点関数を次のように書く．

$$\langle V_1 \cdots V_n \rangle_{[h]} \equiv \int \mathcal{D}X e^{-S_{\mathrm{P}}[X,h_{ab}]} V_1 \cdots V_n. \tag{2.51}$$

弦の n 点散乱振幅 $\mathcal{A}_n$ は，これを世界面の計量 h_{ab} の同値類で積分したものと定める．n 点振幅への種数 g の世界面からの寄与 $\mathcal{A}_{g,n}$ は，したがって

$$\mathcal{A}_{g,n} = \int_{\mathcal{M}_{g,n}} \mathcal{D}h_{ab} \langle V_1 \cdots V_n \rangle_{[h]} \tag{2.52}$$

と表される．ここで $\mathcal{M}_{g,n}$ は n 点つき，種数 g の世界面上の計量の同値類のなす空間である．

計量の同値類についての積分の手続きは 4.1 節で詳しく議論するが，ここでは 2 つの重要な点にふれておく．まず $\mathcal{M}_{g,n}$ は有限次元である．これは，計量テンソル h_{ab} は 3 つの独立成分を持つけれども，ポリヤコフ作用は同じく 3 つの任意関数で指定される対称性 (2.19) を持ち，経路積分変数 h_{ab} のほとんどが冗長な自由度となるためである．次に，点の指定のない種数 g の世界面上の計量の同値類の空間を $\mathcal{M}_g$ とすると，次が成り立つ．

$$\mathrm{dim}\mathcal{M}_{g,n} = \mathrm{dim}\mathcal{M}_g + 2n. \quad (g, n \text{ の小さい場合の例外を除く}) \tag{2.53}$$

これは，$\mathcal{M}_g$ の座標と世界面上の n 個の点の位置座標 $\{\xi^a_{(i)}\}^n_{i=1}$ を合わせれば $\mathcal{M}_{g,n}$ の座標になることを表している．つまり，次が成り立つ．

$$\int_{\mathcal{M}_{g,n}} \mathcal{D}h_{ab} = \int_{\mathcal{M}_g} \mathcal{D}h_{ab} \int \prod_{i=1}^{n} d^2\xi_{(i)}. \tag{2.54}$$

よって，n 点振幅は積分された頂点演算子 S_i を用いて次のように表される．

$$\mathcal{A}_{g,n} = \int_{\mathcal{M}_g} \mathcal{D}h_{ab} \langle S_1 \cdots S_n \rangle_{[h]}, \quad S_i \equiv \int d^2\xi\, V_i(\xi). \tag{2.55}$$

頂点演算子 V_i が弦の始状態・終状態を表すためには，どのような条件を満たすべきだろうか? これまでに，ポリヤコフ作用の不変性のおかげで，計量に関する経路積分が有限次元の空間 $\mathcal{M}_{g,n}$ 上の積分に帰着することを見た．頂点演算子はこの不変性を壊さないものと要求しよう．この条件を (2.55) 式の積分された頂点演算子 S_i を用いて表すと，S_i は (2.48) 式のポリヤコフ作用 S_{P} と同様に座標変換不変・ワイル不変でなければならない．S_i がこの性質を満たすとき，もとのポリヤコフ作用 S_{P} をわずかにずらした量 $S_{\mathrm{P}} + \sum_i \epsilon_i S_i$ は，もとの

共形場理論を微小変形した別の共形場理論を定める．この操作を共形場理論のマージナルな変形と呼び，V_i はマージナル演算子と呼ばれる．

例えば，もとの共形場理論として平坦時空上のシグマ模型をとり，S_i はその計量 $\eta_{\mu\nu}$ を平面波によって微小変形する演算子としよう．

$$\begin{aligned} S_{\mathrm{P}} &= \frac{1}{4\pi\alpha'}\int d^2\xi\sqrt{h}h^{ab}\partial_a X^\mu \partial_b X^\nu \eta_{\mu\nu}, \\ S_i &= \frac{1}{4\pi\alpha'}\int d^2\xi\sqrt{h}h^{ab}\partial_a X^\mu \partial_b X^\nu e^{(i)}_{\mu\nu}\exp(ik^{(i)}\cdot X). \end{aligned} \tag{2.56}$$

このとき，頂点演算子 V_i は平坦時空を運動する運動量 $k^{(i)}_\mu$，偏極 $e^{(i)}_{\mu\nu}$ の重力子を表す．与えられた背景時空を伝搬する弦は，このようにして背景時空の量子揺らぎと対応するわけである．ただし V_i がマージナルであるためには $k^{(i)}_\mu, e^{(i)}_{\mu\nu}$ は一定の条件を満たさねばならない．後ほど見るように，重力子の零質量性，横波性の条件はここから出てくる．

S_i が座標変換不変・ワイル不変であるために，マージナル演算子 V_i は座標変換・ワイル変換のもとで特定の変換性に従わねばならない．実はこの条件が，2.2 節の最後にふれたビラソロ拘束条件の量子論版なのである．

Chapter

3 共形不変性とワイルアノマリー

弦の頂点演算子をより具体的な数式で特徴づけるために，ここではまず平坦な 2 次元面上の共形場理論の一般論を通じて，共形対称性やその場への作用を議論する道具立てを整える．後半では，場の理論の共形対称性が量子効果で破れる現象 (ワイルアノマリー) について議論する．特にシグマ模型のワイルアノマリーを，摂動論を用いて 1 ループの精度で求める手続きを解説する．

3.1 共形場理論の基礎

2 次元平坦空間上の共形場理論の一般的な性質を議論するにあたって，いくつか表記法を整えよう．まず便利のため，正規直交座標 ξ^1, ξ^2 から複素座標 $z \equiv \xi^1 + i\xi^2$, $\bar{z} \equiv \xi^1 - i\xi^2$ を定義する．これらについての偏微分は

$$\partial \equiv \frac{\partial}{\partial z} = \frac{1}{2}(\partial_1 - i\partial_2), \quad \bar{\partial} \equiv \frac{\partial}{\partial \bar{z}} = \frac{1}{2}(\partial_1 + i\partial_2) \tag{3.1}$$

で与えられる．また，積分測度と δ 関数の定義は以下のとおりである．

$$d^2z \equiv d\xi^1 d\xi^2, \quad \delta^2(z) \equiv \delta(\xi^1)\delta(\xi^2). \tag{3.2}$$

対称性や保存電荷の議論においては，しばしば次のストークスの定理が用いられる．D を複素平面内のある領域とし，その境界を反時計回りにたどる経路を C とすると，次が成り立つ．

$$\int_D d^2z(\partial\bar{v} + \bar{\partial}v) = \frac{1}{2i}\oint_C (dzv - d\bar{z}\bar{v}). \tag{3.3}$$

3.1.1 動径量子化と状態・演算子対応

最も簡単な共形場理論の例として，自由スカラー場 X ただ一つからなる理論

を考えよう．複素座標を用いると，作用は次のように表される．

$$S = \frac{1}{\pi\alpha'}\int d^2z \partial X \bar{\partial} X. \tag{3.4}$$

運動方程式 $\partial\bar{\partial}X = 0$ は $X(z,\bar{z}) = X_{\rm L}(z) + X_{\rm R}(\bar{z})$ を一般解とする．これを原点における級数の形に書くと，次のようになる．

$$X(z,\bar{z}) = x - \frac{\alpha'}{2} ip \ln(z\bar{z}) + i\sqrt{\frac{\alpha'}{2}} \sum_{n\neq 0} \frac{1}{n}\left(\frac{\alpha_n}{z^n} + \frac{\tilde{\alpha}_n}{\bar{z}^n}\right). \tag{3.5}$$

この表式に $z = e^{t_{\rm E} - i\sigma}, t_{\rm E} = it$ を代入すると (2.23) 式に一致するが，これは複素平面と円筒が共形同値なので，運動方程式の一般解の間にも対応が成り立つことを示している．

複素平面の $\ln|z|$ の方向を時間と見なして量子化することを動径量子化と呼ぶ．これは円筒に移って正準量子化することと同じであり，その結果得られるモード演算子 $x, p, \alpha_n, \tilde{\alpha}_n$ の交換関係は (2.27) 式に一致する．

状態・演算子対応により，円筒上の理論の量子状態と複素平面上の理論の局所演算子は 1 対 1 の対応関係にある．この関係をあらわに書き下してみよう．(2.32) 式で見たように，円筒上の理論の状態空間を張るベクトルは一般的に

$$|V\rangle = \prod_i \alpha_{-j_i} \prod_{\tilde{\imath}} \tilde{\alpha}_{-\tilde{\jmath}_{\tilde{\imath}}} |k\rangle \quad \Big(p|k\rangle = k|k\rangle\Big) \tag{3.6}$$

と書ける．各々の状態 $|V\rangle$ に対して局所演算子 $V(z,\bar{z})$ が存在して，

$$|V\rangle = V(0,0)|0\rangle \tag{3.7}$$

と書けるはずである．簡単な場合をいくつか書いてみると，次のようになる．

$$\begin{aligned} \alpha_{-n}|0\rangle &= \sqrt{\frac{2}{\alpha'}} \frac{i}{(n-1)!} \partial^n X(z)|0\rangle\Big|_{z\to 0}, \\ \tilde{\alpha}_{-n}|0\rangle &= \sqrt{\frac{2}{\alpha'}} \frac{i}{(n-1)!} \bar{\partial}^n X(\bar{z})|0\rangle\Big|_{\bar{z}\to 0}, \\ |k\rangle &= e^{ikx}|0\rangle = :e^{ikX(z,\bar{z})}: |0\rangle\Big|_{z,\bar{z}\to 0}. \end{aligned} \tag{3.8}$$

X のモード展開 (3.5) には z や $\bar{z}$ の負べきも含まれるが，それらの項の係数は $|0\rangle$ に掛かると零になることに注意しよう．上ではこの掛け算を行った後に z を

0 としている．また 3 行目の $:(\cdots):$ は正規順序積，ここでは e^{ikX} をモード演算子で書く際に，生成演算子 $\alpha_{n(<0)}$ を消滅演算子 $\alpha_{n(>0)}$ の左に，x を p の左に配置する規則を表す．これを一般化すると，状態 (3.6) に対応する演算子は係数を除いて次で与えられる．

$$V \;=\; :\prod_i \partial^{j_i} X \cdot \prod_{\tilde{i}} \bar{\partial}^{\tilde{j}_{\tilde{i}}} X \cdot e^{ikX}: . \tag{3.9}$$

このように，状態空間の一般の元に対応する局所演算子は，一般には場 X の複合演算子である．動径量子化では場 X は交換関係 (2.27) に従う演算子 $x, p, \alpha_n, \tilde{\alpha}_n$ からなるため，場の素朴な積はその順序にも依存してしまうが，(3.9) 式の正規順序積にはそのような曖昧さの問題はない．

3.1.2　演算子の積とその発散

経路積分に基づく量子化においても，複合演算子の取り扱いには注意を要する．この場合は $X(z,\bar{z})$ は単なる積分変数であるが，$X(z,\bar{z})$ やその積を演算子と呼ぶときは，例えば次のように相関関数に挿入された場合

$$\Big\langle X(z,\bar{z})\cdots\Big\rangle = \int \mathcal{D}X e^{-S[X]}\Big\{X(z,\bar{z})\cdots\Big\} \tag{3.10}$$

の振る舞いを議論していると理解する．

演算子の積の示す特異な振る舞いを調べるため，まず演算子 $\partial\bar{\partial}X(z,\bar{z})$ に着目しよう．古典的には運動方程式から恒等的に零であるが，演算子としては，付近に他の演算子が存在する場合に非零になり得る．例えば次が成り立つ．

$$\partial\bar{\partial}X(z,\bar{z})\prod_{i=1}^{n} X(z_i,\bar{z}_i) = -\frac{\pi\alpha'}{2}\sum_{i=1}^{n}\delta^2(z-z_i)\prod_{j\neq i} X(z_j,\bar{z}_j)\,. \tag{3.11}$$

最も簡単な $n=1$ の場合を経路積分に基づいて示してみよう．以下のように，「全微分の積分は自明に零」という式を変形してゆけばよい．

$$\begin{aligned}
0 &= \int \mathcal{D}X \frac{\delta}{\delta X(z,\bar{z})}\left[e^{-S}X(z_1,\bar{z}_1)\right] \\
&= \int \mathcal{D}X e^{-S}\left[\delta^2(z-z_1) - \frac{\delta S}{\delta X(z,\bar{z})}X(z_1,\bar{z}_1)\right] \\
&= \int \mathcal{D}X e^{-S}\left[\delta^2(z-z_1) + \frac{2}{\pi\alpha'}\partial\bar{\partial}X(z,\bar{z})\cdot X(z_1,\bar{z}_1)\right].
\end{aligned} \tag{3.12}$$

上の結果を $z, \bar{z}$ について積分すると，次が得られる．

$$X(z_1, \bar{z}_1)X(z_2, \bar{z}_2) = -\frac{\alpha'}{2} \ln |z_1 - z_2|^2 + :X(z_1, \bar{z}_1)X(z_2, \bar{z}_2): . \tag{3.13}$$

右辺第1項は運動方程式の破れの δ 関数を積分したもので，$X(z_1, \bar{z}_1)$ と $X(z_2, \bar{z}_2)$ が共存する際に生じる発散を表す．第2項は $z_1 \to z_2$ の極限で有限であり，したがってこの式から正規順序積と呼ばれる複合演算子 $:X(z_1, \bar{z}_1)X(z_2, \bar{z}_2):$ が定まる．正規順序積に含まれる $X(z_1, \bar{z}_1)$ と $X(z_2, \bar{z}_2)$ の運動方程式は，いずれも $z_1 = z_2$ において破れなく成り立つことに注意しよう．

より多くの演算子の積については，発散を差し引く操作は面倒になる．(3.13) 式を $X_1X_2 = G_{12} + :X_1X_2:$ と書くことにすると，例えば5個の演算子 X の正規順序積は次のようになる．

$$\begin{aligned} :X_1X_2X_3X_4X_5: = X_1X_2X_3X_4X_5 - (G_{12}X_3X_4X_5 + \cdots)_{(10\,\text{項})} \\ + (G_{12}G_{34}X_5 + \cdots)_{(15\,\text{項})} . \end{aligned} \tag{3.14}$$

一般の汎関数 $\mathcal{F}[X]$ については，この手続きは次のように書ける

$$\begin{aligned} :\mathcal{F}[X]: &= \exp\left(-\frac{1}{2}\int d^2zd^2wG(z,w)\frac{\delta}{\delta X(z)}\frac{\delta}{\delta X(w)}\right)\mathcal{F}[X], \\ \mathcal{F}[X] &= :\exp\left(+\frac{1}{2}\int d^2zd^2wG(z,w)\frac{\delta}{\delta X(z)}\frac{\delta}{\delta X(w)}\right)\mathcal{F}[X]:, \\ G(z,w) &= -\frac{\alpha'}{2}\ln|z-w|^2 . \end{aligned} \tag{3.15}$$

ただし，式を短くするために $X(z, \bar{z}), X(w, \bar{w})$ の代わりに $X(z), X(w)$ と書いた．また正規順序積2つの積は次のようになる．

$$\begin{aligned} &:\mathcal{F}[X]::\mathcal{G}[X]: \\ &=:\exp\left(\int d^2zd^2wG(z,w)\frac{\delta}{\delta X(z)}\bigg|_{\mathcal{F}}\frac{\delta}{\delta X(w)}\bigg|_{\mathcal{G}}\right)\mathcal{F}[X]\mathcal{G}[X]: . \end{aligned} \tag{3.16}$$

右辺の記号は，$X(z)$ についての微分は $\mathcal{F}[X]$，$X(w)$ についての微分は $\mathcal{G}[X]$ のみに掛かることを意味する．重要な応用例として，散乱振幅の評価に繰り返し用いられる公式を与えておく．

$$:e^{ikX(z,\bar{z})}::e^{ik'X(w,\bar{w})}: = |z-w|^{\alpha'kk'} :e^{ikX(z,\bar{z})+ik'X(w,\bar{w})}: . \tag{3.17}$$

この節で導入した正規順序積と動径量子化での正規順序積の関係を調べてみよう．動径量子化においては，演算子は時間順序に従って掛け合わせるので，例えば $X(z_1,\bar{z}_1)X(z_2,\bar{z}_2)$ においては $|z_1|>|z_2|$ である．この時間順序積と正規順序積の差を計算しよう．まず $X(z,\bar{z})$ のモード展開を生成演算子・消滅演算子のグループに分けて，$X_\pm(z,\bar{z})$ を定める．

$$
\begin{aligned}
x+i\sqrt{\frac{\alpha'}{2}}\sum_{n<0}\frac{1}{n}\left(\frac{\alpha_n}{z^n}+\frac{\tilde{\alpha}_n}{\bar{z}^n}\right) &\equiv X_+(z,\bar{z}),\\
-i\frac{\alpha'}{2}p\ln(z\bar{z})+i\sqrt{\frac{\alpha'}{2}}\sum_{n>0}\frac{1}{n}\left(\frac{\alpha_n}{z^n}+\frac{\tilde{\alpha}_n}{\bar{z}^n}\right) &\equiv X_-(z,\bar{z}).
\end{aligned}
\tag{3.18}
$$

このとき $X(z_1,\bar{z}_1)$ と $X(z_2,\bar{z}_2)$ の時間順序積と正規順序積の差は

$$
\begin{aligned}
&X(z_1,\bar{z}_1)X(z_2,\bar{z}_2)-:X(z_1,\bar{z}_1)X(z_2,\bar{z}_2):=[X_-(z_1,\bar{z}_1),X_+(z_2,\bar{z}_2)]\\
&=-\frac{\alpha'}{2}\ln(z_1\bar{z}_1)+\frac{\alpha'}{2}\sum_{n>0}\frac{1}{n}\left(\frac{z_2^n}{z_1^n}+\frac{\bar{z}_2^n}{\bar{z}_1^n}\right)=-\frac{\alpha'}{2}\ln|z_1-z_2|^2
\end{aligned}
\tag{3.19}
$$

となり，(3.13) 式と一致する．

動径量子化と経路積分を比較するもうひとつの重要な演習問題として，モード演算子の交換関係を (3.13) 式だけから再現してみよう．例として交換関係 $[\alpha_m,\alpha_n]$ を考える．各々の α_n は正則な演算子 $\partial X(z)$ の原点周りの周回積分

$$
\alpha_n\equiv i\sqrt{\frac{2}{\alpha'}}\oint_0\frac{dz}{2\pi i}z^n\partial X(z)
\tag{3.20}
$$

で表され，積分路の詳しい形には依らない．それらの積は素朴に

$$
\alpha_m\alpha_n=-\frac{2}{\alpha'}\oint_0\oint_0\frac{dz}{2\pi i}\frac{dw}{2\pi i}z^m w^n\partial X(z)\partial X(w)
\tag{3.21}
$$

と書ける．$\alpha_m\alpha_n$ と $\alpha_n\alpha_m$ が単純に等しくはならないことを示すには，両者を定義する積分路の違いに気をつける必要がある．つまり図 3.1 左・中央のように，$\alpha_m\alpha_n$ の定義では z の積分路を w の積分路の外側に，$\alpha_n\alpha_m$ ではその逆にとる．このとき両者の差を表す積分路を考えると，同図右のように z の積分路が w を囲む形になるため，交換関係は次のようになる．

$$
[\alpha_m,\alpha_n]\ =\ -\frac{2}{\alpha'}\oint_0\frac{dw}{2\pi i}\oint_w\frac{dz}{2\pi i}z^m w^n\partial X(z)\partial X(w)\,.
\tag{3.22}
$$

右辺に (3.13) 式を代入すると，α_n の交換関係 (2.27) が正しく再現される．

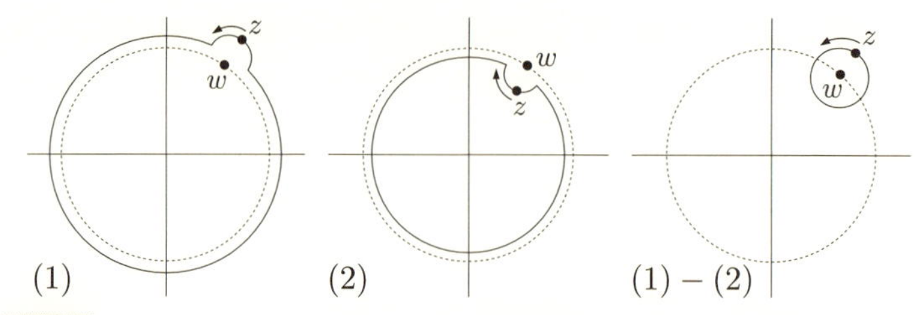

図 3.1 $\alpha_m\alpha_n$ および $\alpha_n\alpha_m$ を定める積分路のとり方，およびそれらの差.

3.1.3 対称性とワード恒等式

場の量子論が対称性を持つとき，ネーターの定理によって，理論には保存カレント J^a $(\partial_a J^a = 0)$ が存在する．その時間成分 J^0 を時刻一定面にわたって積分した保存電荷 Q は，量子論では場に働く対称性変換 $\delta X = [Q, X]$ を生成する演算子になる．共形場理論の対称性を，このような場の量子論の道具立てを使って表現したい．

場に働く微小変換 δ が理論の対称性であるとは，古典的には作用を不変に保つ，すなわち $\delta S = 0$ であることをいう．量子論の対称性は，さらに経路積分の積分測度 $\mathcal{D}X$ を不変に保たねばならない．古典的作用の対称性が $\mathcal{D}X$ を不変に保たない場合，その対称性は量子論的には破れている，あるいはアノマリーがあるといわれる．この節ではアノマリーのない場合を扱う．

対称性 δ の場 X への作用が $\delta X = \epsilon(\cdots)$，ただし ϵ は微小な定数パラメータ，と書けるとする．さて，ϵ を任意関数で置き換えた変換 $\hat{\delta}$ を考えよう．$\hat{\delta}$ は一般に作用の不変性ではないが，たまたま ϵ を定数としたときは作用の不変性なので，ϵ の 2 次以上の項を無視する近似で $\hat{\delta}S$ は一般に次の形をとる．

$$\hat{\delta}S = -\int \frac{d^2\xi}{2\pi}\partial_a \epsilon J^a = -\int \frac{d^2 z}{\pi}\big(\partial\epsilon J_{\bar{z}} + \bar{\partial}\epsilon J_z\big). \tag{3.23}$$

$J_a = (J_z, J_{\bar{z}})$ は，対称性 δ に対するネーターの保存カレントと呼ばれる．ϵ が無限遠で消えるなど適当な条件のもとでは，部分積分して次のように書ける．

$$\hat{\delta}S = \int \frac{d^2\xi}{2\pi}\epsilon\, \partial_a J^a = \int \frac{d^2 z}{\pi}\epsilon(\partial J_{\bar{z}} + \bar{\partial}J_z). \tag{3.24}$$

運動方程式の仮定のもとでカレントが保存することを示そう．仮定より，X の任意の変分 δX のもとで作用の変分 δS は零である．一例として場 X を $\hat{\delta}$ の方向に変分したとき，作用の変分は (3.24) 式の $\hat{\delta}S$ にほかならず，これが任意

の $\epsilon(\xi^a)$ に対して零のはずである．よって $\partial_a J^a = 0$ が従う．

ワード恒等式とは，任意の局所演算子 $V(z_0, \bar{z}_0)$ の δ 変換則を，対応するカレント $J_z, J_{\bar{z}}$ と V の演算子積から決める関係式である．これを経路積分表式を使って導こう．まず，$V(z_0, \bar{z}_0)$ 以外に演算子を含まないように，点 z_0 を含む小さな領域 D を任意にとり，関数 $\epsilon(z, \bar{z})$ を D 内で定数 ϵ，その外では 0 と選ぶ．経路積分測度は $\hat{\delta}$ のもとで不変であると仮定すると，

$$0 = \int \mathcal{D}X \hat{\delta}\{e^{-S}(V\cdots)\} = \int \mathcal{D}X e^{-S}\{(\hat{\delta}V - V\hat{\delta}S)\cdots\} \tag{3.25}$$

が従う．この関係式から次のワード恒等式を得る．

$$\begin{aligned}\delta V(z_0, \bar{z}_0) &= \epsilon \int_D \frac{d^2 z}{\pi}\Big(\partial J_{\bar{z}}(z, \bar{z}) + \bar{\partial} J_z(z, \bar{z})\Big) V(z_0, \bar{z}_0) \\ &= \epsilon \oint_{\partial D}\left(\frac{dz}{2\pi i} J_z(z, \bar{z}) V(z_0, \bar{z}_0) - \frac{d\bar{z}}{2\pi i} J_{\bar{z}}(z, \bar{z}) V(z_0, \bar{z}_0)\right).\end{aligned} \tag{3.26}$$

ただし V に対しては $\hat{\delta} = \delta$ であることを使った．また周回積分の方向は z 平面内の領域 D の境界に沿って反時計回り，$\bar{z}$ 平面上では時計回りである．

$\bar{\partial} J_z = 0$ (あるいは $\partial J_{\bar{z}} = 0$) を満たす正則 (反正則) カレントの生成する対称性は特に重要で，この場合はワード恒等式 (3.26) の右辺は 1 項だけからなる．自由スカラー場の理論 (3.4) でいくつかの例を調べてみよう．まず $v(z)$ を任意の正則関数として，作用 (3.4) を不変に保つ次の変換を考えよう．

$$\delta X(z, \bar{z}) = \epsilon v(z)\,. \tag{3.27}$$

ϵ を任意関数にしたときの作用の変換則 $\hat{\delta} S$ からカレントを決めると，

$$\hat{\delta} S = -\frac{2}{\pi \alpha'} \int d^2 z \epsilon \bar{\partial}\big(v \partial X\big) + (\text{表面項}) \tag{3.28}$$

より，$J_z = -(2/\alpha') v \partial X$, $J_{\bar{z}} = 0$ となる．ワード恒等式は次のようになる．

$$\delta V(z_0, \bar{z}_0) = -\frac{2}{\alpha'} \oint_{z_0} \frac{dz}{2\pi i} \epsilon v(z) \partial X(z) V(z_0, \bar{z}_0)\,. \tag{3.29}$$

被積分関数の正則性より，右辺は積分路の詳しい形には依らない．

次に並進対称性を調べよう．スカラー場への作用は $\delta X = \epsilon \partial X + \bar{\epsilon} \bar{\partial} X$ である．先ほどと同様に，$\epsilon, \bar{\epsilon}$ を任意関数に格上げして変換 $\hat{\delta}$ を定める．作用の変分 $\hat{\delta} S$ は全微分を除いて次の形に書けるはずである．

$$\hat{\delta}S = \int \frac{d^2z}{2\pi}\epsilon^a \partial_b T^b{}_a = \int \frac{d^2z}{\pi}\Big\{\epsilon(\bar{\partial}T_{zz} + \partial T_{\bar{z}z}) + \bar{\epsilon}(\bar{\partial}T_{z\bar{z}} + \partial T_{\bar{z}\bar{z}})\Big\}. \quad (3.30)$$

T_{ab} が対応する保存カレントで，ストレステンソルと呼ばれる．スカラー場 X の理論については，T_{ab} は次の値をとる．

$$T_{zz} = -\frac{1}{\alpha'}\partial X\partial X, \quad T_{\bar{z}\bar{z}} = -\frac{1}{\alpha'}\bar{\partial}X\bar{\partial}X, \quad T_{z\bar{z}} = 0. \quad (3.31)$$

$T_{z\bar{z}} = 0$ は座標変換不変に書くと $T^a{}_a = 0$ (トレース零) となる．

3.1.4　ストレステンソルと共形ワード恒等式

条件 $T^a{}_a = 0$ あるいは $T_{z\bar{z}} = 0$ は，実は共形場理論を特徴づける重要な性質である．これをストレステンソルの保存則と合わせると，その非零成分 $T_{zz} \equiv T$, $T_{\bar{z}\bar{z}} \equiv \tilde{T}$ の正則性 $\bar{\partial}T = \partial\tilde{T} = 0$ が導かれる．ϵ^a を任意関数に格上げしたときの作用の変分 (3.30) は次のようになる．

$$\hat{\delta}S = \int \frac{d^2z}{\pi}\left(\epsilon\bar{\partial}T + \bar{\epsilon}\partial\tilde{T}\right). \quad (3.32)$$

この結果をよく注意して見ると，$\epsilon, \bar{\epsilon}$ が定数でなくても，ϵ が正則，$\bar{\epsilon}$ が反正則ならば $\hat{\delta}S$ は (表面項を除いて) 零になる．これは共形場理論が単に並進不変なだけでなく，より大きな正則座標変換のもとで不変なことを意味する．

$$\tilde{z} = z - \epsilon(z), \quad \bar{\tilde{z}} = \bar{z} - \bar{\epsilon}(\bar{z}). \quad (3.33)$$

対応するワード恒等式 (共形ワード恒等式) は次で与えられる．

$$\delta V(z_0, \bar{z}_0) = \oint_{z_0} \frac{dz}{2\pi i}\epsilon(z)T(z)V(z_0, \bar{z}_0) - \oint_{z_0} \frac{d\bar{z}}{2\pi i}\bar{\epsilon}(\bar{z})\tilde{T}(\bar{z})V(z_0, \bar{z}_0). \quad (3.34)$$

ポリヤコフ作用 $S[X, h_{ab}]$ の持つ対称性から $T^a{}_a = 0$ が従うことを見てみよう．まず $S[X, h_{ab}]$ の座標変換不変性より次が成り立つ．

$$0 = \int d^2\xi \left(\frac{\delta S}{\delta X}\epsilon^a \partial_a X + \frac{\delta S}{\delta h_{ab}}(\nabla_a \epsilon_b + \nabla_b \epsilon_a)\right). \quad (3.35)$$

ただし (2.19) 式の変換則を用いた．右辺第 1 項は座標依存する並進変換 $\hat{\delta}$ を S 中のスカラー場 X に施すもので，(3.30) 式を曲がった空間上に載せたものに等しい．したがって (3.35) 式は次のように書き換えられる．

$$0 \;=\; \int d^2\xi \left\{ \frac{\sqrt{h}}{2\pi} \epsilon^a \nabla_b T^b{}_a - 2\epsilon_a \nabla_b \left(\frac{\delta S}{\delta h_{ab}} \right) \right\}. \tag{3.36}$$

これより，一般の場の理論で成り立つストレステンソルの定義式を得る．

$$T^{ab} = \frac{4\pi}{\sqrt{h}} \frac{\delta S}{\delta h_{ab}}. \tag{3.37}$$

さらにワイル不変性を使うと，$T^a{}_a = 0$ が次のようにして従う [*1]．

$$0 = \left. \frac{\delta S[X, e^{2\omega} h_{ab}]}{\delta \omega} \right|_{\omega=0} = 2h_{ab} \frac{\delta S}{\delta h_{ab}} = \frac{\sqrt{h}}{2\pi} T^{ab} h_{ab}. \tag{3.38}$$

平坦空間上の並進や回転など，計量を不変に保つ座標変換はアイソメトリーと呼ばれる．一方，共形変換 $z \to \tilde{z}(z)$ のもとで計量の形は $ds^2 = dzd\bar{z}$ から

$$ds^2 = \left| \frac{\partial z}{\partial \tilde{z}} \right|^2 d\tilde{z} d\bar{\tilde{z}} \tag{3.39}$$

と変換する．しかし共形場理論においてはワイル変換で計量を $ds^2 = dzd\bar{z}$ の形に回復できるため，(3.33) 式は理論の対称性となる．このように，計量をワイル変換による修正を許して不変に保つ座標変換を共形アイソメトリーと呼ぶ．D (≥ 3) 次元の平坦時空 $\mathbb{R}^{1,D-1}$ の共形アイソメトリーは群 $SO(2,D)$ をなす (11.3.2 項参照) が，2 次元では共形対称性は無限次元の代数をなす．

3.1.5　プライマリ演算子

共形変換のもとで特定の変換性に従うプライマリ演算子と呼ばれる量を導入しよう．マージナル演算子はプライマリ演算子の特別な例である．

共形変換 $z = z(\tilde{z})$ のもとで，スカラー場 $X(z, \bar{z})$ は

$$\tilde{X}(\tilde{z}, \bar{\tilde{z}}) = X(z(\tilde{z}), \bar{z}(\bar{\tilde{z}})) \tag{3.40}$$

と変換される．このとき

$$\tilde{V}(\tilde{z}, \bar{\tilde{z}}) = \left(\frac{\partial z}{\partial \tilde{z}} \right)^h \left(\frac{\partial \bar{z}}{\partial \bar{\tilde{z}}} \right)^{\bar{h}} V(z(\tilde{z}), \bar{z}(\bar{\tilde{z}})) \tag{3.41}$$

と変換される場をプライマリ演算子と呼び，$(h, \bar{h})$ をその共形ウェイトと呼ぶ．

[*1] (2.49) 式のように場が非零の共形ウェイトを持つ場合も，それらの運動方程式を仮定すれば同様に $T^a{}_a = 0$ を示せる．

一般相対論のテンソル場の変換性に似ているが，$h, \bar{h}$ は整数でなくてもよい．例えば ∂X および $\bar{\partial} X$ は共形ウェイト $(1,0)$ および $(0,1)$ のプライマリ演算子であるが，$\partial^2 X$ はプライマリではない．特に，$h = \bar{h} = 1$ のプライマリ演算子はマージナル演算子と呼ばれる．マージナル演算子の空間積分 $\int d^2 z V(z,\bar{z})$ は (3.41) 式より共形不変となり，共形場理論の微小変形に使えるのである．

微小変換 $\tilde{z} = z - \epsilon(z)$ のもとでのプライマリ演算子 (3.41) の変換性は，

$$\delta V(z,\bar{z}) \equiv \tilde{V}(z,\bar{z}) - V(z,\bar{z}) = (\epsilon\partial + \bar{\epsilon}\bar{\partial} + h\partial\epsilon + \bar{h}\bar{\partial}\bar{\epsilon})V(z,\bar{z}) \tag{3.42}$$

となる．これをワード恒等式 (3.34) と比較すると，V とストレステンソルの積は次の展開に従わねばならない．

$$\begin{aligned} T(w)V(z,\bar{z}) &\sim \frac{hV(z,\bar{z})}{(w-z)^2} + \frac{\partial V(z,\bar{z})}{w-z}, \\ \tilde{T}(\bar{w})V(z,\bar{z}) &\sim \frac{\bar{h}V(z,\bar{z})}{(\bar{w}-\bar{z})^2} + \frac{\bar{\partial} V(z,\bar{z})}{\bar{w}-\bar{z}}. \end{aligned} \tag{3.43}$$

共形場理論の議論にしばしば現れるこの形の関係式は演算子積展開と呼ばれる．記号 $\sim$ は $w \to z$ で発散しない項を無視するという意味である．

スカラー場 X の理論の例で，いくつかの演算子の共形変換性を (3.43) 式と (3.16) 式を使って調べてみよう．まず指数演算子の共形変換性を

$$T = -\frac{1}{\alpha'} :\partial X \partial X:, \quad V = :e^{ikX}: \tag{3.44}$$

の演算子積展開を計算して調べる [*2]．

まず演算子積 TV を (3.16) 式を使って正規順序化する．具体的には，T と V から演算子 X を 1 つずつ選んで好きな数のペア $X(w,\bar{w})X(z,\bar{z})$ を作り，それぞれのペアを (3.15) 式の $G(w,z)$ で置き換えればよい．この置き換え操作をウィック縮約と呼ぶ．1 組または 2 組の縮約を行った結果から，それぞれ

$$\begin{aligned} -\frac{1}{\alpha'} 2 :\partial X(w) \partial_w G [e^{ikX(z,\bar{z})}]': &= \frac{ik}{w-z} :\partial X(w) e^{ikX(z,\bar{z})}:, \\ -\frac{1}{\alpha'} :(\partial_w G)^2 [e^{ikX(z,\bar{z})}]'': &= \frac{\alpha' k^2}{4(w-z)^2} :e^{ikX(z,\bar{z})}: \end{aligned} \tag{3.45}$$

[*2] (3.31) 式で求めた T に比べると，ここでの T は正規順序化のため定数シフト分の違いがあるが，どちらを用いても共形ワード恒等式 (3.34) は同じように成り立つ．

を得る．ただし記号 $(')$ は $X(z,\bar{z})$ についての微分を表し，1 行目の係数 2 は縮約するペアのとり方の多重度からくる．2 項をまとめると，

$$T(w)V(z,\bar{z}) \sim \frac{\alpha' k^2}{4(w-z)^2}V(z,\bar{z}) + \frac{1}{w-z}\partial V(z,\bar{z}) \tag{3.46}$$

となる．X がウェイト零であるにもかかわらず，$:e^{ikX}:$ は非零のウェイト $h=\bar{h}=\alpha' k^2/4$ を持つプライマリ演算子になることが分かる．

少し複雑な例として，D 次元平坦時空上の共形場理論をとり，次のような演算子 V を考えよう．

$$T = -\frac{1}{\alpha'}\eta_{\mu\nu} :\partial X^\mu \partial X^\nu:, \quad V = \varepsilon_{\mu\nu} :\partial X^\mu \bar{\partial} X^\nu e^{ikX}:. \tag{3.47}$$

導出は省略するが，V は $\varepsilon_{\mu\nu}k^\mu = \varepsilon_{\mu\nu}k^\nu = 0$ の場合にプライマリとなり，そのウェイトは $h=\bar{h}=1+(\alpha' k^2/4)$ となる．$\varepsilon_{\mu\nu}$ が対称のときは，この V は (2.56) 式で議論された重力子の頂点演算子にほかならない．マージナル演算子の条件はこのように，重力子に対しては零質量性および横波性の条件になる．

3.1.6　ビラソロ代数とその表現

後の章のための準備として，ここで 2 次元の共形対称性の代数とその表現論についての基本的事項をまとめておこう．

ストレステンソルの共形変換性は，次の演算子積展開から決まる．

$$T(w)T(z) \sim \frac{c}{2(w-z)^4} + \frac{2T(z)}{(w-z)^2} + \frac{\partial T(z)}{w-z}. \tag{3.48}$$

c は共形場理論の中心電荷と呼ばれる定数で，自由スカラー場 D 個の理論では $c=D$ となる．T はプライマリでないことに注意しよう．微小共形変換，有限変換のもとでの T の変換則は次のようになる．

$$\begin{aligned} \delta T(z) &= \epsilon\partial T + 2\partial\epsilon T + \frac{c}{12}\partial^3\epsilon, \\ T(w) &= (\partial_w z)^2 T(z) + \frac{c}{12}\{z,w\}, \quad \{f(w),w\} \equiv \frac{f'''}{f'} - \frac{3f''^2}{2f'^2}. \end{aligned} \tag{3.49}$$

2 行目の括弧式はシュワルツ微分と呼ばれる．

共形対称性の構造は，ストレステンソルのモード演算子の従う代数でも特徴づけられる．正則成分 $T(z)$ のモード展開を次のように定めよう．

$$T(z) = \sum_n L_n z^{-n-2} . \tag{3.50}$$

$T(z)$ の演算子積展開公式 (3.48) と 3.1.2 項の手法を使うと，モード演算子 L_n が次のビラソロ代数と呼ばれる交換関係に従うことを示せる．

$$[L_m, L_n] = (m-n)L_{m+n} + \frac{c}{12}(m^3 - m)\delta_{m+n,0} . \tag{3.51}$$

反正則成分 $\tilde{T}(\bar{z})$ のモード演算子 $\tilde{L}_n$ の従う代数も同じである．平坦時空 $\mathbb{R}^{1,25}$ 上のシグマ模型については，L_n は X^μ のモード演算子を使って

$$T = -\frac{1}{\alpha'}\eta_{\mu\nu} :\partial X^\mu \partial X^\nu: = \frac{1}{2}\sum_{m,n} \eta_{\mu\nu} :\alpha_m^\mu \alpha_n^\nu: z^{-m-n-2},$$
$$L_n = \frac{1}{2}\sum_{m\in\mathbb{Z}} \eta_{\mu\nu} :\alpha_m^\mu \alpha_{n-m}^\nu: \tag{3.52}$$

と書ける．L_n の交換関係 (3.51) は α_n^μ の交換関係 (2.34) からも従う．

ビラソロ代数のうち L_1, L_0, L_{-1} は閉じた部分代数 $SL(2,\mathbb{R})$ をなし，その交換関係は中心電荷 c に依らない．

一般の共形場理論の状態空間の上で，ビラソロ代数がどのように表現されるかを見てみよう．局所演算子 $V(z,\bar{z})$ とそれに対応する状態 $|V\rangle$ の対を考える．$V(z,\bar{z})$ と $T(z)$ の演算子積展開を

$$T(z)V(0,0) = \sum_n \frac{V_{(n)}(0,0)}{z^{n+2}} \tag{3.53}$$

と書くとき，演算子 $V_{(n)}$ に対応する状態は $L_n|V\rangle$ である．特に V が正則ウェイト h のプライマリ演算子のとき，(3.43) 式よりすべての $n>0$ に対して $V_{(n)}=0$ であり，また $V_{(0)} = hV$ である．対応する状態 $|V\rangle$ はウェイト h のプライマリ状態と呼ばれ，次を満たす．

$$L_{n>0}|V\rangle = 0, \quad L_0|V\rangle = h|V\rangle . \tag{3.54}$$

上では正則成分の作用のみを議論したが，$\tilde{L}_n$ の作用も同様である．

プライマリ状態 $|V\rangle$，およびそれに $L_{n<0}$ を任意個数掛けて得られる

$$L_{-n_1}L_{-n_2}\cdots L_{-n_r}|V\rangle \tag{3.55}$$

の形の状態 (子孫状態) を合わせた全体の張る空間は，c, h でラベルされるビラ

ソロ代数の表現をなす [*3)]．上の状態は L_0 の固有値 $h+\sum_i n_i$ に対する固有状態であり，特にプライマリ状態は表現空間の中で L_0 の最低固有値を持つ．また，状態に L_n を掛けると L_0 の値は $-n$ シフトするので，$L_{n<0}$ は上昇演算子，$L_{n>0}$ は下降演算子と呼ばれる．

恒等演算子 $V=1$ に対応する状態 $|0\rangle$ は特殊で，次を満たす．

$$L_{n\geq -1}|0\rangle = 0\,. \tag{3.56}$$

これは，$|0\rangle$ が $z=0$ に何の演算子もない状態であり，これに $T(z)$ を作用しても z の負べきの項が現れないことを表している．特にこの状態は L_1, L_0, L_{-1} および $\tilde{L}_1, \tilde{L}_0, \tilde{L}_{-1}$ の作用で消えることから，$SL(2,\mathbb{C})$ 不変な真空と呼ばれる．

3.2 ワイルアノマリー

弦のポリヤコフ作用は，古典的には標的空間の計量に依らず常にワイル不変であった．しかし量子論的には，実は以下のような機構で一般にワイル対称性は破れる．

1) 平坦な $\mathbb{R}^2$ 上の物質場の理論は，古典的に共形不変でも，量子効果で非零の $T^a{}_a$ を持つ場合がある．この効果は繰り込み群の β 関数で測られる．

2) $\beta=0$ の物質場の理論は，平坦空間上では量子論的にも共形不変であり，理論の共形対称性は (3.48) 式の中心電荷 c でラベルされる．この理論を曲がった 2 次元面に載せると，ストレステンソルのトレース成分が $T^a{}_a=-\frac{1}{12}cR$ と非零になる．R は 2 次元面のスカラー曲率である．

この節ではこれらの効果を詳しく議論する．さらに 4.1 節で見るように，

3) 弦理論では物質場だけでなく，世界面の計量 h_{ab} の同値類についても経路積分する．同値類について正しく積分するためのゲージ固定と呼ばれる操作によって，計量についての経路積分は $c=-26$ のゴースト共形場理論の経路積分に置き換えられる．

という点を考慮する必要がある．以上を総合すると，無矛盾な弦理論の背景は

[*3)] この表現は通常は既約表現となるが，特別な (c,h) の値に対しては縮退を起こす．ビラソロ代数の表現論は 2 次元共形場理論の精密な理解には不可欠であるが，詳しく扱う余裕がない．

$c=26$ の物質場の共形場理論で与えられることになる．26 はボソン弦の臨界次元と呼ばれる．

3.2.1 共形場理論とワイルアノマリー

ここでは上の主張の 2 つめ，$T^a_{\ a}=-\frac{1}{12}cR$ を導く．

まず，非零の $T^a_{\ a}$ の値はスカラー曲率 R の定数倍以外にあり得ないこと，

$$T^a_{\ a}=a_1R, \tag{3.57}$$

を論じよう．(3.57) 式の右辺に現れ得る量は，$T^a_{\ a}$ と同じく一般座標変換のもとでスカラー量であり，また平坦空間上で零になることから計量の微分を含む．さらに，h_{ab} と物質場の質量次元を $[\partial_{\xi^a}]=1$, $[h_{ab}]=[X^\mu]=0$ と定めると，右辺の質量次元は $[T^a_{\ a}]=2$ と同じはずである．これらの要請を満たす自然な解は (3.57) 式以外にないのである．

次に a_1 の値を求める．世界面の計量を共形平坦としよう．

$$ds^2=e^{2\Omega(\xi)}d\xi^ad\xi^a=e^{2\Omega(z,\bar{z})}dzd\bar{z}. \tag{3.58}$$

このとき $\sqrt{h}R=-8\partial\bar{\partial}\Omega$，したがって $T_{z\bar{z}}=-2a_1\partial\bar{\partial}\Omega$ と書ける．T_{ab} の他の成分は $\nabla^aT_{ab}=0$ を解くことにより，例えば T_{zz} は次のようにして一般形が決まる．

$$\begin{aligned}0=\nabla_{\bar{z}}T_{zz}+\nabla_zT_{\bar{z}z}&=\bar{\partial}\left\{T_{zz}-2a_1(\partial\partial\Omega-\partial\Omega\partial\Omega)\right\},\\ T_{zz}&=2a_1(\partial\partial\Omega-\partial\Omega\partial\Omega)+T(z).\end{aligned} \tag{3.59}$$

(3.59) 式右辺の正則関数 $T(z)$ は，共形ワード恒等式 (3.34) に現れる正則カレントと同一視できる [*4]．共形変換 $z\to\tilde{z}(z)$ のもとで T_{zz} および Ω が

$$T_{zz}=(\partial_z\tilde{z})^2\tilde{T}_{\tilde{z}\tilde{z}},\quad e^{2\Omega(z,\bar{z})}=|\partial_z\tilde{z}|^2e^{2\tilde{\Omega}(\tilde{z},\bar{\tilde{z}})} \tag{3.60}$$

と変換することから，$T(z)$ の変換則は次のように決まる．

$$T(z)=(\partial_z\tilde{z})^2\tilde{T}(\tilde{z})-a_1\{\tilde{z},z\}. \tag{3.61}$$

これを (3.49) 式と比較することにより，$a_1=-c/12$ を得る．

[*4] 共形ワード恒等式の導出を見直すと，計量 (3.58) を持つ面上では (3.30) 式中の ϵ の係数を (3.59) 式の 1 行目の量で置き換えればよいことが分かる．

3.2.2 シグマ模型のワイルアノマリー

次に，一般のシグマ模型の持つ共形不変性の量子論的な破れを議論する．ここではポリヤコフの作用を拡張して，標的空間の計量 $G_{\mu\nu}(X)$ の他に反対称テンソル場 $B_{\mu\nu}(X)$ およびスカラー場 $\Phi(X)$ を含む次の作用を考える．

$$\begin{aligned} S = \frac{1}{4\pi\alpha'}\int d^2\xi\Big(&\sqrt{h}h^{ab}\partial_a X^\mu\partial_b X^\nu G_{\mu\nu}(X) \\ &+ i\epsilon^{ab}\partial_a X^\mu\partial_b X^\nu B_{\mu\nu}(X) + \alpha'\sqrt{h}R\Phi(X)\Big). \end{aligned} \tag{3.62}$$

ただし ϵ^{ab} は世界面上の完全反対称テンソルであり，R は 2 次元面のスカラー曲率である．$B_{\mu\nu}$ は B 場，Φ はディラトンと呼ばれる．

ここで，ディラトン Φ の期待値の持つ役割を見てみよう．もし Φ が定数 λ だとすると，(3.62) 式の第 3 項は世界面の種数 g で決まるオイラー標数と呼ばれる位相不変量になる [*5]．

$$\frac{\lambda}{4\pi}\int d^2\xi\sqrt{h}R = \lambda(2-2g). \tag{3.63}$$

$g_s \equiv e^\lambda$ とおくと，種数 g の世界面は $e^{-S} \sim g_s^{2g-2}$ の重みで経路積分に寄与することになる．つまりディラトンの真空期待値は弦の結合定数を定める．

作用 (3.62) の第 1 項，第 2 項は古典的にはワイル不変であるが，第 3 項はディラトンが定数でなければワイル不変ではない．これは世界面上のスカラー曲率 R が次のワイル変換則に従うことから確かめられる．

$$\tilde{h}_{ab} = e^{2\omega}h_{ab} \quad \Rightarrow \quad \sqrt{\tilde{h}}\tilde{R} = \sqrt{h}(R - 2\nabla^2\omega). \tag{3.64}$$

量子効果を含めると，作用 (3.62) の定める理論のワイルアノマリーは

$$2\alpha' T^a{}_a = -\beta^{[G]}_{\mu\nu}h^{ab}\partial_a X^\mu\partial_b X^\nu - i\beta^{[B]}_{\mu\nu}\epsilon^{ab}\partial_a X^\mu\partial_b X^\nu - \alpha'\beta^{[\Phi]}R \tag{3.65}$$

と表される．係数 β は繰り込み群 β 関数と呼ばれ，α' 展開の最低次では

$$\begin{aligned} \beta^{[\Phi]} &= \frac{D-26}{6} - \frac{\alpha'}{2}\nabla^2\Phi + \alpha'\nabla_\mu\Phi\nabla^\mu\Phi - \frac{\alpha'}{24}H_{\mu\nu\lambda}H^{\mu\nu\lambda} + \mathcal{O}(\alpha'^2), \\ \beta^{[G]}_{\mu\nu} &= \alpha' R_{\mu\nu} + 2\alpha'\nabla_\mu\nabla_\nu\Phi - \frac{\alpha'}{4}H_{\mu\lambda\rho}H_\nu{}^{\lambda\rho} + \mathcal{O}(\alpha'^2), \\ \beta^{[B]}_{\mu\nu} &= -\frac{\alpha'}{2}\nabla^\lambda H_{\lambda\mu\nu} + \alpha'\nabla^\lambda\Phi H_{\lambda\mu\nu} + \mathcal{O}(\alpha'^2) \end{aligned} \tag{3.66}$$

[*5] この量が位相不変量であることは，アインシュタインテンソル $G^{ab} \equiv R^{ab} - \frac{1}{2}h^{ab}R$ が 2 次元では恒等的に零になることから従う．

で与えられることが知られている．ただし D は標的空間の次元，$R_{\mu\nu}$ はリッチテンソル，$H_{\mu\nu\lambda}$ は

$$H_{\mu\nu\lambda} \equiv \partial_\mu B_{\nu\lambda} + \partial_\nu B_{\lambda\mu} + \partial_\lambda B_{\mu\nu} \tag{3.67}$$

で定義される B 場の強さである．また $\beta^{[\Phi]}$ の右辺第 1 項は 3.2.1 項で議論した共形場理論のワイルアノマリーである．ゴーストの寄与 -26 はシグマ模型 (物質場の理論) の量子効果ではないが，便利のため含めてある．

ワイル不変性の条件 $\beta = 0$ は，実は D 次元の有効作用

$$\begin{aligned} S_{\text{eff}} = \frac{1}{2\kappa^2} \int d^D x \sqrt{-G} e^{-2\Phi} \bigg[& \frac{2(D-26)}{3\alpha'} + R - \frac{1}{12} H_{\mu\nu\lambda} H^{\mu\nu\lambda} \\ & + 4\partial_\mu \Phi \partial^\mu \Phi + \mathcal{O}(\alpha') \bigg] \end{aligned} \tag{3.68}$$

から運動方程式として得られることにふれておく．26 次元平坦時空 $G_{\mu\nu} = \eta_{\mu\nu}, B_{\mu\nu} = 0, \Phi = \lambda$ はその古典解の 1 つであるが，他にも様々な解があり，それぞれ $c = 26$ の共形場理論を定める．与えられた古典解からの揺らぎは，対応する共形場理論の変形に対応し，特にマージナルな変形は運動方程式を満たす揺らぎに対応する．例えば平坦時空上の重力子を表す頂点演算子 (2.56) の零質量性・横波性は，この運動方程式の要請ともいえる．

3.2.3　シグマ模型の摂動論

β 関数 (3.66) を導くには，摂動論を使ってシグマ模型の量子効果を調べる必要がある．ここでは，簡単のため $B_{\mu\nu} = \Phi = 0$ とおいた模型を調べよう．

$$S = \frac{1}{4\pi\alpha'} \int d^2\xi \partial_a X^\mu \partial_a X^\nu G_{\mu\nu}(X), \quad \beta^{[G]}_{\mu\nu} = \alpha' R_{\mu\nu} + \mathcal{O}(\alpha'^2). \tag{3.69}$$

一般に場の理論の摂動論では，まず場 X^μ の運動方程式を満たす古典的な配位 x^μ_{c} を選び，その周りの揺らぎ x^μ_{q} を経路積分の変数とする．作用 S に $X^\mu \equiv x^\mu_{\text{c}} + x^\mu_{\text{q}}$ を代入して x^μ_{q} のべき級数に書き直した後，e^{-S} を x^μ_{q} のガウス関数で近似して経路積分する．ファインマン図形を用いた具体的な近似計算の手法については，後ほど詳しく解説する．

シグマ模型 (3.69) の摂動論の出発点として，古典的配位を $X^\mu = x^\mu_{\text{c}}$(定数) と選ぶ．このとき，揺らぎを表す変数として，$x^\mu_{\text{q}} \equiv X^\mu - x^\mu_{\text{c}}$ よりも便利なリーマ

ン正規座標と呼ばれる変数 v^μ を用いよう．これは次のように定義される．測地方程式および境界条件

$$\ddot{x}^\mu + \Gamma^\mu_{\nu\lambda}(x)\dot{x}^\nu\dot{x}^\lambda = 0 \quad \bigl(x^\mu(0) = x^\mu_{\mathrm{c}},\ x^\mu(1) = x^\mu_{\mathrm{c}} + x^\mu_{\mathrm{q}}\bigr) \tag{3.70}$$

の解を $x^\mu(t)$ とするとき，$v^\mu \equiv \dot{x}^\mu(0)$ である．x^μ_{q} と v^μ は次の関係に従う．

$$\begin{aligned} x^\mu_{\mathrm{q}} &= v^\mu - \frac{1}{2}\Gamma^\mu_{\nu\lambda}(x_{\mathrm{c}})\,v^\nu v^\lambda - \frac{1}{6}\Gamma^\mu_{\nu\lambda\rho}(x_{\mathrm{c}})\,v^\nu v^\lambda v^\rho - \cdots, \\ \Gamma^\mu_{\nu\lambda\rho} &\equiv \partial_\nu\Gamma^\mu_{\lambda\rho} - \Gamma^\sigma_{\nu\lambda}\Gamma^\mu_{\sigma\rho} - \Gamma^\sigma_{\nu\rho}\Gamma^\mu_{\lambda\sigma}. \end{aligned} \tag{3.71}$$

標的時空の計量 $G_{\mu\nu}(x_{\mathrm{c}} + x_{\mathrm{q}}(v))$ は，次のように v^μ のべきに展開される．

$$\begin{aligned} &\frac{\partial x^\alpha_{\mathrm{q}}}{\partial v^\mu}\frac{\partial x^\beta_{\mathrm{q}}}{\partial v^\nu}G_{\alpha\beta}(x_{\mathrm{c}} + x_{\mathrm{q}}) \\ &= G_{\mu\nu}(x_{\mathrm{c}}) - \frac{v^\lambda v^\rho}{3}R_{\mu\lambda\nu\rho}(x_{\mathrm{c}}) - \frac{v^\sigma v^\lambda v^\rho}{6}\nabla_\sigma R_{\mu\lambda\nu\rho}(x_{\mathrm{c}}) + \cdots. \end{aligned} \tag{3.72}$$

べき展開の係数がすべて一般共変なテンソル量になるのがリーマン正規座標を使う利点である．こうして，$X^\mu(\xi) = x^\mu_{\mathrm{c}}$ の周りでの摂動論は作用

$$S = \frac{1}{4\pi\alpha'}\int d^2\xi\,\partial_a v^\mu\partial_a v^\nu\left(G_{\mu\nu}(x_{\mathrm{c}}) - \frac{1}{3}R_{\mu\lambda\nu\rho}(x_{\mathrm{c}})v^\lambda v^\rho + \cdots\right) \tag{3.73}$$

の定める場 $v^\mu(\xi)$ の理論になり，$G_{\mu\nu}(x_{\mathrm{c}})$ や $R_{\mu\lambda\nu\rho}(x_{\mathrm{c}})$ らが結合定数の役割を担う．より高次の項は，$\beta^{[G]}_{\mu\nu}$ を 1 ループの精度で評価する際は無視できる．

標的時空の曲率が非零のとき，場 v^μ の理論は 4 次以上の相互作用項を含む．このような場合，経路積分を厳密に評価するのは難しいが，これを自由場のガウス積分公式を用いて近似評価するのが摂動論のアイデアである．これを簡単な積分の問題で復習しよう．まずは 1 変数のガウス積分を考える．

$$I_n(a) \equiv \int_{-\infty}^{\infty} dx e^{-\frac{1}{2}ax^2}x^n. \tag{3.74}$$

x^n の期待値を $\langle x^n\rangle \equiv I_n(a)/I_0(a)$ と定めると，次が成り立つ．

$$\langle x^{2n+1}\rangle = 0, \quad \langle x^2\rangle = a^{-1}, \quad \langle x^{2n}\rangle = (2n-1)!!\cdot a^{-n}. \tag{3.75}$$

ここで，数係数 $(2n-1)!!$ は $2n$ 個の要素から n 組のペアを作る場合の数に等しいことに注意しておこう．例えば $n = 2$ の場合は次の 3 通りがある．

$$3!! = 3 \iff \bigl\{(12)(34),\ (13)(24),\ (14)(23)\bigr\}. \tag{3.76}$$

次に，積分の重みをガウス関数から変更してみよう．例えば x^4 項を加えて，

$$\int dx e^{-\frac{1}{2}ax^2 - cx^4} x^n \tag{3.77}$$

という積分を考える．重み関数 $\frac{1}{2}ax^2 + cx^4$ は場の理論の作用 S を単純化したものと解釈でき，特に係数 c は結合定数と見なせる．新しい重み関数のもとでは積分の厳密な評価は難しいが，これをもとのガウス関数の重みで $\langle e^{-cx^4} x^n \rangle$ を評価する問題と見なしてもよい．そうすれば，c が小さい場合には e^{-cx^4} を c の適当な有限の多項式で近似し，各項の係数の期待値を (3.75) 式を用いて評価すればよいだろう．

次に，多変数の場合を考えてみよう．A_{ij} を $n \times n$ 正定値実対称行列とし，作用 (重み関数) を $S = \frac{1}{2}A_{ij}x_i x_j$ として，n 個の変数 x_i について積分する．このとき，x_i の相関関数は A_{ij} の逆行列 D_{ij} を用いて次のように書ける．

$$\langle x_i x_j \rangle = D_{ij}, \quad \langle x_{i_1} \cdots x_{i_{2n}} \rangle = \sum_{\sigma:\text{縮約}} \langle x_{\sigma_1} x_{\sigma_2} \rangle \cdots \langle x_{\sigma_{2n-1}} x_{\sigma_{2n}} \rangle. \tag{3.78}$$

ただし，縮約とは $2n$ 個の要素 $\{i_1, \cdots, i_{2n}\}$ から n 組のペアを作る操作を表す．例えば $n = 2$ の場合は，$(2n-1)!! = 3$ 通りの縮約がある．

$$\langle x_i x_j x_k x_l \rangle = D_{ij}D_{kl} + D_{ik}D_{jl} + D_{il}D_{jk}$$

= (i—j, k—l) + (i—k, j—l) + (i—l, j—k)　　(3.79)

上式の 2 行目は，異なる縮約操作をファインマン図形を用いて視覚的に表したものである．これらの公式を導くには，まず相関関数の生成汎関数の公式

$$Z[J] \equiv \langle \exp(x_i J_i) \rangle = \exp\left(\tfrac{1}{2}D_{ij}J_i J_j\right) \tag{3.80}$$

を導き，これを J で微分するのがよい．

さて，作用に 4 次の相互作用項を加えてみよう．

$$S = \frac{1}{2}A_{ij}x_i x_j + \frac{1}{4!}C_{ijkl}x_i x_j x_k x_l. \quad (C_{ijkl}\text{：完全対称テンソル}) \tag{3.81}$$

この場合は相関関数を定める積分を厳密に行うことは難しいので，被積分関数を C_{ijkl} のべきに展開し，(3.78) 式を用いて評価する．例えば 2 点関数は，

$$\begin{aligned}
\langle x_i x_j \rangle &= \left\langle x_i x_j \exp\left(-\frac{1}{4!} C_{ijkl} x_i x_j x_k x_l \right) \right\rangle_{\text{free}} \\
&= D_{ij} - \frac{1}{2} C_{klmn} D_{ik} D_{jl} D_{mn} + \cdots \\
&= \ {}_{i}\bullet\!\!-\!\!-\!\!-\!\!\bullet{}_{j} \ + \ {}_{i}\bullet\!-\!\bigcirc\!\!\!\!\bullet\!-\!\bullet{}_{j} \ + \cdots
\end{aligned} \tag{3.82}$$

と計算できる．この例のように，相関関数は線分と 4 価頂点からなるファインマン図形の足し上げとして表され，各々の図形の相関関数への寄与は，図形の各々の線・頂点に割り当てられたプロパゲータ D，結合定数 $-C$ を掛け合わせて得られる．このような計算規則はファインマンの規則と呼ばれる [*6]．図形が対称性を持つ場合は，上の第 2 項の係数 $\frac{1}{2}$ のように余分な因子 (対称因子) が掛かるが，この起源は縮約の場合の数を注意して調べると分かる．

さて，作用 (3.73) の定めるシグマ模型の摂動論は，上の議論で x_i を $v^\mu(\xi)$ に置き換えたものにほかならない．以下では $v^\mu(\xi)$ をフーリエ変換した $v^\mu(k)$ を経路積分変数として用いよう．このときプロパゲータは (3.73) 式の初項より

$$\langle v^\mu(k) v^\nu(k') \rangle_{\text{free}} = (2\pi)^2 \delta^2(k + k') \frac{2\pi\alpha'}{k^2} G^{\mu\nu} \tag{3.83}$$

と決まる．また (3.73) 式中の 4 次の相互作用は，運動量空間の変数で表すと

$$-\frac{1}{12\pi\alpha'} \int \frac{d^2k_1}{(2\pi)^2} \frac{d^2k_2}{(2\pi)^2} \frac{d^2k_3}{(2\pi)^2} \frac{d^2k_4}{(2\pi)^2} (2\pi)^2 \delta^2(k_1 + k_2 + k_3 + k_4) \\
\cdot R_{\mu\lambda\nu\rho}\, k_1 \cdot k_2\, v^\mu(k_1) v^\nu(k_2) v^\lambda(k_3) v^\rho(k_4) \tag{3.84}$$

となる．(3.83) 式より，ファインマン図形の各々の線には運動量 k が割り当てられ，プロパゲータはその関数 $2\pi\alpha' G^{\mu\nu}/k^2$ である．また，(3.84) 式中の δ 関数のために，図形の各々の頂点において運動量保存則が成り立つ．その結果，$v^\mu(k)$ の相関関数は (3.83) 式のように常に全運動量保存の δ 関数に比例する．

例えば，相互作用を取り入れた 2 点関数は，(3.83) 式の係数 $G^{\mu\nu}$ を次の $I^{\mu\nu}$ で置き換えたもので与えられる．

$$\begin{aligned}
I^{\mu\nu} &= G^{\mu\nu} + \frac{2\pi\alpha'}{3} R^{\mu\nu} \int \frac{d^2p}{(2\pi)^2} \left(\frac{1}{p^2} + \frac{1}{k^2} \right) + \mathcal{O}(\alpha'^2) \\
&= \ \underline{\quad k \quad} \ + \ \underline{{}_{k}\,\overset{p}{\bigcirc}\,{}_{k}} \ + \cdots .
\end{aligned} \tag{3.85}$$

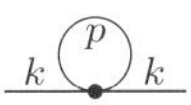

[*6] (3.81) 式の各項の係数 1/2, 1/4! は，ファインマンの規則が簡潔になるように選ばれている．

2 行目は，1 行目の各項をファインマン図形で表したものである．第 2 項のようにループを含む図形の評価においては，ループに沿った運動量 p は運動量保存則からは決まらないため，p について積分する必要がある．

ここで，摂動展開の各項に掛かる α' のべきの次数と，対応する図形の持つループの数の間に成り立つ関係を導こう．v^μ の n 点関数に寄与する図形が V 個の頂点，L 本の線，ℓ 個のループを持つとすると，ファインマンの規則 (3.83), (3.84) 式より，この図形の寄与は α'^{L-V} に比例する．一方，ループの数は不定の運動量の個数に等しい．図形の L 本の線をラベルする運動量に対し，V 個の頂点における保存則，および n 本の外線では指定された運動量をとるべしという条件が課される．ただし，これら $n+V$ 個の条件のうち 1 つは全運動量の保存則に相当するので，独立な条件は $n+V-1$ 個である．よって

$$\ell = L-(V+n-1), \qquad \alpha'^{L-V} = \alpha'^{n+\ell-1}, \tag{3.86}$$

つまり n 点関数への ℓ ループ図形の寄与は $\alpha'^{n+\ell-1}$ に比例する．シグマ模型の摂動展開 (ループ展開) は α' 展開なのである [*7)]．

3.2.4　紫外発散と繰り込み

ループ運動量についての積分はしばしば発散する．特に p の大きな領域での積分から生じる発散を紫外発散という．ここでは場の量子論の物理量の計算結果から系統的に紫外発散を除去する，繰り込みと呼ばれる手続きを説明する．

まずは出発点の理論に適切な修正を施して，すべてのループ積分が有限になるようにする．この手続きを紫外正則化と呼ぶ．簡単な正則化としては，ループ運動量の積分領域を $|p| \le \Lambda$ と制限する方法があり，Λ は紫外切断と呼ばれる．このもとでは，(3.85) 式中の積分は

$$\int \frac{d^2p}{(2\pi)^2}\frac{1}{p^2+m^2} \sim \frac{1}{2\pi}\ln\frac{\Lambda}{m}, \quad \frac{1}{k^2}\int \frac{d^2p}{(2\pi)^2}\frac{p^2}{p^2+m^2} \sim \frac{\Lambda^2}{4\pi k^2} \tag{3.87}$$

となる．ただし，p の小さな領域から生じる赤外発散を除くために，便宜的に v^μ の小さな質量 m を導入した．どちらの積分も Λ を無限大とすると発散する

---

*7) より正確には，α' は標的空間の長さの 2 乗の次元を持つので，R を標的空間の特徴的なサイズとすると α'/R^2 が無次元の摂動展開係数である．

が，とりあえずは有限になった．

以下では，世界面の次元を $d=2-\epsilon$ と整数からずらす次元正則化を用いよう．すると (3.87) 式の 1 つめの積分は

$$\int \frac{d^d p}{(2\pi)^d} \frac{1}{p^2+m^2} = \frac{(4\pi)^{\frac{\epsilon}{2}-1}}{m^\epsilon} \Gamma\left(\frac{\epsilon}{2}\right) = \frac{1}{2\pi\epsilon} + \frac{1}{4\pi} \ln\left(\frac{4\pi}{m^2 e^\gamma}\right) + \mathcal{O}(\epsilon) \quad (3.88)$$

となり，$1/\epsilon$ が先ほどの $\ln\Lambda$ の位置に現れる (γ はオイラーの定数)．同様に 2 つめの積分を評価すると，先ほどの Λ^2 に相当する発散はなく，また $1/\epsilon$ 発散する項には小さな質量 m^2 が掛かる．よってこの積分の寄与は無視してよい．

次元正則化の結果，相関関数は有限な ϵ の関数になったが，これらは我々の知りたい極限 $\epsilon \to 0$ で発散する．この発散を除去するために，出発点の作用に $\epsilon \to 0$ で発散するような相殺項 $S_{\rm ct}$ を敢えて加える．

$$S[v] \to \hat{S}[v] = S[v] + S_{\rm ct}[v,\epsilon]. \quad (3.89)$$

ただし $S_{\rm ct}$ の関数形は任意ではなく，もとの理論の結合定数 $\{G_{\mu\nu}, R_{\mu\lambda\nu\rho}, \cdots\}$ と場 v^μ を再定義したと解釈できるようなものに限られる．つまり，もとの作用 (3.73) 式を $S[v\,; G, R, \cdots]$ と書くとき，$S_{\rm ct}$ は次を満たさねばならない．

$$S[v; G, R, \cdots] + S_{\rm ct}[v,\epsilon; G, R, \cdots] = S[\hat{v}; \hat{G}, \hat{R}, \cdots]. \quad (3.90)$$

ここで $\{\hat{v}, \hat{G}, \hat{R}, \cdots\}$ は，もとの理論の場や結合定数 $\{v, G, R, \cdots\}$ を使って

$$\hat{v}^\mu = v^\mu + \sum_{n\ge 1} \alpha'^n v^{[n]\mu}(\epsilon, v, G, R, \cdots),$$
$$\hat{G}_{\mu\nu} = G_{\mu\nu} + \sum_{n\ge 1} \alpha'^n G^{[n]}_{\mu\nu}(\epsilon, G, R, \cdots) \quad (3.91)$$

のように表されるとする．$\{\hat{v}, \hat{G}, \hat{R}, \cdots\}$ は裸の量，$\{v, G, R, \cdots\}$ は繰り込まれた量と呼ばれる．

このような場と結合定数の再定義 (繰り込み) によってすべての相関関数の紫外発散が除去できるとき，理論は繰り込み可能であるという．2 次元のシグマ模型は繰り込み可能であるが，そうでない場の理論も存在する．例えば，1 章でふれたように 4 次元の重力理論は繰り込み可能でない．

作用 $S+S_{\rm ct}$ に基づく摂動論では，相殺項 $S_{\rm ct}$ から生じる新たな相互作用頂

点を含む図形を考慮しなければならない．v の 2 点関数 (3.85) の繰り込みの例を見てみよう．裸の場と繰り込まれた場の関係を

$$\hat{v}^{\mu} = v^{\mu} + \alpha' \left\{ Z^{[1]\mu}{}_{\nu}(\epsilon) v^{\nu} + \mathcal{O}(v^2) \right\} + \mathcal{O}(\alpha'^2) \tag{3.92}$$

と表すと，S_{ct} は次の 2 点相互作用項を含む．

$$S_{\mathrm{ct}}[v] = \frac{1}{4\pi} \int d^d\xi \partial_a v^{\mu} \partial_a v^{\nu} \big(G^{[1]}_{\mu\nu} + Z^{[1]}_{\mu\nu} + Z^{[1]}_{\nu\mu} + \cdots \big) + \mathcal{O}(\alpha'). \tag{3.93}$$

ただし $Z^{[1]\lambda}{}_{\nu}$ の添字の上げ下げは $G_{\mu\nu}$ を用いて行うものとする．先ほどの 2 点関数の計算結果 $I^{\mu\nu}$ ((3.85) 式) にこの相互作用の寄与も含めると，

$$\begin{aligned} I^{\mu\nu} &= G^{\mu\nu} + \alpha' \Big\{ \frac{1}{3\epsilon} + \mathcal{O}(\epsilon^0) \Big\} R^{\mu\nu} - \alpha' \big(G^{\mu\nu}_{[1]} + Z^{\mu\nu}_{[1]} + Z^{\nu\mu}_{[1]} \big) + \mathcal{O}(\alpha'^2) \\ &= \underline{\quad k \quad} + \underset{k \quad\quad k}{\overset{p}{\bigcirc}} + \underset{k \quad \bullet \quad k}{\mathrm{ct}} + \cdots \end{aligned} \tag{3.94}$$

となる．よって，右辺のループ積分から現れる $\mathcal{O}(\epsilon^{-1})$ の発散を相殺するように，相殺項の係数 $G^{[1]}_{\mu\nu}, Z^{[1]\mu}{}_{\nu}$ を適切に選ばねばならない．

係数 $G^{[1]}_{\mu\nu}, Z^{[1]\mu}{}_{\nu}$ らの役割は，この 2 点関数だけでなくすべての相関関数の 1 ループ発散を相殺することである．その値は有限繰り込みと呼ばれる $\mathcal{O}(\epsilon^0)$ の不定性を除いて，次のように一意に定まる．

$$G^{[1]}_{\mu\nu} = \frac{1}{\epsilon} R_{\mu\nu}, \quad Z^{[1]}_{\mu\nu} = -\frac{1}{3\epsilon} R_{\mu\nu}. \tag{3.95}$$

(3.95) 式をスムーズに導くには，出発点の経路積分変数の定義 $X^{\mu}(\xi) = x^{\mu}_{\mathrm{c}} + x_{\mathrm{q}}(v(\xi))$ に戻って，x^{μ}_{c} にも座標依存性を持たせるのがよい．すると，シグマ模型の作用は少し複雑になり，その具体形は (3.73) 式の $\partial_a v^{\mu}$ を

$$\begin{aligned} \frac{\partial v^{\mu}}{\partial x^{\alpha}_{\mathrm{q}}} \partial_a (x^{\alpha}_{\mathrm{c}} + x^{\alpha}_{\mathrm{q}}) &= \partial_a x^{\mu}_{\mathrm{c}} + D_a v^{\mu} - \frac{v^{\lambda} v^{\rho}}{3} R^{\mu}{}_{\lambda\nu\rho}(x_{\mathrm{c}}) \partial_a x^{\nu}_{\mathrm{c}} + \mathcal{O}(v^3), \\ D_a v &\equiv \partial_a v + \partial_a x^{\nu}_{\mathrm{c}} \Gamma^{\mu}_{\nu\lambda}(x_{\mathrm{c}}) v^{\lambda} \end{aligned} \tag{3.96}$$

で置き換えたものになる．作用を v の 2 次の項まで書くと，

$$\begin{aligned} S[x_{\mathrm{c}}, v] = &\frac{1}{4\pi\alpha'} \int d^2\xi \Big(G_{\mu\nu}(x_{\mathrm{c}}) \partial_a x^{\mu}_{\mathrm{c}} \partial_a x^{\nu}_{\mathrm{c}} + 2G_{\mu\nu}(x_{\mathrm{c}}) \partial_a x^{\mu}_{\mathrm{c}} D_a v^{\nu} \\ &+ G_{\mu\nu}(x_{\mathrm{c}}) D_a v^{\mu} D_a v^{\nu} - v^{\lambda} v^{\rho} R_{\mu\lambda\nu\rho}(x_{\mathrm{c}}) \partial_a x^{\mu}_{\mathrm{c}} \partial_a x^{\nu}_{\mathrm{c}} + \cdots \Big) \end{aligned} \tag{3.97}$$

となる．$R_{\mu\lambda\nu\rho}(x_c)$ を含む項の係数が先ほどと異なることに注意する．

作用に含まれる v の 1 次の項は，x_c^μ が古典的な運動方程式を満たすとき消える．この仮定のもとで，有効作用 $S_{\mathrm{eff}}[x_c]$ を次で定義しよう．

$$e^{-S_{\mathrm{eff}}[x_c]} = \int \mathcal{D}v \, e^{-S[x_c, v]}. \tag{3.98}$$

右辺の経路積分は紫外発散を生じるので，先ほどと同様に正則化を導入し，S を裸の作用 $\hat{S}$ で置き換え，裸の量と繰り込まれた量の関係 (3.91) をうまく調節して有限にする．このとき，S_{eff} に現れる計量 $G_{\mu\nu}^{\mathrm{eff}}$ は 1 ループの精度で

$$G_{\mu\nu}^{\mathrm{eff}} = G_{\mu\nu} - \langle v^\lambda v^\rho \rangle R_{\mu\lambda\nu\rho} + \alpha' G_{\mu\nu}^{[1]} + \mathcal{O}(\alpha'^2) \tag{3.99}$$

となり，この関係式から $G_{\mu\nu}^{[1]}$ が (3.95) 式のように決まる．

有効作用 S_{eff} の計算においては，座標 v の相関関数ではなく一般共変な量 $G_{\mu\nu}dx_c^\mu dx_c^\nu$ への補正に注目するため，場 v の再定義 (=座標変換) の影響が現れないことが利点である．

3.2.5　繰り込み群の β 関数

(3.95) 式により，裸の量と繰り込まれた量の関係 (3.91) が 1 ループの精度で定まった．この結果から繰り込み群の β 関数を導こう．

相殺項 (3.95) は，$\mathcal{O}(\epsilon^{-1})$ の紫外発散を相殺せよという要請だけからは一意には決まらず，$\mathcal{O}(\epsilon^0)$ の任意性を持つのであった．この任意性は，繰り込み条件と呼ばれる追加の条件によって固定する必要がある．例えば素粒子の模型における繰り込みでは，特定の運動量を持つ粒子の散乱振幅の理論値が実験結果を再現すべし，といった繰り込み条件が可能である．別の例としては最小引算繰り込みがある．これは，相殺項は (3.95) 式のように $\mathcal{O}(\epsilon^0)$ の項を持たない，つまり ϵ の負べきの項を相殺する以外には何もしないという条件である．

同じ裸の理論から異なる繰り込み条件に基づいて 2 つの繰り込まれた理論が定まるとき，それらは等価である．2 つの繰り込まれた理論を定める 2 組の量 $\{v, G, R, \cdots\}_{(1)}, \{v, G, R, \cdots\}_{(2)}$ の間には (3.91) 式と同様の関係が成り立つが，この関係は $\epsilon \to 0$ でも発散を生じないため，有限繰り込みと呼ばれる．

さて，シグマ模型の結合定数 $\hat{G}_{\mu\nu}$ と $G_{\mu\nu}$ の関係を定める際の繰り込み条件

として，次の形を採用しよう．

$$\hat{G}_{\mu\nu} = \mu^{-\epsilon}\left(G_{\mu\nu} + \sum_{k\geq 1}\frac{1}{\epsilon^k}G^{\langle k\rangle}_{\mu\nu}(G_{\mu\nu},\alpha')\right). \tag{3.100}$$

ただし右辺は (3.91) 式のような α' のべき展開ではなく，ϵ のべき級数形に書いた．また μ は世界面の質量次元を持ったパラメータである．これは，$G_{\mu\nu}$ が無次元量であるのに対し，$\hat{G}_{\mu\nu}$ が次元正則化の効果で $(2-\epsilon)$ 次元のシグマ模型の計量 (質量次元 $-\epsilon$) となるために生じる次元のずれを調整している．

$G^{\langle k\rangle}_{\mu\nu}$ は世界面の質量次元を持たない $G_{\mu\nu}$ と α' の関数として，最小引算の繰り込み条件と紫外発散相殺の要請から一意に決まる．また，もとの作用は $G_{\mu\nu}$ と α' の比にしか依らないため，$G^{\langle k\rangle}_{\mu\nu}$ の関数形は次の形に制限される．

$$G^{\langle k\rangle}_{\mu\nu} = \alpha'\cdot(G_{\mu\nu}/\alpha'\text{の関数}). \tag{3.101}$$

さて，(3.100) 式右辺の $G_{\mu\nu}$ を μ の適切な関数に選んで，左辺 $\hat{G}_{\mu\nu}$ も右辺も μ に依らないようにしよう．μ をパラメータとする互いに等価な繰り込まれた理論の族がこうして得られる．このとき，関数 $G_{\mu\nu}(\mu)$ はスケール変換のもとでの結合定数の振る舞い，つまり繰り込み群の流れを表す．この流れを定める量が β 関数であり，次のように定義される．

$$\beta^{[G]}_{\mu\nu}[G_{\mu\nu}] \equiv \mu\frac{d}{d\mu}G_{\mu\nu} - \epsilon G_{\mu\nu}. \tag{3.102}$$

ただし右辺第 2 項は，紫外発散がない場合，つまり (3.100) 式の $G^{\langle k\rangle}_{\mu\nu}$ がすべて零のときに $\beta^{[G]}_{\mu\nu}=0$ となるよう加えてある．

最後に，1 ループの精度で β 関数を求めよう．(3.100) 式の両辺が μ に依らないとすると，$G_{\mu\nu}(\mu)$ は次の微分方程式を満たす．

$$(\mu\frac{d}{d\mu}-\epsilon)\left(G_{\mu\nu}(\mu) + \sum_{k\geq 1}\frac{1}{\epsilon^k}G^{\langle k\rangle}_{\mu\nu}(G_{\mu\nu}(\mu),\alpha')\right) = 0. \tag{3.103}$$

左辺を ϵ のべきに展開して各々の項が零になる条件を調べると，$\mathcal{O}(\epsilon^0)$ から次式が得られる．

$$\beta^{[G]}_{\mu\nu} = \left(1 - t\frac{d}{dt}\right)G^{\langle 1\rangle}_{\mu\nu}(tG_{\mu\nu},\alpha')\Big|_{t=1} = \alpha'\frac{\partial}{\partial\alpha'}G^{\langle 1\rangle}_{\mu\nu}(G_{\mu\nu},\alpha'). \tag{3.104}$$

ただし 2 つめの等号では (3.101) 式を用いた．1 ループの計算結果 $G^{\langle 1\rangle}_{\mu\nu} = \alpha' R_{\mu\nu}$ を代入すると，β 関数が (3.69) 式のように決まる．

Chapter

4

ボソン弦の量子論

ここではボソン弦に関する 2 つの話題を取り上げる．前半では，世界面の計量の同値類に関する経路積分を正しく定めるためのいわゆる BRST ゲージ固定法，およびその基礎となるフェルミオンについての (経路) 積分の一般論を学ぶ．後半では，最も簡単な標的空間として 26 次元平坦時空をとり，タキオンの散乱振幅および低質量粒子のスペクトルの計算例を紹介する．

4.1　ゲージ固定とゴースト理論

2.3 節で見たように，弦の n 点散乱振幅 $\mathcal{A}_n$ は様々な種数の世界面の寄与からなる．このうち種数 g の寄与 $\mathcal{A}_{g,n}$ は，種数 g の世界面上の物質場理論の n 点相関関数を，計量 h_{ab} の同値類について積分して定義されるのであった．(2.55) 式の積分された頂点演算子 S_i を使うと，次のように書ける．

$$\mathcal{A}_{g,n} = \int_{\mathcal{M}_g} \mathcal{D}h_{ab} \langle S_1 \cdots S_n \rangle_{[h]}. \tag{4.1}$$

計量の同値類の空間 $\mathcal{M}_g$ は有限次元の空間であり，数学では種数 g のリーマン面の複素構造のモジュライ空間と呼ばれる．本書では単に (世界面の) モジュライ空間 と呼ぶ．

計量 h_{ab} についての積分をモジュライ空間に限るのは，(4.1) 式の被積分関数が座標変換・ワイル変換 (2.19) のもとで不変であり，これらのゲージ対称性の方向に沿って積分しても単に同じ値の繰り返しだからである．そこで，対称性で互いに移り合う計量の同値類 (ゲージ軌道) 各々につき代表元を 1 つ選び，代表元についてのみの積分に留める．この操作はゲージ固定と呼ばれる．

ゲージ固定の手続きは，物理量の計算結果が代表元の選び方に依らないように注意して定める必要がある．本章では，ファデエフ・ポポフのゴースト (フェルミオン場) およびベッキ・ルエ・ストラ・チュティンの見出した対称性に基づく，いわゆる BRST ゲージ固定の手続きを採用する．

4.1.1 グラスマン数とその積分

経路積分に基づく場の量子論においては，ボソンとフェルミオンの違いはグラスマン偶奇性である．ボソンはグラスマン偶，つまり互いに交換する普通の数に値をとる．一方，フェルミオンはグラスマン奇，つまり自分自身も含めて互いに反交換する数 (グラスマン数) に値をとる．グラスマン数の自乗は零となること，また偶数個のグラスマン数の積はグラスマン偶となりすべての数と交換することに注意する．まずは，このようなグラスマン数に関する積分を定義することから始めよう．

1 個のグラスマン数 θ の関数は，一般的に次のように書ける．

$$f(\theta) = f_0 + \theta f_1. \tag{4.2}$$

通常，関数 $f(\theta)$ は定まったグラスマン偶奇性を持つとする．例えば $f(\theta)$ が偶なら，係数 f_0 は偶，f_1 は奇である．

グラスマン変数についての積分規則は次で与えられる．

$$\int d\theta = 0, \quad \int d\theta\theta = 1, \quad \int d\theta f(\theta) = f_1. \tag{4.3}$$

言うなれば，グラスマン数の積分は微分と同じなのである．この定義のもとでは，通常の積分と同様に部分積分公式が成り立つこと，特に全微分の積分が零になることに注意しよう．また

$$\int d\theta\theta f(\theta) = f_0 \tag{4.4}$$

から，被積分関数に挿入された θ はデルタ関数のように働く．複数のグラスマン数についての積分も，その各々について上述の規則を適用すればよい．

特に重要なのはガウス積分である．$\theta, \bar{\theta}$ を一対のグラスマン数とすると，

$$\int d\theta d\bar{\theta}\, e^{\bar{\theta}A\theta} = A \quad \left(\Leftrightarrow \quad \int d^2 z\, e^{-A|z|^2} = \frac{\pi}{A} \right) \tag{4.5}$$

となる．通常の複素数 z に関するガウス積分の公式と比較すると，積分結果の A 依存性が逆になることに注意しよう．さらに変数を増やして，A を (正定値) 非退化 $n\times n$ 行列とすると，

$$\int d^n\theta d^n\bar{\theta}\, e^{\bar{\theta}_{\bar{\imath}}A_{\bar{\imath}j}\theta_j} = \det A \quad \left(\Leftrightarrow \int d^{2n}z\, e^{-\bar{z}_{\bar{\imath}}A_{\bar{\imath}j}z_j} = \frac{\pi^n}{\det A}\right) \tag{4.6}$$

となる．ちなみに実変数のガウス積分の公式は次のようになる．

$$\int d^n x e^{-x_i B_{ij} x_j} = \frac{\pi^{n/2}}{\sqrt{\det B}},$$
$$\int d^n\theta e^{\theta_i C_{ij}\theta_j} = \mathrm{Pf}C \;\equiv\; \epsilon_{i_1\cdots i_n} C_{i_1 i_2}\cdots C_{i_{n-1}i_n}. \tag{4.7}$$

ただし B_{ij} は正定値対称行列，C_{ij} は偶数次元反対称行列である．$\mathrm{Pf}\,C$ は行列 C のパフィアンと呼ばれ，$(\mathrm{Pf}\,C)^2 = \det C$ である．

場の理論におけるフェルミオンのガウス積分においては，(4.6) 式の行列 $A_{\bar{\imath}j}$ は非退化とは限らず，$A_{\bar{\imath}j}\theta_j = 0$ や $\bar{\theta}_{\bar{\imath}}A_{\bar{\imath}j} = 0$ はしばしば非自明な解 (零モード) を持つ．また $A_{\bar{\imath}j}$ は正方行列とも限らず，一般には θ 零モードの数と $\bar{\theta}$ 零モードの数は異なる．分かりやすい例題として，ガウス積分の重み関数が次の形をとる場合を考えよう．

$$\bar{\theta}_{\bar{\imath}}A_{\bar{\imath}j}\theta_j = (\bar{\theta}^\bullet_{\bar{\imath}} \quad \bar{\theta}^\circ_{\bar{\imath}}) \begin{pmatrix} \hat{A}_{\bar{\imath}j} & 0 \\ 0 & 0 \end{pmatrix} \begin{pmatrix} \theta^\bullet_j \\ \theta^\circ_j \end{pmatrix}. \tag{4.8}$$

行列 $\hat{A}$ は非退化な正方行列とすると，$\theta^\bullet_i, \bar{\theta}^\bullet_{\bar{\imath}}$ は非零モード，$\theta^\circ_i, \bar{\theta}^\circ_{\bar{\imath}}$ は零モードである．零モードは重み関数に含まれないので，素朴なガウス積分は (4.3) 式より自明に零になる．有限の積分結果を得るには，零モードの積を被積分関数に追加する必要がある．

$$\int d^n\theta d^n\bar{\theta}\, e^{\bar{\theta}_{\bar{\imath}}A_{\bar{\imath}j}\theta_j}\cdot \prod_{\bar{\imath}}\bar{\theta}^\circ_{\bar{\imath}} \prod_i \theta^\circ_i \;=\; \det\hat{A}. \tag{4.9}$$

グラスマン数を含む積分の変数変換のもとでの振る舞いを見てみよう．グラスマン変数の組 $\{\theta_i\}_{i=1}^n$ および $\{\tilde{\theta}_i\}_{i=1}^n$ が線形関係 $\tilde{\theta}_i = A_{ij}\theta_j$ にあるとき，積分測度の変換則は通常の数の場合と逆になる．

$$d^n\tilde{\theta} = d^n\theta\cdot\det A^{-1}. \tag{4.10}$$

これを一般化して，通常の数 $\{x_a\}_{a=1}^m$，グラスマン数 $\{\theta_i\}_{i=1}^n$ の組に働く変数

変換 $\{x_a, \theta_i\} \to \{\tilde{x}_a(x,\theta), \tilde{\theta}_i(x,\theta)\}$ を考えよう．このとき積分測度は次のように変換する．

$$d^m\tilde{x}d^n\tilde{\theta} = d^m x d^n\theta \cdot \mathrm{sdet}\begin{pmatrix} \partial\tilde{x}/\partial x & \partial\tilde{x}/\partial\theta \\ \partial\tilde{\theta}/\partial x & \partial\tilde{\theta}/\partial\theta \end{pmatrix}. \tag{4.11}$$

超行列式 sdet は，$m=0$ または $n=0$ の場合は通常のヤコビ行列式あるいは (4.10) 式に帰着し，また連鎖律 $\mathrm{sdet}(J_1J_2) = \mathrm{sdet}(J_1)\mathrm{sdet}(J_2)$ を満たさねばならない．sdet の具体形は，これらの要請から次のとおり決まる．

$$\begin{aligned}\mathrm{sdet}\begin{pmatrix} A & B \\ C & D \end{pmatrix} &= \det(A-BD^{-1}C)\det D^{-1} \\ &= \det A \det(D-CA^{-1}B)^{-1}. \end{aligned}\tag{4.12}$$

4.1.2 BRST ゲージ固定の仕組み

次に，場の理論のゲージ対称性を固定する標準的な手法である BRST ゲージ固定の仕組みを簡単な積分の例で説明しよう．

対称性を持つ積分の例として，2 次元の回転対称な積分の問題を考えよう．

$$Z \equiv \int dx_1dx_2e^{-S(\sqrt{x_1^2+x_2^2})}. \tag{4.13}$$

原点を中心とする回転対称性をゲージ対称性と見なして，この方向の積分を省略する手順を考える．これはもちろん簡単な問題で，極座標を使えば Z は対称性の方向の積分 2π と動径方向の積分に分解できる．しかし弦理論の経路積分についても同じように対称性の体積を分離できるかというと，この場合はうまい変数変換を見出すのが難しい．そこで (4.13) 式の積分を，極座標に移らずに，微小回転の変換則

$$\delta x_1 = -\epsilon x_2, \quad \delta x_2 = \epsilon x_1 \tag{4.14}$$

のみを手掛かりにして簡単化する手順を与えたい．まず，2 次元の積分を正の x_1 軸上 $(x_1>0, x_2=0)$ にゲージ固定したい場合を考えよう．

第 1 ステップとして，まずゴースト・反ゴーストと呼ばれるグラスマン変数 c, b およびグラスマン偶の変数 B を導入する．次に BRST 変換を

$$Q_{\rm B}x_1 = -x_2c, \quad Q_{\rm B}c = 0,$$
$$Q_{\rm B}x_2 = x_1c, \qquad Q_{\rm B}b = iB, \quad Q_{\rm B}B = 0 \tag{4.15}$$

と定める．もとの積分変数 x_1, x_2 に対する $Q_{\rm B}$ の作用は，c をパラメータとする回転にほかならない．また $Q_{\rm B}$ は変数のグラスマン偶奇性を反転する一種の超対称性変換であり，$Q_{\rm B}^2 = 0$ であることにも注意する．

$x_2 = 0$ とゲージ固定した分配関数 $\hat{Z}$ を得るには，関数 S を以下のようにゲージ固定項 $S_{\rm GF}$ でずらして

$$\hat{Z} = \int d[x_1, x_2, c, b, B] \exp\big(-S(x_1, x_2) - S_{\rm GF}\big)$$
$$S_{\rm GF} = Q_{\rm B}(bx_2) = iBx_2 - bx_1c \tag{4.16}$$

という積分を考える．2 行目のゲージ固定項の計算では，$Q_{\rm B}$ が b を越えて x_2 に作用するときに負号が出ることに注意しよう．ここから B, b, c を積分すると，

$$\hat{Z} = \int dx_1 dx_2\, \delta(x_2) x_1 e^{-S(x_1, x_2)} \tag{4.17}$$

を得る．B の積分はゲージ固定の δ 関数，ゴーストの積分は極座標への変数変換で出てくるのと同じ正しい積分測度の規格化因子を生じる．こうして，望みのゲージに正しく固定された表式が得られた．

次に，2 次元積分をパラメータ曲線 $x_1 = f_1(t)$，$x_2 = f_2(t)$ に沿った積分に帰着させるゲージ固定を考えよう．ただし曲線は各々のゲージ軌道と 1 点で交わるように，$t = 0$ で原点を出発し，t の増加につれて原点からの距離が単調増加するものを任意に選ぶ．この場合はゲージ固定条件が $x_i - f_i(t) = 0$ と 2 つの式からなるので，(b, B) を 2 組導入し，また t および $Q_{\rm B}t \equiv \eta$ も積分変数に加える．ゲージ固定関数を

$$S_{\rm GF} = Q_{\rm B} \sum_{i=1,2} b_i(x_i - f_i(t))$$
$$= i \sum_{i=1,2} B_i(x_i - f_i(t)) + (b_1\ b_2) \begin{pmatrix} x_2 & \dot{f}_1 \\ -x_1 & \dot{f}_2 \end{pmatrix} \begin{pmatrix} c \\ \eta \end{pmatrix} \tag{4.18}$$

とし，B_i, x_i, b_i, c, η について積分すると，次のような t に関する積分が残る．

$$\hat{Z} = \int dt (f_1\dot{f}_1 + f_2\dot{f}_2)\, e^{-S(\sqrt{f_1^2 + f_2^2})}. \tag{4.19}$$

ゲージ固定の結果，もとの 2 次元積分が，パラメータ曲線に沿った積分に正しく置き換わっているのが確認できるだろう．

BRST ゲージ固定においては，関数 S, S_{GF} および積分測度 $[d\mu] = d[x,c,b,B]$ を不変に保つべき零の対称性 Q_{B} が重要な役割を持つ．これを用いて，分配関数がゲージのとり方に依らないことを示そう．2 つの異なるゲージが，それぞれゲージ固定項 $S_{\mathrm{GF}}^{[1]}, S_{\mathrm{GF}}^{[2]}$ に対応するとしよう．2 つのゲージで計算した分配関数 $\hat{Z}^{[1]}$，$\hat{Z}^{[2]}$ をパラメータで繋ぐ次のような関数を考えよう．

$$\hat{Z}(t) \equiv \int [d\mu] e^{-S-(1-t)S_{\mathrm{GF}}^{[1]}-tS_{\mathrm{GF}}^{[2]}}. \quad \left(\hat{Z}(0) = \hat{Z}^{[1]},\ \ \hat{Z}(1) = \hat{Z}^{[2]}\right) \tag{4.20}$$

これは実は t に依らないことが次のように示せる．

$$\begin{aligned}\frac{d}{dt}\hat{Z}(t) &= \int [d\mu] e^{-S-(1-t)S_{\mathrm{GF}}^{[1]}-tS_{\mathrm{GF}}^{[2]}} \left(S_{\mathrm{GF}}^{[1]} - S_{\mathrm{GF}}^{[2]}\right) \\ &= \int [d\mu] e^{-S-(1-t)S_{\mathrm{GF}}^{[1]}-tS_{\mathrm{GF}}^{[2]}} Q_{\mathrm{B}}(\cdots) = \int [d\mu] Q_{\mathrm{B}}(\cdots) = 0.\end{aligned} \tag{4.21}$$

ただし Q_{B} はべき零であること，およびゲージ固定項は定義 (4.16)，(4.18) より Q_{B} 完全であること (何らかの量の Q_{B} 変換と書けること) を用いた．

4.1.3 世界面理論のゲージ固定

ここでは，BRST の処方箋に従って弦の世界面理論の座標変換不変性・ワイル不変性をゲージ固定する手続きを見てみよう．

まずは簡単のため，零点散乱振幅を与える経路積分に注目し，種数 g は 2 以上とする．世界面のモジュライ空間 $\mathcal{M}_g$ の次元を r，座標を $\{t_i\}_{i=1}^r$ とする．$\mathcal{M}_g$ の各点ごとに計量の同値類の代表元を 1 つずつ任意に選んで関数 $\hat{h}_{ab}(t)$ を構成し，$h_{ab} = \hat{h}_{ab}(t)$ をゲージ固定条件としよう．

ゲージ固定の最初のステップは，座標変換・ワイル変換に対応するゴースト場 c^a, c を導入し，BRST 変換を定義することである．h_{ab}, X^μ の変換則は，(2.19) 式より次のように決まる．

$$Q_{\mathrm{B}} h_{ab} = \nabla_a c_b + \nabla_b c_a + 2c h_{ab}, \quad Q_{\mathrm{B}} X^\mu = c^a \partial_a X^\mu. \tag{4.22}$$

ゴースト場の変換則は，$Q_{\mathrm{B}}^2 = 0$ の要請から次のように決まる．

$$Q_{\mathrm{B}} c = c^a \partial_a c, \quad Q_{\mathrm{B}} c^a = c^b \partial_b c^a. \tag{4.23}$$

次に，ゲージ固定条件 $h_{ab}-\hat{h}_{ab}(t)=0$ を課すための対称テンソル場 b_{ab}, B_{ab}，および t_i の相棒 η_i を導入する．これらの変換則は次のとおりである．

$$Q_{\mathrm{B}} b_{ab}=B_{ab},\quad Q_{\mathrm{B}} B_{ab}=0,\quad Q_{\mathrm{B}} t_i=\eta_i,\quad Q_{\mathrm{B}} \eta_i=0. \tag{4.24}$$

これらの準備ののち，作用に次のゲージ固定項を加える．

$$\begin{aligned} S_{\mathrm{GF}} &= Q_{\mathrm{B}} \int \frac{d^2\xi}{4\pi}\sqrt{h}\, b_{ab}(h^{ab}-\hat{h}^{ab}(t)) \\ &\simeq \int \frac{d^2\xi}{4\pi}\sqrt{\hat{h}}\Big\{ b_{ab}(2\nabla^a c^b + 2h^{ab}c + \eta_i \partial_{t_i}\hat{h}^{ab}) + B_{ab}(h^{ab}-\hat{h}^{ab})\Big\}. \end{aligned} \tag{4.25}$$

ただし $\simeq$ は，$h_{ab}=\hat{h}_{ab}$ を仮定して消える項をいくつか省略したことを表す．この時点では積分変数は場 $h_{ab}, X^\mu, c^a, c, b_{ab}, B_{ab}$ および変数 t_i, η_i からなる．

場 c および B_{ab} についての積分は，それぞれ b_{ab} のトレース成分を 0，h_{ab} を $\hat{h}_{ab}(t)$ に固定する δ 関数を生じる．場 $B_{ab}, h_{ab}, c, h^{ab}b_{ab}$ についての積分はこうして簡単に実行できる．さらに η_i も積分してしまうと，振幅は結局

$$\begin{aligned} \mathcal{A}_{g,0} &= \int_{\mathcal{M}_g} d^r t\, \mathcal{D}[X^\mu, b_{ab}, c^a] \textstyle\prod_{i=1}^r (b,\mu_i)\cdot e^{-S[X,\hat{h}]-S_{(\mathrm{g})}[b,c,\hat{h}]} \\ S_{(\mathrm{g})} &\equiv \int \frac{d^2\xi}{2\pi}\sqrt{\hat{h}}\, b_{ab}\nabla^a c^b, \quad (b,\mu_i)\equiv \int \frac{d^2\xi}{4\pi}\sqrt{\hat{h}}\, b^{ab}\partial_{t_i}\hat{h}_{ab} \end{aligned} \tag{4.26}$$

という経路積分で表される．ただしここでの b_{ab} はトレース零 ($\hat{h}^{ab}b_{ab}=0$) の対称テンソル場である．このようにして，世界面の計量についての経路積分はモジュライ空間上の t 積分とゴーストの経路積分に置き換えられる．

さて，(4.26) 式の $S_{(\mathrm{g})}$ を作用とするゴーストの経路積分は，グラスマン変数 b_{ab}, c^a についてのガウス積分である．b_{ab} はトレース零なので，b, c ともに世界面上の 2 成分場であるが，このガウス積分を正方行列の行列式を求める問題と安直に同一視してはいけない．一般に b と c は零モードを持ち，しかもその個数は世界面の種数に応じて変わる．(4.8) 式の例を思い出してほしい．

ゴースト場 c, b の零モードの個数を調べよう．以下がその定義式である．

$$\nabla_a c_b + \nabla_b c_a - h_{ab}\nabla_c c^c = 0,\quad \nabla^a b_{ab}=0. \tag{4.27}$$

c 零モードの定義式は，世界面の共形対称性を生成する共形キリングベクトルの定義式にほかならない．世界面全体で隈なく定義された正則ベクトル場は，種

数が2以上の世界面には存在しないことが知られている [*1]．種数0の球面は，複素 z 平面，w 平面を $zw = 1$ で貼り合わせて定義できるが，この上の一般の正則ベクトル場は3つのパラメータに依存する．

$$(a + bz + cz^2)\partial_z = -(c + bw + aw^2)\partial_w. \tag{4.28}$$

これらの正則ベクトル場は，z の一次分数変換を生成する．

$$z \ \rightarrow \ \tilde{z} = \frac{az + b}{cz + d}\ ; \quad ad - bc = 1. \tag{4.29}$$

種数1のトーラスは，複素 z 平面に周期性 $z \sim z + 1 \sim z + \tau$ を導入して定義できるが，この上の独立な正則ベクトル場は並進 ∂_z ただ一つである．

一方 b 零モードは，座標変換・ワイル変換による計量の変形すべてに直交する計量の変形に対応する．モジュライ t_i を変化させることによる計量の変形は，その定義から，まさしくこの方向に沿った変形を含む．つまり b 零モードの個数はモジュライ空間の次元に等しい．したがって，(4.26) 式の経路積分に含まれる (b, μ_i) の積は，(4.9) 式に挿入された零モードの積と同じ働きを持つ．

次節で説明するリーマン・ロッホの指数定理によれば，c 零モードと b 零モードの個数の差は世界面の種数にのみ依存する．

$$(c\ \text{零モードの個数}) - (b\ \text{零モードの個数}) = 6(1 - g). \tag{4.30}$$

c 零モードの個数は正則ベクトル場の個数の2倍なので，この関係式からモジュライ空間の次元 r が種数 g の関数として次のとおり定まる．

$$r(0) = 0, \quad r(1) = 2, \quad r(g) = 6g - 6 \ \ (g \geq 2). \tag{4.31}$$

種数が低い場合の例外を除いて，$\mathcal{M}_g$ の次元は種数が1増えるごとに6増加する．これを理解するには，世界面に把手をつけて種数を増やす操作を考えればよい (図 4.1)．把手をつけるには，もとの世界面上に2点 P_1, P_2 を選び，それぞれの近傍の局所座標 z_1, z_2 を $z_1 z_2 = C$ (定数) と関係づければよい．把手の長さとねじれ具合はそれぞれ $-\ln|C|$，$\arg C$ から決まる．把手1つにつき，P_1, P_2 の位置および複素数 C，合わせて6個のパラメータを要する．

[*1] 世界面の有限領域に働く共形変換は，無限次元の対称性代数をなす．混同しないように注意する．

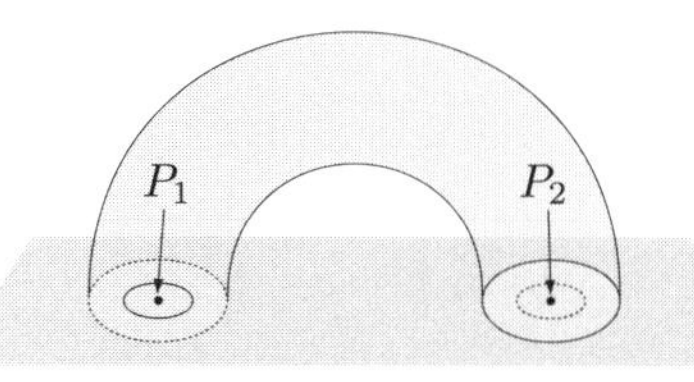

図 4.1　世界面上の 2 点 P_1, P_2 を繋ぐ把手．P_1 の周りの 2 つの同心円 $|z_1| = 1$ および $|z_1| = |C|$ は，P_2 の周りの 2 つの同心円と同一視される．

散乱振幅の表式 (4.26) に残った場に働く BRST 変換則をまとめよう．計量 $\hat{h}_{ab}$ は共形平坦とし，適当な複素座標 z を用いて (3.58) 式のように書けるとする．このもとでのゴースト場の成分を $(c^z, c^{\bar{z}}) = (c, \tilde{c})$, $(b_{zz}, b_{\bar{z}\bar{z}}) = (b, \tilde{b})$ と書くと，運動方程式より c, b は正則，$\tilde{c}, \tilde{b}$ は反正則である．このとき BRST 変換則は

$$Q_{\mathrm{B}} X^\mu = (c\partial + \tilde{c}\bar{\partial}) X^\mu, \quad Q_{\mathrm{B}} c = c\partial c, \quad Q_{\mathrm{B}} b = T_{(\mathrm{m})} + T_{(\mathrm{g})},$$
$$Q_{\mathrm{B}} \tilde{c} = \tilde{c}\bar{\partial}\tilde{c}, \quad Q_{\mathrm{B}} \tilde{b} = \tilde{T}_{(\mathrm{m})} + \tilde{T}_{(\mathrm{g})} \tag{4.32}$$

となる．これは運動方程式を満たす場についての変換則であることに注意しよう．特に $b, \tilde{b}$ の変換則の導出には，出発点の作用 $S + S_{\mathrm{GF}}$ を h_{ab} で変分して得られる B_{ab} の運動方程式を用いた．

$$B^{ab} = \frac{4\pi}{\sqrt{h}} \frac{\delta}{\delta h_{ab}} (S + S_{(\mathrm{g})}) = T^{ab}_{(\mathrm{m})} + T^{ab}_{(\mathrm{g})}. \tag{4.33}$$

べき零性 $Q_{\mathrm{B}}^2 = 0$ は，古典的には運動方程式を仮定すれば成り立つはずであるが，後ほど示すように，量子論では物質場理論の中心電荷が $c_{(\mathrm{m})} = 26$ でなければ成り立たない．

公式 (4.26) の BRST 不変性についてひとつ付け加えておく．被積分関数に含まれる因子 (b, μ_i) の BRST 変換は，自明に零とはならないが，次のようにモジュライに関する微分で書ける．

$$Q_{\mathrm{B}}(b, \mu_i) = (B, \mu_i) = \frac{\partial}{\partial t_i} \Big(S[X, \hat{h}(t)] + S_{(\mathrm{g})}[b, c, \hat{h}(t)] \Big). \tag{4.34}$$

したがって，このような因子を含む経路積分は全微分の積分つまり零になる．

(4.26) 式を n 点散乱振幅に拡張するには，経路積分の重み e^{-S} に n 個の積分された頂点演算子の積 $S_1 \cdots S_n$ を加えればよい．S_i は座標変換不変性・ワ

イル不変性を壊さないので，ゲージ固定の手続きは先ほどと同じである．種数 $g \geq 2$ の世界面の寄与 $\mathcal{A}_{g,n}$ は次のように書ける．

$$\mathcal{A}_{g,n} = \int d^r t d^{2n} z \mathcal{D}[X,b,c] \prod_{i=1}^{r} (b,\mu_i) \prod_{j=1}^{n} V_j(z_j,\bar{z}_j) e^{-S-S_{(\mathrm{g})}}. \tag{4.35}$$

最後に，種数が小さい場合 $(g=0,1)$ のゲージ固定を議論しよう．この場合が特殊な理由はゴースト c が零モードを持つことで，これは条件 $h_{ab} = \hat{h}_{ab}(t)$ だけではゲージを完全に固定できないことを表している．ここでは種数 0 の球面の場合に，残ったゲージ対称性を固定する手続きを与える．種数 1 の場合は 7 章で議論する．

ゲージ固定をする前の経路積分は，素朴には次のように書ける．

$$\mathcal{A}_{0,n} \sim \int \mathcal{D}h \, d^{2n} z \langle V_1(z_1) \cdots V_n(z_n) \rangle_{[h]}. \tag{4.36}$$

被積分関数は物質場理論の n 点関数であり [*2]，世界面の計量 h_{ab} と頂点演算子の位置 $z_1, \ldots, z_n$ の関数である．座標変換・ワイル変換はこれらの変数の両方に作用するので，以下ではこの 2 種類の変数を同列のものとして扱う．これらは次の BRST 変換則に従う．

$$Q_\mathrm{B} h_{ab} = \nabla_a c_b + \nabla_b c_a + 2c h_{ab}, \quad Q_\mathrm{B} z_i = -c^z(z_i). \tag{4.37}$$

球面の計量を $h_{ab} = \hat{h}_{ab}$ と固定するだけでは，(4.29) 式の対称性が依然残る．これを固定するために，n 個のうち 3 個の頂点演算子の位置座標を好きな値 $\hat{z}_1, \hat{z}_2, \hat{z}_3$ に固定する．必要なゲージ固定項 S'_{GF} は次で与えられる．

$$\begin{aligned} S'_{\mathrm{GF}} &= Q_\mathrm{B} \sum_{i=1,2,3} \left\{ b_i(z_i - \hat{z}_i) + \tilde{b}_i(\bar{z}_i - \bar{\hat{z}}_i) \right\} \\ &= \sum_{i=1,2,3} \left(B_i(z_i - \hat{z}_i) + b_i c(z_i) \right) + \text{複素共役}. \end{aligned} \tag{4.38}$$

B_i, b_i について積分すると，$z_{i\ (i=1,2,3)}$ を $\hat{z}_i$ に固定するデルタ関数と $c(z_i)\tilde{c}(\bar{z}_i)$ の積が出てくる．$g=0$ の散乱振幅の経路積分表示は，最終的に

$$\mathcal{A}_{0,n} = \int \mathcal{D}[X,b,c] \, e^{-S-S_{(\mathrm{g})}} \prod_{i=1}^{3} c\tilde{c} V_i(\hat{z}_i, \bar{\hat{z}}_i) \prod_{i=4}^{n} S_i \tag{4.39}$$

[*2] $n \geq 3$ を仮定する．$n \leq 2$ の場合は振幅を定義するのは難しい．

となる．この式は任意に選んだ位置座標 $\hat{z}_i$ を含むが，4.2.3 項において具体例で確認するように，振幅はこの値には依存しない．

(4.39) 式中の局所演算子 $c\tilde{c}V_i$ は，V が物質場理論のマージナル演算子のときに Q_{B} 不変となる．4.2.4 項ではこの Q_{B} 不変性に基づいて，弦の物理的状態を系統的に列挙する手続きを議論する．

4.1.4　ゴースト共形場理論

(4.26) 式の $S_{(\mathrm{g})}$ はゴースト場 b_{ab}, c^a の共形場理論を定める．ここでは平坦な 2 次元面上のゴースト理論の基本的性質をまとめよう．

平坦な複素平面上の理論の作用は

$$S_{(\mathrm{g})} = \int \frac{d^2\xi}{2\pi} b_{ab} \nabla^a c^b = \int \frac{d^2 z}{\pi} (b\bar{\partial}c + \tilde{b}\partial\tilde{c}) \tag{4.40}$$

であり，運動方程式から b, c は正則，$\tilde{b}, \tilde{c}$ は反正則な演算子となる．ただし付近に他の演算子がある場合は運動方程式は修正を受けて，例えば

$$\begin{aligned} 0 &= \int \mathcal{D}b\mathcal{D}c \frac{\delta}{\delta b(z)} \big(e^{-S_{(\mathrm{g})}} b(w)\big) \\ &= \int \mathcal{D}b\mathcal{D}c\, e^{-S_{(\mathrm{g})}} \Big(\delta^2(z-w) - \frac{1}{\pi}\bar{\partial}c(z)b(w)\Big) \end{aligned} \tag{4.41}$$

となる．これより，ゴースト・反ゴーストは次の演算子積展開に従う．

$$c(z)b(w) \sim \frac{1}{z-w}, \quad \tilde{c}(\bar{z})\tilde{b}(\bar{w}) \sim \frac{1}{\bar{z}-\bar{w}}. \tag{4.42}$$

場 b, c は元々はテンソル場・ベクトル場の成分であり，共形変換 (3.41) のもとでそれぞれウェイト $2, -1$ のプライマリ演算子として変換される．したがって，これらはストレステンソル $T^{(\mathrm{g})}$ と次の演算子積展開に従う．

$$T^{(\mathrm{g})}(z)b(0) \sim \frac{2b(0)}{z^2} + \frac{\partial b(0)}{z}, \quad T^{(\mathrm{g})}(z)c(0) \sim -\frac{c(0)}{z^2} + \frac{\partial c(0)}{z}. \tag{4.43}$$

反正則成分についても同様である．

理論のストレステンソルはネーターの定理より，以下のとおり定まる．

$$T^{(\mathrm{g})} = :-2b\partial c - \partial b c:, \quad \tilde{T}^{(\mathrm{g})} = :-2\tilde{b}\bar{\partial}\tilde{c} - \bar{\partial}\tilde{b}\tilde{c}: . \tag{4.44}$$

$T^{(\mathrm{g})}$ どうしの演算子積は，bc 演算子積の公式を使って

$$\begin{aligned} T^{(\mathrm{g})}(z)T^{(\mathrm{g})}(0) &= 4:b\partial c(z)::b\partial c(0):+(\text{他 3 項}) \\ &= 4:\left(b(z)\partial c(0)+\frac{1}{z^2}\right)\left(\partial c(z)b(0)-\frac{1}{z^2}\right):+(\text{他 3 項}) \end{aligned} \tag{4.45}$$

という具合に計算できる．この結果と一般公式 (3.48) の比較より，ゴースト共形場理論が中心電荷 $c=-26$ を持つことが示される．

ゴースト数　ここで，ゴースト理論の作用の持つ次の位相回転不変性に注目しよう．

$$\delta c=\epsilon c, \quad \delta b=-\epsilon b. \tag{4.46}$$

これはゴースト数と呼ばれ，c に電荷 $+1$，b に -1 を割り当てる対称性である．対応するカレント $j=:cb:$ は c,b と次の演算子積展開に従う．

$$j(z)c(0)\sim\frac{c(0)}{z}, \quad j(z)b(0)\sim-\frac{b(0)}{z}. \tag{4.47}$$

j は $\bar{\partial}j=0$ を満たすが，実はプライマリ場ではなく，正則座標変換のもとで共変に変換しない．このため，以下に見るように，曲がった世界面上のゴーストの相関関数は一般に (4.46) のもとで不変ではない．これはゴーストの経路積分測度が (4.46) のもとで不変ではないためで，場の量子論のアノマリーと呼ばれる現象の例になっている．4.1.3 項において，b,c は異なる数の零モードを持ち，その個数は世界面の種数によって変わるという事実にふれたが，これはまさにゴースト数のアノマリーに関わっている．

2 次元の正則カレントの保存則のアノマリーは，一般に次の形をとる．

$$\nabla^z j_z=\kappa R. \tag{4.48}$$

ここで j_z は座標変換の下で共変に振る舞うが正則ではなく，したがって $j=:cb:$ そのものではない．両者の関係を求めよう．計量 $ds^2=e^{2\Omega}dzd\bar{z}$ を共形平坦とし，スカラー曲率の公式 $R=-8e^{-2\Omega}\partial\bar{\partial}\Omega$ を使うと，(4.48) 式は

$$\bar{\partial}j_z=-4\kappa\partial\bar{\partial}\Omega, \quad j_z=-4\kappa\partial\Omega+(\text{正則}) \tag{4.49}$$

のように積分できる．第 2 式右辺第 2 項の (正則) を j と同一視すればよい．j の共形変換則の非斉次性はこうして Ω の非斉次な変換性 $\tilde{\Omega}=\Omega-\frac{1}{2}\ln|\partial_z\tilde{z}|^2$ に関係づけられるので，j の共形変換則が次のように決まる．

$$j(z) = \frac{\partial \tilde{z}}{\partial z}\tilde{j}(\tilde{z}) + 2\kappa \frac{\partial}{\partial z} \ln \frac{\partial \tilde{z}}{\partial z}. \tag{4.50}$$

一方，j の微小な共形変換のもとでの変換則は，$T^{(\mathrm{g})}j$ 演算子積展開より

$$T^{(\mathrm{g})}(z)j(0) \sim -\frac{3}{z^3} + \frac{j(0)}{z^2} + \frac{\partial j(0)}{z},$$
$$\delta j = \epsilon\partial j + \partial\epsilon j - \frac{3}{2}\partial^2\epsilon \tag{4.51}$$

となる．これを (4.50) 式と比較すると，$\kappa = -3/4$ と決まる．

ゴースト数のアノマリー (4.48) からリーマン・ロッホの指数定理 (4.30) を導こう．m 個の c ゴースト場，n 個の b ゴースト場の積が非零の相関関数を持つとする．これに $2\bar{\partial}j = \sqrt{h}(\nabla^z j_z - \kappa R)$ を掛け，その位置について世界面全体を積分する．ゴースト数のワード恒等式 (4.47) がカレント保存の破れの形

$$\bar{\partial}j(z)c(0) \sim \pi\delta^2(z)c(0), \quad \bar{\partial}j(z)b(0) \sim -\pi\delta^2(z)b(0), \tag{4.52}$$

に書けることを用いると，左辺の積分の結果は c, b の個数の差 $2\pi(m-n)$ で与えられる．一方右辺については，全微分項 $\nabla^z j_z$ を無視すると，残った $-\kappa R$ の積分は $6\pi(1-g)$ となる．したがって，非零の相関関数においては

$$(c\,\text{の個数}) - (b\,\text{の個数}) = (\tilde{c}\text{の個数}) - (\tilde{b}\text{の個数}) = 3(1-g) \tag{4.53}$$

が成り立つ．フェルミオンのガウス積分の一般論から，これは c 零モードと b 零モードの個数の差が $3(1-g)$ であることを意味する．

モード展開　ゴースト理論の場は次のようにモード展開される．

$$b(z) = \sum_n \frac{b_n}{z^{n+2}}, \quad c(z) = \sum_n \frac{c_n}{z^{n-1}}, \quad T^{(\mathrm{g})}(z) = \sum_n \frac{L_n^{(\mathrm{g})}}{z^{n+2}}. \tag{4.54}$$

これらの従う (反) 交換関係は，(4.42) 式および (4.43) 式から次のようになる．

$$\{b_m, c_n\} = \delta_{m+n,0}, \quad [L_m^{(\mathrm{g})}, b_n] = (m-n)b_{m+n},$$
$$[L_m^{(\mathrm{g})}, c_n] = (-2m-n)c_{m+n}. \tag{4.55}$$

$L_0^{(\mathrm{g})}$ との交換関係より，b_n, c_n は $n>0$ のとき下降演算子，$n<0$ のとき上昇演算子である．反正則成分 $\tilde{b}, \tilde{c}, \tilde{T}^{(\mathrm{g})}$ のモード展開も同様である．

ビラソロ代数の生成元 $L_m^{(\mathrm{g})}$ をモード演算子で書いてみよう．ストレステンソル $T^{(\mathrm{g})}$ の定義式 (4.44) に (4.54) 式を代入すると，次を得る．

$$T^{(\mathrm{g})}(z) = \sum_{k,l} :b_k c_l: (2l+k) z^{-k-l-2} + a^{(\mathrm{g})} z^{-2},$$
$$L_m^{(\mathrm{g})} = \sum_n (2m-n) :b_n c_{m-n}: + a^{(\mathrm{g})} \delta_{m,0}. \tag{4.56}$$

ここで : で挟まれた積は上昇演算子を左，下降演算子を右に寄せる正規順序積である (便宜上 b_0 は下降演算子，c_0 は上昇演算子とする)．また定数 $a^{(\mathrm{g})}$ は，場の積から発散を差し引く正規順序積とモード演算子に基づく正規順序積の間にずれが存在することを表す．この値を求めるには，モード演算子の真空 $|0\rangle$ への作用を考えるとよい．真空に $b(z), c(z), T^{(\mathrm{g})}(z)$ を作用しても z の負べきが現れないことから，次が従う．

$$b_{n\geq -1}|0\rangle = c_{n\geq 2}|0\rangle = L_{n\geq -1}^{(\mathrm{g})}|0\rangle = 0. \tag{4.57}$$

特に $L_0^{(\mathrm{g})}$ の作用を調べると，$a^{(\mathrm{g})}$ が次のように決まる．

$$0 = L_0^{(\mathrm{g})}|0\rangle = (b_{-1}c_1 + a^{(\mathrm{g})})|0\rangle, \quad a^{(\mathrm{g})} = -1. \tag{4.58}$$

また，$L_0^{(\mathrm{g})}$ の最低固有値の状態は $|0\rangle$ ではなく，

$$|\mathrm{gr}\rangle \equiv c_1|0\rangle, \quad c_0|\mathrm{gr}\rangle \equiv c_0 c_1|0\rangle \tag{4.59}$$

の 2 つであり，その固有値は -1 であることに注意しよう．

BRST 電荷　最後に，物質場・ゴースト場に (4.32) 式のように作用する BRST 電荷 Q_B をあらわに構成しよう．Q_B は正則部分と反正則部分からなり，正則部分は適当な正則カレント j_B の周回積分で表されるとする．

$$Q_\mathrm{B}^{(\text{正則})} = \oint \frac{dz}{2\pi i} j_\mathrm{B}(z). \tag{4.60}$$

(4.32) 式の正則部分を再現する j_B は，全微分項の不定性を除いて

$$j_\mathrm{B} = cT^{(\mathrm{m})} + \frac{1}{2} :cT^{(\mathrm{g})}: = cT^{(\mathrm{m})} + :bc\partial c: \tag{4.61}$$

と決まる．Q_B をモード演算子で書くと，その正則部分は次のようになる．

$$Q_\mathrm{B}^{(\text{正則})} = \sum_n c_n L_{-n}^{(\mathrm{m})} + \sum_{m,n} \frac{m-n}{2} :b_{-m-n} c_m c_n: - c_0. \tag{4.62}$$

右辺最後の項は，$\{Q_{\rm B}, b_0\} = L_0^{({\rm m})} + L_0^{({\rm g})}$ の右辺の $L_0^{({\rm g})}$ に含まれる定数項を再現するのに必要である．

物質場・ゴースト場の BRST 変換則 (4.32) は，古典的にはべき零となるように定義したが，(4.62) 式のように構成された BRST 電荷のべき零性は量子効果により損なわれている可能性がある．この効果を調べるには，安直に (4.62) 式の $Q_{\rm B}$ の 2 乗を計算するよりも，演算子積展開を用いて様々な場に BRST 変換を 2 回施してみる方が早い．ここでは，反ゴースト b の変換性に注目しよう．

$$Q_{\rm B}^2 b = Q_{\rm B}(T^{({\rm m})} + T^{({\rm g})}) = c\partial T^{({\rm m})} + 2\partial c T^{({\rm m})} + \frac{c_{({\rm m})}}{12}\partial^3 c + Q_{\rm B} T^{({\rm g})}. \tag{4.63}$$

右辺最後の項を調べる際には，$T^{({\rm g})}$ の正規順序積による定義 (4.44) を周回積分で書き直すとよい．

$$\begin{aligned} Q_{\rm B} T^{({\rm g})}(z) &= \oint_z \frac{dw}{2\pi i(w-z)} Q_{\rm B}\Big(-2b(w)\partial c(z) - \partial b(w) c(z)\Big) \\ &= \oint_z \frac{dw}{2\pi i(w-z)}\Big(2b(w)\partial(c\partial c)(z) + \partial b(w)\, c\partial c)(z) \\ &\quad -2(T^{({\rm m})} + T^{({\rm g})})(w)\partial c(z) - \partial(T^{({\rm m})} + T^{({\rm g})})(w) c(z)\Big). \end{aligned} \tag{4.64}$$

$Q_{\rm B}^2 b$ のうち，$T^{({\rm m})}$ やその微分を含む項はちょうど相殺する．残りの項が相殺するかどうかを見るには，(4.64) 式右辺の $T^{({\rm g})}$ に再度 (4.44) 式を代入し，さらに (4.42) 式を用いて計算する必要がある．結果は次のようになる．

$$Q_{\rm B}^2 b = \frac{c_{({\rm m})} - 26}{12}\partial^3 c\,. \tag{4.65}$$

すなわち，$Q_{\rm B}$ のべき零性が量子論においても保たれるのは臨界次元 $c_{({\rm m})} = 26$ の時だけなのである．

4.2　平坦時空上のボソン弦理論

$c_{({\rm m})} = 26$ の物質場理論の最も簡単な例は，26 次元平坦時空 $\mathbb{R}^{1,25}$ 上のシグマ模型である．ここでは $\mathbb{R}^{1,25}$ 上のボソン弦の最も基本的な散乱振幅および低質量粒子のスペクトルについて見ていこう．

最も単純な頂点演算子はタキオン $V = {:}e^{ik_\mu X^\mu}{:}$ である．これがマージナル

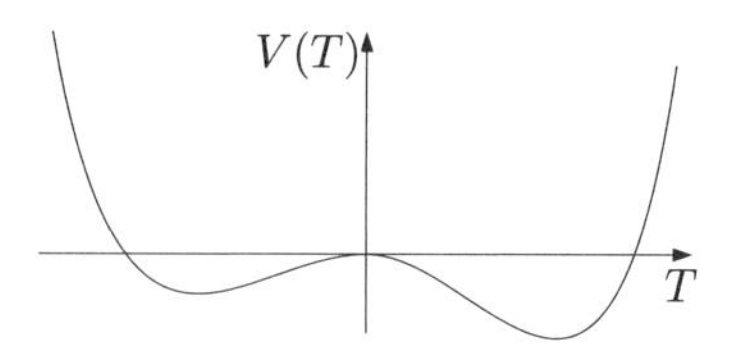

図 4.2 閉じた弦のタキオンのポテンシャル．$T = 0$ でポテンシャルは極大値をとる．

であるための条件 $h = \bar{h} = 1$ は，(3.46) 式より

$$\frac{\alpha'}{4}k_\mu k^\mu = 1, \quad -(k^0)^2 + (k^1)^2 + \cdots + (k^{25})^2 = \frac{4}{\alpha'}, \tag{4.66}$$

つまり 2 乗質量 $m^2 = -4/\alpha'$ が負であることを意味する．タキオンの名前はこのためである．この粒子を 26 次元の重力理論に含める場合，対応する場 $T(X)$ はスカラー場であり，そのラグランジアンは次のようになるだろう．

$$\mathcal{L} = \cdots - \frac{1}{2}G^{\mu\nu}\partial_\mu T \partial_\nu T - V(T), \quad V(T) = -\frac{2}{\alpha'}T^2 + \cdots. \tag{4.67}$$

ただし T の真空期待値は 0 であるとした．負の 2 乗質量は，ポテンシャル $V(T)$ が $T = 0$ で極大値をとることを意味する (図 4.2)．

このような弦の背景は不安定であり，素朴には $V(T)$ を最小とするように T が非零の真空期待値を持つことによって安定な背景に移ると予想される．しかし，$V(T)$ の具体形やその極小点における弦の世界面理論の詳細などは分かっていない．一方で，不安定性の問題を除けば，$T = 0$ におけるタキオン粒子の摂動論的な散乱振幅はよく定義された物理量であり，その計算を通じて弦理論の仕組みの理解を深めることができる．

$g = 0$ の球面上のタキオン 3 点，4 点振幅は，物質場 X^μ およびゴースト場 c, b の共形場理論の相関関数を用いて次のように表される．

$$\mathcal{A}_{0,3}(k_1, k_2, k_3) = \left\langle \prod_{i=1}^3 c\tilde{c}e^{ik_{i\mu}X^\mu(\hat{z}_i, \bar{\hat{z}}_i)} \right\rangle, \tag{4.68}$$

$$\mathcal{A}_{0,4}(k_1, \cdots, k_4) = \int d^2z \left\langle \prod_{i=1}^3 c\tilde{c}e^{ik_{i\mu}X^\mu(\hat{z}_i, \bar{\hat{z}}_i)} \cdot e^{ik_{4\mu}X^\mu(z,\bar{z})} \right\rangle. \tag{4.69}$$

まずはこの計算に必要な，共形場理論の球面上の相関関数を見ていこう．

4.2.1 物質場の相関関数

ここでは，物質場理論のタキオン頂点演算子の相関関数の公式を導く．

$$\mathcal{C}_n \equiv \left\langle \prod_{i=1}^n :e^{ik_i\cdot X(z_i,\bar{z}_i)}: \right\rangle$$
$$= \text{const}\cdot(2\pi)^D\delta^D(\textstyle\sum_{i=1}^n k_i)\prod_{i<j}^n |z_i-z_j|^{\alpha' k_i\cdot k_j}. \tag{4.70}$$

計算の手順は標的時空の次元 D には依らない．数式が煩雑になるのを避けるため，以下では $D=1$ とする．

まず動径量子化と演算子形式に基づいて計算してみよう．演算子の積は動径順序に従うので，例えば $|z_1|>|z_2|>\cdots>|z_n|$ のときは次のようになる．

$$\mathcal{C}_n = \langle 0|e^{ik_1X_+(z_1)}e^{ik_1X_-(z_1)}\cdots e^{ik_nX_+(z_n)}e^{ik_nX_-(z_n)}|0\rangle. \tag{4.71}$$

ここで X_+, X_- は (3.18) 式で定められた演算子であり，あらわに表記していないが，もちろん $\bar{z}_i$ にも依存する．真空 $\langle 0|$ は $X_+(z)$ の作用で消えるので，交換関係 (3.19) に注意して X_+ を左，X_- を右に寄せてゆくと，

$$\mathcal{C}_n = \prod_{i<j}^n |z_i-z_j|^{\alpha' k_ik_j}\cdot\langle 0|e^{i\sum_i k_iX_+(z_i)}\cdot e^{i\sum_i k_iX_-(z_i)}|0\rangle$$
$$= \prod_{i<j}^n |z_i-z_j|^{\alpha' k_ik_j}\cdot\langle 0|e^{ix\sum_i k_i}|0\rangle \tag{4.72}$$

と計算できる．右辺最後の因子は運動量保存の δ 関数を出す．

同じ結果は経路積分からも導けるが，実は 2 次元の零質量スカラー場に特有の問題のためそれほど簡単ではない．これを少し丁寧に説明しよう．

d 次元 $(d>2)$ の零質量自由スカラー場の相関関数は次で与えられる．

$$\langle X(\xi_1)X(\xi_2)\rangle = \int \frac{d^dk}{(2\pi)^d}\frac{2\pi\alpha'}{k^2}e^{ik_a(\xi_1-\xi_2)^a} = \frac{2\pi\alpha'}{4\pi^{d/2}}\frac{\Gamma(\frac{d}{2}-1)}{|\xi_1-\xi_2|^{d-2}}. \tag{4.73}$$

相関関数は $|\xi_1-\xi_2|\to\infty$ で零に近づく．一方，この $d\to 2$ の極限をとると，相関関数には長さの次元を持つ不定のパラメータ L が現れる．

$$\langle X(\xi_1)X(\xi_2)\rangle \overset{d\to 2}{\longrightarrow} -\frac{\alpha'}{2}\ln\frac{|z_1-z_2|^2}{L^2}. \tag{4.74}$$

2 次元では，相関関数は距離 $|z_1-z_2|>L$ で負になり，距離無限大の極限で発散する．したがって L は赤外切断の役割を持つ．相関関数のこのような振る舞いから分かるように，2 次元の零質量スカラー場は非常に大きな長波長の量子揺らぎを示すため，よく定義された演算子ではないといわれる．

また，コールマンの定理 *3) によれば，2 次元場の理論の連続対称性は自発的

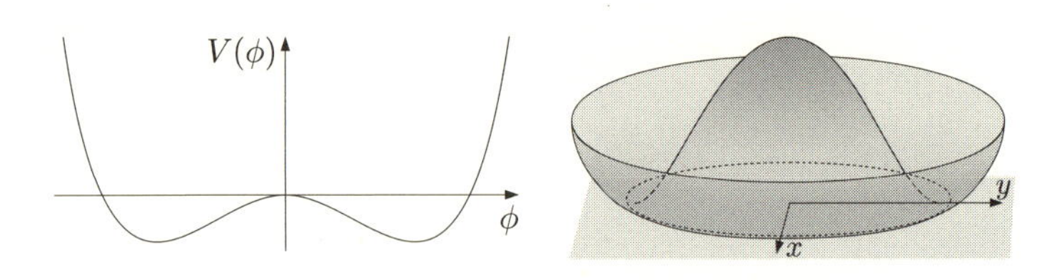

図 4.3　対称性の自発的破れを起こすポテンシャルの例．真空を選ぶことによって，左の例では左右対称性が，右の例では xy 平面の回転対称性が破れる．

に破れない．これも 2 次元の持つ特殊性の現れであるといえる．

対称性の自発的破れとは，場の理論の真空が，その理論 (作用) の対称性を破っている状況をいう．例えば図 4.3 左のポテンシャルは左右対称だが，この対称性は 2 つの縮退した極小点のどちらかを真空に選ぶことによって自発的に破れる．また同図右のポテンシャルは，連続対称性によって互いに移り合う無数の縮退した真空を持つ．このような (大域的な) 連続対称性 [*4] が自発的に破れる場合，南部・ゴールドストーン粒子と呼ばれる零質量のスカラー粒子が現れることが知られている．南部・ゴールドストーン場には，その期待値によって異なる真空をラベルする役割がある．

零質量自由スカラー場 X の理論には，X を定数だけずらす連続対称性が存在する．この対称性は真空期待値 $\langle X\rangle$ を選ぶことで自発的に破れ，対応する南部・ゴールドストーン粒子は X 自身である．しかし，2 次元では連続対称性は自発的に破れないので，$\langle X\rangle$ はよく定まった物理量ではないのである．

上の例での場 X のように，連続対称性の場への作用が定数シフトを伴うとき，その対称性は非線形に表現されているという．一方，対称性のもとで位相回転 $\varphi\to e^{i\alpha}\varphi$ や行列の掛け算 $\vec{\varphi}\to\mathbf{A}\vec{\varphi}$ のように変換される場は，対称性を線形に表現するという．コールマンの定理から，2 次元場の理論の (よく定まった) スカラー演算子は，連続対称性のもとで線形に変換するものに限られる．零質量スカラー場 X の例では，e^{ikX} はよく定まったスカラー演算子である．

このような理由で，経路積分を用いたタキオンの n 点関数の計算は，自由場

*3) マーミン・ワグナーの定理とも呼ばれる．

*4) 対称性が大域的とは，ゲージ対称性と違って，変換パラメータが座標に依らない定数であることをいう．ゲージ対称性の自発的破れに伴う現象は 6.2 節で議論する．

X の単純なウィック縮約にはならない．しかし，経路積分変数 $X(z,\bar{z})$ が零モード x と非零モード $X'(z,\bar{z})$ に分解できると素朴に仮定すると，零モードの積分から (4.70) 式中の運動量保存の δ 関数，

$$\int dx \prod_i e^{ik_i x} = 2\pi\delta\left(\sum_i k_i\right), \tag{4.75}$$

非零モードの積分からは $|z_i - z_j|$ のべきが再現されると期待される．

このような分解を丁寧に行うには，世界面を複素平面ではなく有限サイズの球面とするのがよい．半径 r の回転対称な球面の計量をとろう．

$$ds^2 = r^2(d\theta^2 + \sin^2\theta d\phi^2) \;=\; e^{2\Omega(z,\bar{z})}dzd\bar{z}.$$
$$\left(z = 2r\tan\frac{\theta}{2}e^{i\phi}, \quad e^{-\Omega} = 1 + \frac{|z|^2}{4r^2}\right) \tag{4.76}$$

球面上の 2 点 z, w 間の測地距離を $r\Theta(z,w)$ とすると，次が成り立つ．

$$2r\sin\{\Theta(z,w)/2\} \;=\; e^{\frac{1}{2}\Omega(z)+\frac{1}{2}\Omega(w)}|z-w|. \tag{4.77}$$

球面上のスカラー場 X は球面調和関数を用いてモード展開できる．その定数部分を x，それ以外を X' とすると，X' が定数成分を含まないという条件は

$$\int d^2z e^{2\Omega(z,\bar{z})}X'(z,\bar{z}) = 0 \tag{4.78}$$

で与えられる．場 X についての経路積分のうち，x についての積分は運動量保存の δ 関数 (4.75) を出す．残りの非零モード X' の上ではラプラス演算子 $e^{-2\Omega}\partial\bar{\partial}$ は可逆なので，X' のプロパゲータ $\Delta(z,w)$ はその逆演算子として，次の方程式により定まる．

$$e^{-2\Omega(z)}\partial_z\partial_{\bar{z}}\Delta(z,w) = -\frac{\alpha'\pi}{2}\left[e^{-2\Omega(z)}\delta^2(z-w) - \frac{1}{4\pi r^2}\right],$$
$$\int d^2z e^{2\Omega(z)}\Delta(z,w) = 0. \tag{4.79}$$

プロパゲータは球対称性から $\Theta(z,w)$ の関数であり，そのあらわな形は

$$\Delta(z,w) = -\frac{\alpha'}{2}\ln\left[\kappa^2 e^{\Omega(z)+\Omega(w)}|z-w|^2\right] \tag{4.80}$$

で与えられる．ただし $\kappa^2 = e/4r^2$，e は自然対数の底である．これを用いて $e^{ik_iX'}$ の積のウィック縮約を計算すると，n 点関数は最終的に次のように求まる．

$$\begin{aligned}\mathcal{C}_n &= 2\pi\delta(\textstyle\sum_i k_i)\cdot\prod_{i<j}^n\left[\kappa^2 e^{\Omega(z_i)+\Omega(z_j)}|z_i-z_j|^2\right]^{\alpha' k_i k_j/2}\\ &= 2\pi\delta(\textstyle\sum_i k_i)\cdot\prod_{i<j}^n|z_i-z_j|^2\cdot\prod_{i=1}^n\left(\kappa e^{\Omega(z_i)}\right)^{-\alpha' k_i^2/2}.\end{aligned} \tag{4.81}$$

因子 $e^{\Omega(z_i)}$ への依存性は，タキオン演算子が共形ウェイト $h=\bar{h}=\alpha' k^2/4$ を持つことの現れである．複素平面上の相関関数はこの表式で z_i を固定して $r\to\infty$ をとると得られ，結果は定数倍を除いて (4.70) 式と一致する．

4.2.2 ゴーストの相関関数

次に，ゴースト理論の相関関数を調べよう．理論は正則成分 b, c のセクターと反正則成分 $\tilde{b}, \tilde{c}$ のセクターに分かれるので，相関関数も分けて考えればよい．b, c ゴースト理論の相関関数は，定数倍を除いて次で与えられる．

$$\left\langle\prod_{i=1}^m c(z_i)\prod_{i=1}^n b(w_i)\right\rangle = \frac{\prod_{i<j}^m(z_i-z_j)\cdot\prod_{i<j}^n(w_i-w_j)}{\prod_{i=1}^m\prod_{j=1}^n(z_i-w_j)}. \tag{4.82}$$

ただし，アノマリーを考慮したゴースト数の保存則より，$m-n=3$ のとき以外は相関関数は自明に零である．この表式は以下のようにして導かれる．

まず，相関関数は m 個の z_i および n 個の w_i についてそれぞれ反対称である．次に $z_i=z_j$ および $w_i=w_j$ にそれぞれ一位の零点，$z_i=w_j$ に一位の極を持ち，それ以外に無意味な零点や極はない．さらに，$c(z)$ や $b(z)$ を無限遠 $z=\infty$ に動かしたとき，相関関数は以下のように振る舞わねばならない．

$$\langle c(z)\cdots\rangle \sim \mathrm{const}\cdot z^2, \quad \langle b(z)\cdots\rangle \sim \mathrm{const}\cdot z^{-4}. \tag{4.83}$$

この要請は，相関関数が $\hat{z}=1/z$ を使って次のように書き直せること，

$$\langle c(z)\cdots\rangle = \left(\frac{\partial\hat{z}}{\partial z}\right)^{-1}\langle\hat{c}(\hat{z})\cdots\rangle, \quad \langle b(z)\cdots\rangle = \left(\frac{\partial\hat{z}}{\partial z}\right)^{2}\langle\hat{b}(\hat{z})\cdots\rangle, \tag{4.84}$$

および $\hat{z}$ 座標系での相関関数が $\hat{z}\to 0$ で有限であるべきことから従う．最後に，演算子積 $c(z)b(w)$ の $z\to w$ での展開公式 (4.42) より，相関関数は

$$\left\langle\prod_{i=1}^m c(z_i)\prod_{i=1}^n b(w_i)\right\rangle \overset{z_m\to w_1}{\longrightarrow} \frac{1}{z_m-w_1}\left\langle\prod_{i=1}^{m-1} c(z_i)\prod_{i=2}^n b(w_i)\right\rangle \tag{4.85}$$

を満たさねばならない．これらの要請から相関関数は (4.82) 式のように決まり，その定数倍の不定性は m, n に依存しないことが示せる．

4.2.3　タキオン散乱振幅

ここまでに得られた結果を用いてタキオンの散乱振幅を構成しよう．まず 3 点振幅 (4.68) は，物質場とゴーストの相関関数の単純な積として

$$\begin{aligned}\mathcal{A}_{0,3} &= iC\cdot(2\pi)^{26}\delta^{26}(k_1+k_2+k_3)\prod_{i<j}|\hat{z}_i-\hat{z}_j|^{2+\alpha' k_i\cdot k_j}\\ &= iC\cdot(2\pi)^{26}\delta^{26}(k_1+k_2+k_3)\end{aligned}\tag{4.86}$$

と計算できる．ただしタキオンの質量殻条件 $(k_i)^2=4/\alpha'$ と運動量保存より，以下が成り立つことを用いた．

$$2k_1\cdot k_2=(k_1+k_2)^2-k_1^2-k_2^2=k_3^2-k_1^2-k_2^2=-4/\alpha'. \tag{4.87}$$

振幅は 3 つの頂点演算子の位置座標 $\hat{z}_i$ には依らない．定数 C は相関関数の規格化因子で，ここまでの計算から決めるのは難しいが，後ほど見るように散乱振幅のユニタリ性から決まる．また，26 個のスカラー場 X^μ のうちの 1 つ X^0 がポリヤコフ作用に逆符号で現れるので，その経路積分路を複素平面内で 90° 回転する操作から係数 i が生じる．したがって C は実数と予想される．

タキオンの 4 点振幅 (4.69) も，同様に共形場理論の相関関数を用いて

$$\begin{aligned}\mathcal{A}_{0,4} &= iC\cdot(2\pi)^{26}\delta^{26}(k_1+\cdots+k_4)\cdot I,\\ I &= \int d^2z\prod_{i<j}^{3}|\hat{z}_i-\hat{z}_j|^{2+\alpha' k_i\cdot k_j}\prod_{i=1}^{3}|z-\hat{z}_i|^{\alpha' k_i\cdot k_4}\\ &= \int d^2z|\hat{z}_1-\hat{z}_2|^{-\frac{\alpha'}{2}s-2}|\hat{z}_1-\hat{z}_3|^{-\frac{\alpha'}{2}t-2}|\hat{z}_2-\hat{z}_3|^{-\frac{\alpha'}{2}u-2}\\ &\qquad\cdot|z-\hat{z}_1|^{-\frac{\alpha'}{2}u-4}\,|z-\hat{z}_2|^{-\frac{\alpha'}{2}t-4}\,|z-\hat{z}_3|^{-\frac{\alpha'}{2}s-4}\end{aligned}\tag{4.88}$$

と書ける．ただしマンデルスタムの変数 s,t,u は次のように定義される．

$$\begin{aligned}s &= -(k_1+k_2)^2 = -(k_3+k_4)^2 = -2k_1\cdot k_2-8/\alpha',\\ t &= -(k_1+k_3)^2 = -(k_2+k_4)^2 = -2k_1\cdot k_3-8/\alpha',\\ u &= -(k_1+k_4)^2 = -(k_2+k_3)^2 = -2k_1\cdot k_4-8/\alpha',\\ &\qquad s+t+u=-16/\alpha'.\end{aligned}\tag{4.89}$$

散乱振幅の値が $\hat{z}_i$ の値に依らないことを使って，$\hat{z}_1,\hat{z}_2,\hat{z}_3$ をそれぞれ $0,1,\infty$

と固定すると，z に関する積分は次のように簡単化する．

$$I = \int d^2z |z|^{-\frac{\alpha'}{2}u-4} |1-z|^{-\frac{\alpha'}{2}t-4}$$
$$= \pi \frac{\Gamma(-\frac{\alpha' s}{4}-1)\Gamma(-\frac{\alpha' t}{4}-1)\Gamma(-\frac{\alpha' u}{4}-1)}{\Gamma(\frac{\alpha' s}{4}+2)\Gamma(\frac{\alpha' t}{4}+2)\Gamma(\frac{\alpha' u}{4}+2)} . \tag{4.90}$$

4 点振幅の極の周りでの振る舞いを調べよう．例えば u チャネルの極の系列

$$u = -(k_1+k_4)^2 = 4(n-1)/\alpha' \quad (n \in \mathbb{Z}_{\geq 0}) \tag{4.91}$$

は，領域 $z \sim 0$ の積分から生じる発散に対応する [*5]．この系列の最初の極 $u = -4/\alpha'$ の付近では，4 点振幅は次のように振る舞う．

$$\mathcal{A}_{0,4} \sim \frac{4\pi i C}{\alpha'} (2\pi)^{26} \delta^{26}(k_1 + \cdots + k_4) \frac{1}{(k_1+k_4)^2 - 4/\alpha' - i\epsilon} . \tag{4.92}$$

最後の因子は中間状態に現れるタキオンのプロパゲータと同定できる．ただし，極の位置は標準的な $i\epsilon$ 処方に則って実軸からずらしてある．この極は u チャネルの仮想粒子の運動量が物理的なタキオンの質量殻に近づく際の発散を表す．振幅の積分公式に戻って考えると，u チャネルの発散は，4 つの頂点演算子を V_1V_4 と V_2V_3 の 2 組に分けてどれだけ離しても相関関数の値が減衰しないことから生じる．これは，中間状態を伝搬する仮想粒子が物理的なタキオンとほとんど差がないため，かなりの長い間を伝搬できることを意味する．

振幅の示すこのほかの極も，仮想粒子の運動量が弦の物理的状態の質量殻に近づくための発散と解釈される．このことから，弦の物理的状態の 2 乗質量 m^2 は次の値をとると予想される．

$$m^2 = -4/\alpha' \,(\text{タキオン}), \quad m^2 = 0, \quad m^2 = 4/\alpha', \quad \cdots \tag{4.93}$$

次に，振幅に含まれる未定係数 C を，S 行列のユニタリ性を用いて決める手続きを見てみよう．一般に S 行列演算子を $S = 1 + iT$ と書くと，行列 T は

$$T - T^\dagger = iTT^\dagger \tag{4.94}$$

[*5] 素朴には (4.90) 式 1 行目の積分表示は $u \geq -4/\alpha'$ のとき常に発散するように見えるが，これは世界面理論から出発して散乱振幅を積分形で表示したために生じた見かけの発散と解釈すべきであり，散乱振幅は本来 s, t, u の関数として，極を除いては有限の解析関数であると考える．

を満たす．4 つのタキオンの運動量を適当に選んで，弦の散乱振幅 $\mathcal{A}_{0,4}$ を

$$\mathcal{A}_{0,4} = \langle \mathbf{k}_2, \mathbf{k}_3 | S | \mathbf{k}_1, \mathbf{k}_4 \rangle = i \langle \mathbf{k}_2, \mathbf{k}_3 | T | \mathbf{k}_1, \mathbf{k}_4 \rangle \tag{4.95}$$

と解釈できるようにしよう．ただし $|\mathbf{k}_i, \mathbf{k}_j\rangle$ は物理的なタキオンの 2 粒子状態で，各々のタキオンの運動量はその空間成分 $\mathbf{k}$ (25 成分) でラベルされるとする．このとき，先ほどの 4 点振幅 (4.92) の実部は，u チャネルのタキオン極の付近で次のデルタ関数に比例する．

$$\begin{aligned} \mathcal{I} &\equiv \mathcal{A}_{0,4}(k_1, \cdots, k_4) + \mathcal{A}^*_{0,4}(-k_1, \cdots, -k_4) \\ &= -(4\pi C/\alpha')(2\pi)^{26} \delta^{26}(k_1 + \cdots + k_4) \cdot 2\pi\delta((k_1 + k_4)^2 - 4/\alpha'). \end{aligned} \tag{4.96}$$

ただし，以下のよく知られた公式を用いた．

$$\frac{1}{x - i\epsilon} - \frac{1}{x + i\epsilon} = 2\pi i \delta(x). \tag{4.97}$$

同じ量は，(4.94) 式を用いて次のようにしても計算できる．

$$\begin{aligned} \mathcal{I} &= i \langle \mathbf{k}_2, \mathbf{k}_3 | T | \mathbf{k}_1, \mathbf{k}_4 \rangle - i \langle \mathbf{k}_2, \mathbf{k}_3 | T^\dagger | \mathbf{k}_1, \mathbf{k}_4 \rangle \\ &= - \int \widetilde{d\mathbf{k}_{\mathrm{u}}} \langle \mathbf{k}_2, \mathbf{k}_3 | T | \mathbf{k}_{\mathrm{u}} \rangle \langle \mathbf{k}_{\mathrm{u}} | T^\dagger | \mathbf{k}_1, \mathbf{k}_4 \rangle. \end{aligned} \tag{4.98}$$

ただし $\widetilde{d\mathbf{k}}$ は 25 成分運動量のローレンツ不変な積分測度である．

$$\widetilde{d\mathbf{k}} \equiv \frac{d^{25}\mathbf{k}}{(2\pi)^{25}\, 2E(\mathbf{k})} = \frac{d^{26}k}{(2\pi)^{26}} 2\pi\delta(k^2 - 4/\alpha'). \tag{4.99}$$

(4.98) 式の右辺を 3 点振幅の結果 (4.86) 用いて書き換えて (4.96) 式と比較すると，振幅の全体の規格化因子 C が次のように決まる．

$$C = 4\pi/\alpha'. \tag{4.100}$$

最後に，ディラトンに真空期待値を持たせたときの振幅の g_s 依存性を考えよう．素朴には，振幅は次のように修正されると予想される．

$$\mathcal{A}_{g,n}(g_s) \; = \; g_s^{2g-2} \cdot \mathcal{A}_{g,n}(g_s = 1). \tag{4.101}$$

ただし，このときの注意点は，物理的な弦の漸近状態のノルムにも g_s の影響が及ぶことである．例えば，ユニタリ性から従う関係式 (4.98) が成り立つために

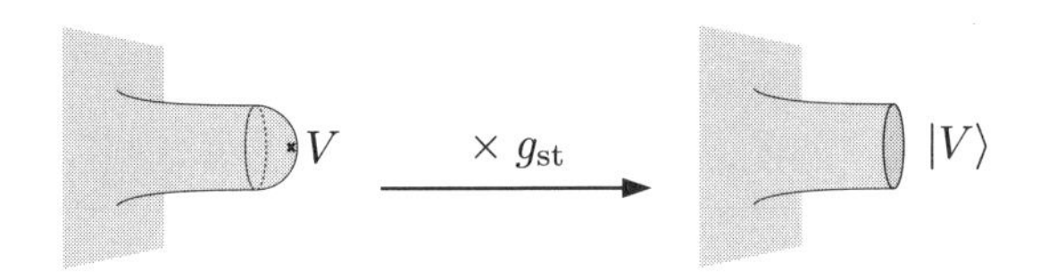

図 4.4 頂点演算子の再規格化は，その挿入地点で世界面を円筒形に切り整えることに対応する.

は，タキオン 1 粒子状態が次の規格化条件

$$\langle\mathbf{k}|\mathbf{k}'\rangle = g_s^{-2}\cdot 2E(\mathbf{k})(2\pi)^{25}\delta^{25}(\mathbf{k}-\mathbf{k}') \tag{4.102}$$

を満たすとしなければ，両辺の g_s のべきが一致しない.

そこで，g_s に依らない規格化に従う新しい漸近状態を次で定めよう.

$$|\mathbf{k}\rangle^{(\rm new)} = |\mathbf{k}\rangle\cdot g_s, \quad |(n\ \text{粒子})\rangle^{(\rm new)} = |(n\ \text{粒子})\rangle\cdot g_s^n. \tag{4.103}$$

この新しい規格化条件のもとでの散乱振幅は，g_s に次のように依存する.

$$\mathcal{A}^{(\rm new)}_{g,n}(g_s) \ = \ g_s^{2g+n-2}\cdot\mathcal{A}_{g,n}(g_s=1). \tag{4.104}$$

弦の散乱振幅は，通常はこの新しい規格化のもとで評価する．新しい規格化は各々の弦の頂点演算子に g_s を掛けることに相当するが，これは，頂点演算子の挿入地点で世界面から半球を切り取って円筒形に整える操作とも解釈できる (図 4.4)．こうしておけば，単純な振幅を繋いで複雑な振幅を作る際に余分な因子を掛ける必要がない.

4.2.4 弦の物理的状態のスペクトル

ゴースト場を導入してゲージ固定した世界面理論においては，べき零の演算子 $Q_{\rm B}$ の生成する BRST 対称性が重要な役割を持つのであった．ここでは，BRST 対称性を弦の物理的状態の定義に採用し，これを用いて物理的状態を系統的に列挙する手順を学ぶ．2.3 節および 3.1 節で議論したマージナル演算子との関係についてもふれる.

弦の物理的状態を $Q_{\rm B}$ 不変な状態と定めるとき，$Q_{\rm B}$ のべき零性より，物理的状態の中には他の状態の $Q_{\rm B}$ 変換と表されるような，いわゆる $Q_{\rm B}$ 完全な状態が存在する．$Q_{\rm B}$ 完全な状態はすべての物理的状態と直交し，またこれらを

含む振幅はすべて零になるため，その状態そのものを零と見なして差し支えない．したがって，物理的状態の空間 $\mathcal{H}_{\rm ph}$ は，$Q_{\rm B}$ 不変な状態の張る空間を，$Q_{\rm B}$ 完全な状態を零と見なす同値関係で割った商空間で与えられる．

$$\mathcal{H}_{\rm ph} \ \equiv\ \Big\{ |\Psi\rangle \in \mathcal{H} \,\Big|\, Q_{\rm B}|\Psi\rangle = 0 \Big\} \Big/ \Big\{ |\Psi\rangle \ \sim\ |\Psi\rangle + Q_{\rm B}|\chi\rangle \Big\}. \tag{4.105}$$

これを，べき零演算子 $Q_{\rm B}$ のコホモロジー (BRST コホモロジー) という．

さて，(4.62) 式で定義された BRST 電荷を使ってボソン弦の物理的状態を調べよう．まず，物質場理論のマージナル演算子には常に $Q_{\rm B}$ 不変な物理的状態が対応することを示そう．V をマージナル演算子とすると，$c\tilde{c}V$ は BRST 不変になるのであった．対応する状態は次のように書ける．

$$|{\rm ph}\rangle \equiv c\tilde{c}V(0)|0\rangle = |V\rangle_{\rm (m)} \otimes |{\rm gr}\rangle_{\rm (g)}. \quad \big(|{\rm gr}\rangle_{\rm (g)} \equiv c_1\tilde{c}_1|0\rangle_{\rm (g)}\big) \tag{4.106}$$

この状態の $Q_{\rm B}^{(\text{正則})}$ 不変性は以下の関係式から簡単に示せる．

$$\begin{aligned}(L_n^{\rm (m)} - \delta_{n,0})|{\rm ph}\rangle = b_n|{\rm ph}\rangle = 0 \quad (n \geq 0)\,,\\ c_n|{\rm ph}\rangle = 0 \quad (n \geq 1)\,.\end{aligned} \tag{4.107}$$

反正則成分についても同様である．

上の物理的状態 $|{\rm ph}\rangle$ は $Q_{\rm B}$ 不変性に加えて，次を満たす．

$$b_0|{\rm ph}\rangle = \tilde{b}_0|{\rm ph}\rangle = 0\,. \tag{4.108}$$

これはジーゲルのゲージ条件と呼ばれる．通常，弦の物理的状態を考える際には，BRST 不変性に加えてこの条件を満たす状態のみを考慮する．その理由を簡単に説明しよう．$Q_{\rm B}$ 不変であるがジーゲルのゲージ条件を満たさない状態としては，例えば $|h,\bar{h}\rangle_{\rm (m)}$ を物質場理論のウェイト $h,\bar{h}$ のプライマリ状態として，次のようなものがある．

$$|{\rm ph}\rangle \ =\ |h,\bar{h}\rangle_{\rm (m)} \otimes c_0\tilde{c}_0|{\rm gr}\rangle_{\rm (g)} \tag{4.109}$$

実は $h = \bar{h} = 1$ の場合以外はこの状態は $Q_{\rm B}$ 完全である．したがって，もしこの状態を含む振幅が非零だとすると，その値は $\delta(h-1)\delta(\bar{h}-1)$ に比例するはずであるが，このような $h,\bar{h}$ 依存性は通常の散乱振幅に期待される振る舞いではないのである．

弦の物理的状態を 2 乗質量の低い順に系統的に列挙する手続きを見てみよう，ジーゲルのゲージ条件を満たす Q_B 不変な状態は，次の質量殻条件を満たす．

$$
\begin{aligned}
0 &= \{Q_\mathrm{B}, b_0\}|\mathrm{ph}\rangle = (L_0^{(\mathrm{m})} + L_0^{(\mathrm{g})})|\mathrm{ph}\rangle, \\
0 &= \{Q_\mathrm{B}, \tilde{b}_0\}|\mathrm{ph}\rangle = (\tilde{L}_0^{(\mathrm{m})} + \tilde{L}_0^{(\mathrm{g})})|\mathrm{ph}\rangle.
\end{aligned} \tag{4.110}
$$

状態 $|\mathrm{ph}\rangle$ として次のような形を仮定しよう．

$$
\big(\alpha_{-k}, b_{-l}, c_{-n}\text{の積}\big)\big(\tilde{\alpha}_{-k}, \tilde{b}_{-l}, \tilde{c}_{-n}\text{の積}\big)|k^\mu\rangle_{(\mathrm{m})} \otimes |\mathrm{gr}\rangle_{(\mathrm{g})}. \tag{4.111}
$$

この形の状態に対する質量殻条件は次のように書ける．

$$
\begin{aligned}
0 &= L_0^{(\mathrm{m})} + L_0^{(\mathrm{g})} = \alpha' k_\mu k^\mu/4 + N_\mathrm{osc} - 1, \\
0 &= \tilde{L}_0^{(\mathrm{m})} + \tilde{L}_0^{(\mathrm{g})} = \alpha' k_\mu k^\mu/4 + \tilde{N}_\mathrm{osc} - 1.
\end{aligned} \tag{4.112}
$$

ここで N_osc $(\tilde{N}_\mathrm{osc})$ は上昇演算子を掛けたことによる $L_0^{(\mathrm{m})} + L_0^{(\mathrm{g})}$ $(\tilde{L}_0^{(\mathrm{m})} + \tilde{L}_0^{(\mathrm{g})})$ の固有値の上昇分を表す非負整数で，レベルと呼ばれる．特に，質量殻条件からレベル一致条件 $N_\mathrm{osc} = \tilde{N}_\mathrm{osc}$ が従う．

各々のレベルごとに物理的状態の条件を調べよう．まずレベル 0 の状態は

$$
|\mathrm{Lv.}\,0\rangle \;=\; |k_\mu\rangle_{(\mathrm{m})} \otimes |\mathrm{gr}\rangle_{(\mathrm{g})}, \quad k^2 = 4/\alpha' \tag{4.113}
$$

で表される．この状態は Q_B 不変であり，また他の状態の Q_B 変換と書くことはできない．これはタキオンに相当する物理的状態である．

次にレベル 1 の状態を調べよう．議論を簡単にするためまず正則部分のみに注目すると，状態の一般形は e_μ, β, γ を定数として次のように書ける．

$$
|\mathrm{Lv.}\,1\rangle\Big|_{(\text{正則})} = (e_\mu \alpha_{-1}^\mu + \beta b_{-1} + \gamma c_{-1})|k_\mu\rangle_{(\mathrm{m})} \otimes |\mathrm{gr}\rangle_{(\mathrm{g})}, \quad k^2 = 0\,. \tag{4.114}
$$

この状態の BRST 不変性を調べよう．Q_B のうち，添字 2 以上の下降演算子を含む項はこの状態に掛かると消えるので，重要なのは以下に挙げる項である．

$$
\begin{aligned}
Q_\mathrm{B}^{(\text{正則})} &= c_0\left(\alpha' p^\mu p_\mu/4 + \alpha_{-1}^\mu \alpha_{1\mu} + b_{-1}c_1 + c_{-1}b_1 - 1\right) \\
&\quad + c_{-1}\sqrt{\alpha'/2}\,\alpha_1^\mu p_\mu + c_1\sqrt{\alpha'/2}\,\alpha_{-1}^\mu p_\mu + \cdots\,.
\end{aligned} \tag{4.115}
$$

この右辺の第 1 項は質量殻条件を満たす (4.114) 式の上では零になるので，

$$Q_{\mathrm{B}}^{(\text{正則})}|\mathrm{Lv.}\,1\rangle\Big|_{(\text{正則})} = \sqrt{\alpha'/2}(e_\mu k^\mu c_{-1} + \beta k_\mu \alpha^\mu_{-1})|k_\mu\rangle_{(\mathrm{m})} \otimes |\mathrm{gr}\rangle_{(\mathrm{g})} \tag{4.116}$$

となる．この結果より，状態 (4.114) が Q_{B} 不変あるいは完全であるための条件は次のように表される．

$$Q_{\mathrm{B}}\text{不変：}\ \beta = 0,\ e_\mu k^\mu = 0; \quad Q_{\mathrm{B}}\text{完全：}\ \beta = 0,\ e_\mu \propto k_\mu. \tag{4.117}$$

$e_\mu = \beta = 0$ の状態は Q_{B} 完全なので，Q_{B} コホモロジーの同値関係を用いて $\gamma = 0$ とゲージ固定できる．反正則セクターも同様にゲージ固定して貼り合わせると，レベル 1 の物理的状態は結局次のように書ける．

$$\begin{aligned} &e_{\mu\nu} \cdot \alpha^\mu_{-1}\tilde{\alpha}^\nu_{-1}|k_\mu\rangle_{(\mathrm{m})} \otimes |\mathrm{gr}\rangle_{(\mathrm{g})}, \quad k^2 = k^\mu e_{\mu\nu} = k^\nu e_{\mu\nu} = 0\,, \\ &\qquad\qquad\qquad\qquad e_{\mu\nu} \sim e_{\mu\nu} + k_\mu \lambda_\nu + \tilde{\lambda}_\mu k_\nu. \end{aligned} \tag{4.118}$$

係数 $e_{\mu\nu}$ の対称部分は (2.56) 式で説明した重力子の偏極テンソル，反対称部分は B 場の偏極テンソルと同定できる．上の同値関係はまさしく重力場，B 場のゲージ対称性に相当する．

$$\delta G_{\mu\nu} = \nabla_\mu \xi_\nu + \nabla_\nu \xi_\mu, \quad \delta B_{\mu\nu} = \partial_\mu \Lambda_\nu - \partial_\nu \Lambda_\mu\,. \tag{4.119}$$

このようにして BRST コホモロジーを解いて物理的状態を列挙する手続きは，レベル 2 以上についても同様である．

物質場 X^μ とゴースト場からなる世界面理論には，作用に逆符号で現れる場 X^0 が含まれるので，共形場理論の状態空間には正負のノルムを持つ状態が混在する．しかし物理的状態の張る空間を BRST コホモロジーで定義すると，この空間のノルムは正定値になる．これをゴースト非存在定理という．重要な事実であるが，本書では結果を述べるに留める．

Chapter 5 超弦理論

ここでは，閉じた超弦を基本的自由度とするいわゆるタイプ IIA，IIB と呼ばれる 2 通りの超弦理論について取り扱う．まずフェルミオン (スピノル) を含む場の理論についての基礎をまとめ，次に様々な次元の超対称性および超重力理論について基本的な例をいくつか紹介する．後半では，IIA および IIB 型の 10 次元超重力理論の場のスペクトルが超弦の世界面理論の量子化から再現される仕組みを学ぶ.

5.1 スピノル場の理論

フェルミオンを特徴づける重要な性質は，ローレンツ変換のもとでスピノルとして振る舞うことである．まずは様々な次元のローレンツ対称性とそのスピノル表現，およびスピノル場を含む理論の基本的な構成法をまとめる.

5.1.1 ローレンツ対称性とスピノル

平坦時空 $\mathbb{R}^{1,D-1}$ の計量を不変に保つ斉次線形な座標変換をローレンツ変換という．座標変換則を $\tilde{x}^\nu = \Lambda^\mu{}_\nu x^\nu$ と書くと，行列 $\Lambda^\mu{}_\nu$ は次を満たす.

$$ds^2 = \eta_{\mu\nu} dx^\mu dx^\nu = \eta_{\mu\nu} d\tilde{x}^\mu d\tilde{x}^\nu \quad \Longrightarrow \quad \eta_{\mu\nu} = \eta_{\lambda\rho} \Lambda^\lambda{}_\mu \Lambda^\rho{}_\nu. \tag{5.1}$$

$\Lambda^\mu{}_\nu, \Lambda'^\mu{}_\nu$ が上の条件を満たすとき，積 $(\Lambda\Lambda')^\mu{}_\nu \equiv \Lambda^\mu{}_\rho \Lambda'^\rho{}_\nu$ も同じ条件を満たすので，ローレンツ変換は群をなす．この群はローレンツ群と呼ばれ，特に $\det\Lambda = 1$ の変換のなす部分群は $SO(1, D-1)$ と書かれる．ローレンツ群は連続的無限個の元を持つリー群と呼ばれる群の一種である．リー群にはこの他にもいろいろあり，例えば $N \times N$ ユニタリ行列や直交行列のなすユニタリ群 $U(N)$，直交群 $O(N)$ などは物理学の問題にしばしば登場する．また，関係式

$$g^{\mathrm{T}} J g = J, \quad J = \begin{pmatrix} 0 & \mathbf{1}_{(n\times n)} \\ -\mathbf{1}_{(n\times n)} & 0 \end{pmatrix} \tag{5.2}$$

を満たす $2n \times 2n$ ユニタリ行列 g のなす群は斜交群あるいはシンプレクティック群と呼ばれ，$Sp(n)$ あるいは $USp(2n)$ と記される．

連続対称性の構造の大部分は，無限小変換の従う代数によって特徴づけられる．$\Lambda = 1 + \omega$ $(\Lambda^{\mu}{}_{\nu} = \delta^{\mu}{}_{\nu} + \omega^{\mu}{}_{\nu})$ を無限小ローレンツ変換とすると，条件 (5.1) より ω は次を満たさねばならない．

$$\omega_{\mu\nu} + \omega_{\nu\mu} = 0 \quad (\omega_{\mu\nu} \equiv \eta_{\mu\lambda}\omega^{\lambda}{}_{\nu}). \tag{5.3}$$

この条件を満たす行列 ω の全体は $SO(1, D-1)$ リー代数と呼ばれ，$\frac{1}{2}D(D-1)$ 次元の線形空間をなす．この空間の基底をなす行列 (リー群の生成元) は，以下のように選ぶのが標準的である．

$$\mathbf{M}^{\lambda\rho} = -\mathbf{M}^{\rho\lambda}, \quad (\mathbf{M}^{\lambda\rho})^{\mu}{}_{\nu} \equiv \eta^{\lambda\mu}\delta^{\rho}_{\nu} - \eta^{\rho\mu}\delta^{\lambda}_{\nu}. \tag{5.4}$$

(5.3) 式を満たす任意の行列 ω は，次のように $\mathbf{M}^{\lambda\rho}$ の線形結合で表される．

$$\omega = \frac{1}{2}\omega_{\lambda\rho}\mathbf{M}^{\lambda\rho}, \quad \omega^{\mu}{}_{\nu} = \frac{1}{2}\omega_{\lambda\rho}(\mathbf{M}^{\lambda\rho})^{\mu}{}_{\nu}. \tag{5.5}$$

リー代数は線形空間であるだけでなく，交換子積のもとで閉じた集合をなす．つまり ω_1, ω_2 をリー代数の元とすると，$[\omega_1, \omega_2]$ もリー代数の元である．なぜなら，$\Lambda_1 = 1 + \omega_1$, $\Lambda_2 = 1 + \omega_2$ が無限小変換ならば $\Lambda_1\Lambda_2\Lambda_1^{-1}\Lambda_2^{-1}$ も無限小変換であり，これを $1 + \omega$ と書くと ω は ω_1, ω_2 について 1 次の近似で

$$1 + \omega \simeq (1 + \omega_1)(1 + \omega_2)(1 - \omega_1)(1 - \omega_2) \quad \Longrightarrow \quad \omega = [\omega_1, \omega_2] \tag{5.6}$$

と書けるからである．

リー代数の生成元の交換関係は，対称性の構造を特徴づける重要な役割を持つ．例えば $SO(1, D-1)$ の生成元 $\mathbf{M}^{\mu\nu}$ は次の交換関係に従う．

$$[\mathbf{M}^{\mu\nu}, \mathbf{M}^{\lambda\rho}] = \eta^{\nu\lambda}\mathbf{M}^{\mu\rho} - \eta^{\nu\rho}\mathbf{M}^{\mu\lambda} - \eta^{\mu\lambda}\mathbf{M}^{\nu\rho} + \eta^{\mu\rho}\mathbf{M}^{\nu\lambda}. \tag{5.7}$$

ローレンツ変換 $SO(1, D-1)$ のもとで定まった変換則に従う量は，ローレ

ンツ群の表現と呼ばれる．例えば，ベクトル量 V はローレンツ変換のもとで $\tilde{V}^{\mu} = \Lambda^{\mu}{}_{\nu} V^{\nu}$，無限小変換のもとでは次の変換則に従う D 成分表現である．

$$\delta V^{\mu} = \omega^{\mu}{}_{\nu} V^{\nu} = \frac{1}{2}(\omega_{\lambda\rho}\mathbf{M}^{\lambda\rho})^{\mu}{}_{\nu} V^{\nu}. \tag{5.8}$$

同様にしてスピノル量を定義しよう．まず，ディラックの Γ 行列と呼ばれる，次の関係式に従う行列の組 $\{\Gamma^{\mu}\}_{\mu=0}^{D-1}$ を導入する．

$$\{\Gamma^{\mu}, \Gamma^{\nu}\} = 2\eta^{\mu\nu}, \quad \eta^{\mu\nu} = \mathrm{diag}(-1, +1, \cdots, +1). \tag{5.9}$$

証明は省くが，この関係式を満たす行列 $\{\Gamma^{\mu}\}$ の最小のサイズは $2^{[D/2]}$ ($[x]$ は x 以下の最大の整数) であり，以降はこのサイズを仮定する．また Γ^0 が反エルミート，残り $D-1$ 個がエルミートとなるように選べることも認めよう．さて，$\Gamma^{\mu\nu} = \frac{1}{2}(\Gamma^{\mu}\Gamma^{\nu} - \Gamma^{\nu}\Gamma^{\mu})$ と定義すると，$\frac{1}{2}\Gamma^{\mu\nu}$ は $\mathbf{M}^{\mu\nu}$ と同じ交換関係 (5.7) に従う．そこで，次のローレンツ変換則に従う量を考えることができる．

$$\delta\Psi = \frac{1}{4}\omega_{\mu\nu}\Gamma^{\mu\nu}\Psi. \tag{5.10}$$

この Ψ をディラックスピノルという．後で説明するように，多くの次元 D において，ディラックスピノルはローレンツ対称性の既約表現ではなく，より少ない成分からなるスピノルに分解することができる．

下付き添字を持つベクトルは，次のローレンツ変換則に従う．

$$\delta V_{\mu} = -V_{\nu}\omega^{\nu}{}_{\mu} = -\frac{1}{2}V_{\nu}(\omega_{\lambda\rho}\mathbf{M}^{\lambda\rho})^{\nu}{}_{\mu}. \tag{5.11}$$

よって，任意の 2 つのベクトルの内積はローレンツ不変である．同様に，Ψ のディラック共役を $\bar{\Psi} = \Psi^{\dagger}\Gamma^0$ と定めると，これは次の変換則に従う．

$$\delta\bar{\Psi} = \delta\Psi^{\dagger}\Gamma^0 = \frac{1}{4}\Psi^{\dagger}(\Gamma^{\mu\nu})^{\dagger}\Gamma^0\omega_{\mu\nu} = -\frac{1}{4}\bar{\Psi}\Gamma^{\mu\nu}\omega_{\mu\nu}. \tag{5.12}$$

ただし 3 つめの等号では $\Gamma^0\Gamma^{\mu} = -(\Gamma^{\mu})^{\dagger}\Gamma^0$ を使った．これを (5.10) 式と合わせると，スピノルの 2 次形式 $\bar{\Psi}\Psi$ はローレンツ不変なスカラー量，また $\bar{\Psi}\Gamma^{\mu}\Psi$ はベクトル量として振る舞うことを示せる．

5.1.2　スピノル場とそのラグランジアン

次に，座標依存性を持ったスピノル，つまりスピノル場の性質を調べてみよう．一般相対性理論では，スカラー場 $\phi(x)$ やベクトル場 $V^\mu(x), V_\mu(x)$ は無限小座標変換 $x^\mu \to \tilde{x}^\mu = x^\mu - \epsilon^\mu(x)$ のもとで次のように振る舞うのであった．

$$\begin{aligned}
\delta\phi(x) &= \epsilon^\nu(x)\partial_\nu\phi(x), \\
\delta V^\mu(x) &= \epsilon^\nu(x)\partial_\nu V^\mu(x) - V^\nu(x)\partial_\nu\epsilon^\mu(x), \\
\delta V_\mu(x) &= \epsilon^\nu(x)\partial_\nu V^\mu(x) + \partial_\mu\epsilon^\nu(x)V_\nu(x).
\end{aligned} \tag{5.13}$$

特に平坦時空上の場のローレンツ変換則は，$\epsilon^\nu(x) = -\omega^\nu{}_\lambda x^\lambda$ とおけば

$$\begin{aligned}
\delta\phi(x) &= -(\omega^\nu{}_\lambda x^\lambda)\partial_\nu\phi(x) = -\partial_\nu(\omega^\nu{}_\lambda x^\lambda\phi(x)), \\
\delta V^\mu(x) &= -(\omega^\nu{}_\lambda x^\lambda)\partial_\nu V^\mu(x) + \omega^\mu{}_\nu V^\nu(x), \\
\delta V_\mu(x) &= -(\omega^\nu{}_\lambda x^\lambda)\partial_\nu V^\mu(x) - V_\nu(x)\omega^\nu{}_\mu
\end{aligned} \tag{5.14}$$

となる．ローレンツ変換はベクトルの添字に作用すると同時に，場の引数である座標にも働く．またスカラー場のローレンツ変換は全微分であることに注意しよう．これらの変換則をスピノル場 $\Psi(x), \bar{\Psi}(x)$ に自然に拡張すれば，

$$\begin{aligned}
\delta\Psi(x) &= -(\omega^\nu{}_\lambda x^\lambda)\partial_\nu\Psi(x) + \frac{1}{4}\omega_{\mu\nu}\Gamma^{\mu\nu}\Psi(x), \\
\delta\bar{\Psi}(x) &= -(\omega^\nu{}_\lambda x^\lambda)\partial_\nu\bar{\Psi}(x) - \frac{1}{4}\bar{\Psi}(x)\Gamma^{\mu\nu}\omega_{\mu\nu}
\end{aligned} \tag{5.15}$$

となる．

平坦時空上のスピノル場の作用として最も単純なものは，

$$S = \int d^D x\mathcal{L}, \quad \mathcal{L} = -i\bar{\Psi}\Gamma^\mu\partial_\mu\Psi - m\bar{\Psi}\Psi \tag{5.16}$$

で与えられる．これは質量 m を持つ自由なディラックスピノル場の作用である．$\mathcal{L}$ はローレンツ変換のもとでスカラー場として振る舞うことから，その積分がローレンツ不変なことは明らかである．

次に，ベクトル場やテンソル場と同様に，一般の曲がった時空の上でスピノル場を定義しよう．曲がった時空にはローレンツ対称性は存在しないが，そのかわり時空の各点に働くいわゆる局所ローレンツ対称性を以下のとおり導入できる．スピノル場はこのもとでの変換性によって特徴づけられる．

曲がった時空の計量テンソルを $G_{\mu\nu}(x)$ とするとき，次の関係式を満たす $D \times D$ 成分量 $e^a_\mu(x)$ を多脚場と呼ぶ．

$$G_{\mu\nu}(x) = \eta_{ab}\, e^a_\mu(x) e^b_\nu(x). \tag{5.17}$$

この式は $G^{\mu\nu} e^a_\mu e^b_\nu = \eta^{ab}$ とも書けるので，多脚場は時空の各点上に D 個の規格化されたベクトルの組，つまり局所ローレンツ座標系を定める．添字 $a, b = 0, 1, \cdots, D-1$ は曲がった時空のベクトル添字 μ, ν とは異なり，この局所ローレンツ座標系の D 個の座標軸をラベルする役割がある．ここで重要なのは，局所座標系のとり方には時空の各点ごとに働くローレンツ変換分の任意性があること，つまり (5.17) 式を満たす多脚場は一意ではなく，

$$\tilde{e}^a_\mu(x) = \Lambda^a{}_b(x) e^b_\mu(x) \quad \bigl(\eta_{ab} \Lambda^a{}_c(x) \Lambda^b{}_d(x) = \eta_{cd}\bigr) \tag{5.18}$$

だけの不定性があることである．この不定性を局所ローレンツ対称性と呼ぶ．

微小座標変換 $\tilde{x}^\mu = x^\mu - \epsilon^\mu(x)$ および微小な局所ローレンツ変換 $\Lambda^a{}_b(x) = \delta^a{}_b + \omega^a{}_b(x)$ のもとで，多脚場は次の変換則に従う．

$$\delta e^a_\mu(x) = \epsilon^\nu(x) \partial_\nu e^a_\mu(x) + \partial_\mu \epsilon^\nu(x) e^a_\nu(x) + \omega^a{}_b(x) e^b_\mu(x). \tag{5.19}$$

この他のいろいろな場の変換則を書き下してみよう．まずベクトル場は，局所座標系の添字を持つ V^a と曲がった時空の添字を持つ V^μ の 2 通りが考えられ，それぞれ無限小変換のもとで

$$\begin{aligned} \delta V^a(x) &= \epsilon^\nu(x) \partial_\nu V^a(x) + \omega^a{}_b(x) V^b(x), \\ \delta V^\mu(x) &= \epsilon^\nu(x) \partial_\nu V^\mu(x) - V^\nu(x) \partial_\nu \epsilon^\mu(x) \end{aligned} \tag{5.20}$$

と変換する．これらは，多脚場 e^a_μ あるいはその逆 e^μ_a の掛け算により，$V^a = e^a_\mu V^\mu$, $V^\mu = e^\mu_a V^a$ のように互いに移り変わる．同じ無限小変換のもとで，スピノル場は次のように振る舞う．

$$\delta \Psi(x) = \epsilon^\nu(x) \partial_\nu \Psi(x) + \frac{1}{4} \omega_{ab}(x) \Gamma^{ab} \Psi(x)\,. \tag{5.21}$$

曲がった空間上で場を微分する際は，座標変換・局所ローレンツ変換のもとでの共変性を保ついわゆる共変微分を使う．例えばベクトル場の共変微分は，クリストッフェル記号 $\Gamma^\mu_{\nu\lambda}$ を用いて

$$\nabla_\mu V^\nu \equiv \partial_\mu V^\nu + \Gamma^\nu_{\mu\lambda} V^\lambda, \quad \nabla_\mu V_\nu \equiv \partial_\mu V_\nu - \Gamma^\lambda_{\mu\nu} V_\lambda \tag{5.22}$$

と定めるのであった．同様に，局所ローレンツ対称性で変換する量の共変微分

は，スピン接続 Ω_μ^{ab} $(= -\Omega_\mu^{ba})$ と呼ばれる量を導入して次のように定める．

$$\nabla_\mu V^a \equiv \partial_\mu V^a + \Omega_\mu{}^a{}_b V^b, \quad \nabla_\mu \Psi \equiv \partial_\mu \Psi + \frac{1}{4}\Omega_{\mu ab}\Gamma^{ab}\Psi\,. \tag{5.23}$$

微分した後の量が対称性のもとで (添字の 1 個多いテンソル場・スピノル場として) 共変に振る舞うように要請すると，$\Gamma^\mu_{\nu\lambda}$ および Ω_μ^{ab} の変換性が決まる．通常，これらは計量・多脚場とそれらの微分を使って書けるとし，その具体形は次を解いて決まる．

$$\begin{aligned} 0 = \nabla_\mu G_{\nu\lambda} &= \partial_\mu G_{\nu\lambda} - \Gamma^\rho_{\mu\nu} G_{\rho\lambda} - \Gamma^\rho_{\mu\lambda} G_{\nu\rho}, \\ 0 = \nabla_\mu e_\nu^a \quad &= \partial_\mu e_\nu^a - \Gamma^\rho_{\mu\nu}\, e_\rho^a + \Omega_\mu{}^a{}_b\, e_\nu^b. \end{aligned} \tag{5.24}$$

クリストッフェル記号の公式 (2.7) は，第 1 式を仮定 $\Gamma^\mu_{\nu\lambda} = \Gamma^\mu_{\lambda\nu}$ のもとで解いて得られる．第 2 式から Ω_μ^{ab} を決める際は，まず添字 μ, ν について反対称化して $\Gamma^\rho_{\mu\nu}$ を消去するとよい．

曲がった時空上のスピノル場を含む場の理論は，上に述べた道具立てを使って，座標変換不変性と局所ローレンツ対称性の両方を尊重するように定める．例えば自由なディラックスピノル場の理論 (5.16) を曲がった空間に載せるには，多脚場・スピン接続を使って次のように作用を書き直せばよい．

$$S = \int d^D x e \mathcal{L}, \quad \mathcal{L} = -i\bar{\Psi}\Gamma^\mu \nabla_\mu \Psi - m\bar{\Psi}\Psi. \tag{5.25}$$

ただし $e \equiv \det e_\mu^a$, $\Gamma^\mu \equiv \Gamma^a e_a^\mu$ であり，Γ^a が座標に依存しない Γ 行列である．

5.1.3 カイラリティと実条件

ここまでは D 次元のディラックスピノルと呼ばれる複素 $2^{[D/2]}$ 成分量について議論してきたが，これはローレンツ群の表現としてはしばしば既約ではない．さらに条件を課すことにより，成分の数の少ないスピノルを定義できる．

まず D が偶数のとき，カイラリティ行列 $\bar{\Gamma}$ を次で定義しよう．

$$\bar{\Gamma} \equiv \Gamma^{01} \cdot i\Gamma^{23} \cdot i\Gamma^{45} \cdots i\Gamma^{D-2\,D-1} = i^{\frac{D}{2}-1}\Gamma^{012\cdots D-1}. \tag{5.26}$$

ただし $\Gamma^{a_1\cdots a_n}$ は n 個の Γ 行列の規格化された反対称積を表す．

$$\Gamma^{a_1\cdots a_n} \equiv \Gamma^{[a_1}\Gamma^{a_2}\cdots\Gamma^{a_n]} \equiv \frac{1}{n!}\Big\{\Gamma^{a_1}\cdots\Gamma^{a_n} \pm (\text{置換})\Big\}_{(n!\text{項})}. \tag{5.27}$$

表 5.1 荷電共役行列の性質のまとめ.

D	2	3	4	5	6	7	8	9	10	11
C_+	$+$		$-$	$-$	$-$		$+$	$+$	$+$	
C_-	$-$	$-$	$-$		$+$	$+$	$+$		$-$	$-$

符号は $C_\pm$ が対称・反対称であることを表す.

$\bar{\Gamma}$ は固有値 ± 1 を持ち, すべての Γ^a と反交換, すべての Γ^{ab} と交換する. したがってカイラリティ ($\bar{\Gamma}$ の固有値) はローレンツ不変量であり, この値によって偶数次元のディラックスピノルは 2 つのワイルスピノルに既約分解する. $\bar{\Gamma} = 1, -1$ の成分はカイラル・反カイラル, あるいは左巻き・右巻きとも呼ばれる.

次にスピノルの実条件について考えよう. まず, 次の関係式を満たす荷電共役行列 C_+, C_- を導入しよう.

$$C_\pm^{-1} \Gamma^a C_\pm = \pm (\Gamma^a)^{\mathrm{T}}. \tag{5.28}$$

このような $C_\pm$ があったとすると, それらの転置も同じ式を満たし, さらに $C_\pm (C_\pm^{\mathrm{T}})^{-1}$ はすべての Γ^a と交換することが示せる. つまり, $C_\pm$ はもし存在するなら対称または反対称な行列である.

行列 $C_\pm$ の性質は次元 D mod 8 で決まり, 表 5.1 のようにまとめられる. さらに行列 $\Gamma^{a_1 \cdots a_n} C_\pm$ も, $(D, n, \pm)$ の選び方によって対称または反対称な行列になる. 例えば $D = 4$ の場合で $C = C_-$(反対称) とすると, $C, \Gamma^{abc} C, \bar{\Gamma} C$ の 6 個は反対称行列, $\Gamma^a C, \Gamma^{ab} C$ の 10 個は対称行列になる [*1)].

Ψ をディラックスピノルとするとき, $C_\pm \bar{\Psi}^{\mathrm{T}}$ のローレンツ変換則は

$$\delta (C_\pm \bar{\Psi}^{\mathrm{T}}) = \frac{1}{4} C_\pm (\Gamma^0)^{\mathrm{T}} \omega_{ab} (\Gamma^a \Gamma^b \Psi)^* = \frac{1}{4} \omega_{ab} \Gamma^{ab} (C_\pm \bar{\Psi}^{\mathrm{T}}) \tag{5.29}$$

となり, これは Ψ の変換則に等しい. よって, ローレンツ対称性と抵触せずにスピノルに課せる実条件として, 次のマヨラナ条件が考えられる.

$$C \bar{\Psi}^{\mathrm{T}} = \Psi, \ \Psi^* = -(\Gamma^0)^{\mathrm{T}} C^{-1} \Psi. \quad \big(C = C_+ \text{ または } C_- \big) \tag{5.30}$$

ただし, マヨラナ条件が無矛盾であるためには $\Psi^{**} = \Psi$ が任意の Ψ について

*1) 仮に C_- を対称行列として $\Gamma^{a_1 \cdots a_n} C_-$ の対称性を調べると, 対称行列・反対称行列の総数がそれぞれ 10, 6 にならない. この議論は C_- が反対称行列であることを示すのに使える.

成り立たねばならない．(5.30) 式より $\Psi = \pm C_{\pm} C_{\pm}^{*} \Psi$ となるため，マヨラナ条件が可能なのは C_+ が対称，あるいは C_- が反対称な場合のみである．表 5.1 より $D = 5, 6, 7$ のときは単純なマヨラナ条件は課せないが，代わりに任意の Ψ に対して $\Psi_1 = \Psi$, $\Psi_2 = C\bar{\Psi}^{\mathrm{T}}$ と定義すれば，Ψ_i は次を満たす．

$$C\bar{\Psi}_i^{\mathrm{T}} = \epsilon^{ij}\Psi_j \quad (\epsilon^{ij} = -\epsilon^{ji},\ \epsilon^{12} = 1). \tag{5.31}$$

ϵ^{ij} は斜交群 $Sp(1)$ の不変テンソル ((5.2) 式の J) なので，この条件は斜交マヨラナ条件と呼ばれる．スピノルの数を増やして，$Sp(n)$ の不変テンソルを含む斜交マヨラナ条件を書くこともできる．

マヨラナ条件 $\Psi = C\bar{\Psi}^{\mathrm{T}}$ とワイル条件 $\bar{\Gamma}\Psi = (\pm)\Psi$ を同時に満たすスピノルをマヨラナ・ワイルスピノルと呼ぶ．このようなスピノルは，次元が $D = 2 \bmod 4$ のときのみ存在する．なぜなら，例えば Ψ を $\bar{\Gamma} = 1$ のワイルスピノルとするとき，$C\bar{\Psi}^{\mathrm{T}}$ のカイラリティは

$$\begin{aligned}\bar{\Gamma}C\bar{\Psi}^{\mathrm{T}} &= \left(i^{\frac{D}{2}-1}\Gamma^0 \cdots \Gamma^{D-1}\right) \cdot C(\Gamma^0)^{\mathrm{T}}\Psi^* \\ &= i^{\frac{D}{2}-1}C(\Gamma^0)^{\mathrm{T}}(\Gamma^0 \cdots \Gamma^{D-1}\Psi)^* = (-1)^{\frac{D}{2}-1}C\bar{\Psi}^{\mathrm{T}}\end{aligned} \tag{5.32}$$

より $\bar{\Gamma} = (-1)^{\frac{D}{2}-1}$ となるからである．

マヨラナスピノルのラグランジアンは，ディラック共役を使わずに

$$\mathcal{L} = -\frac{i}{2}\Psi^{\mathrm{T}}\tilde{C}\Gamma^a\partial_a\Psi - \frac{m}{2}\Psi^{\mathrm{T}}\tilde{C}\Psi \quad \left(\tilde{C} \equiv (C^{\mathrm{T}})^{-1}\right) \tag{5.33}$$

と書くことができる．Ψ がグラスマン数であることを考慮すると，この $\mathcal{L}$ が自明に零や全微分にならないためには $\tilde{C}\Gamma^a$ が対称，$\tilde{C}$ が反対称である必要がある．$D = 2, 3, 4, 10, 11$ における荷電共役行列は通常このように選ぶ．

例として，2 次元平坦時空上の自由な零質量マヨラナスピノルのラグランジアンを書いてみよう．まず Γ 行列を次のように選ぶ．

$$\Gamma^0 = \begin{pmatrix} 0 & 1 \\ -1 & 0 \end{pmatrix}, \quad \Gamma^1 = \begin{pmatrix} 0 & 1 \\ 1 & 0 \end{pmatrix}, \quad \Gamma^{01} = \begin{pmatrix} 1 & 0 \\ 0 & -1 \end{pmatrix}. \tag{5.34}$$

荷電共役行列を $C = C_- = \Gamma^0$ と選ぶと，マヨラナ条件は単純な実条件 $\Psi^* = \Psi$ となる．$\Psi = (\tilde{\psi}, \psi)^{\mathrm{T}}$ とするとき，ラグランジアンを成分で書くと

$$\mathcal{L} = \frac{i}{2}\tilde{\psi}(\partial_0 - \partial_1)\tilde{\psi} + \frac{i}{2}\psi(\partial_0 + \partial_1)\psi \tag{5.35}$$

となる．便利のため場を規格化し直し，$\xi^0 = t, \xi^1 = \sigma$ と書いて，自由フェルミオンの作用の基本形を次のようにおく．

$$S = \frac{i}{4\pi} \int dt d\sigma \left\{ \tilde{\psi}(\partial_t - \partial_\sigma)\tilde{\psi} + \psi(\partial_t + \partial_\sigma)\psi \right\}. \tag{5.36}$$

$t_{\mathrm{E}} = it$ とし複素座標 $z \equiv t_{\mathrm{E}} - i\sigma$ を導入すると，ユークリッド符号の作用は

$$S_{\mathrm{E}} = -iS = \frac{1}{2\pi} \int d^2 z \big(\tilde{\psi}\partial\tilde{\psi} + \psi\bar{\partial}\psi\big) \tag{5.37}$$

となる．この作用は後ほど超弦の世界面理論の作用の一部として使われる．

5.2 超 対 称 性

超対称性とは，限られた部類の場の理論に現れる，ボソンとフェルミオンを入れ替える対称性をいう．通常の対称性の生成元は交換関係に従うのに対し，超対称性変換を生成する超電荷はグラスマン奇であり，反交換関係に従う．ローレンツ不変な場の量子論においては，S 行列の持ち得る対称性の一般論から，超電荷はスピノル量に限られることが知られており，またその反交換関係はエネルギー・運動量の線形和となる．

5.2.1 超対称性代数

超電荷の数を可能な最小数として，ローレンツ対称性と矛盾のない超対称性代数をいくつかの次元で書き下してみよう．例えば 3 次元，11 次元では，既約なスピノルの最小単位はマヨラナスピノルである．超電荷 Q^i をマヨラナスピノルとし，そのディラック共役を $\bar{Q}_j$ と書くと，その反交換関係は

$$\{Q^i, \bar{Q}_j\} = -2(\Gamma^a)^i{}_j P_a, \quad \{Q^i, Q^j\} = 2(\Gamma^a C)^{ij} P_a \tag{5.38}$$

となる．また Q^i, P^a にはそれぞれ質量次元 $1/2, 1$ が割り当てられ，P^a と Q^i の交換子は零である．

(5.38) 式の形がローレンツ対称性と無矛盾であるためには，両辺のローレンツ変換性が同じでなければならない．実際に第 1 式の両辺の変換性を比べると，

$$\begin{aligned}\{\delta Q, \bar{Q}\} + \{Q, \delta\bar{Q}\} &= \frac{1}{4}\omega_{ab}\{\Gamma^{ab}Q, \bar{Q}\} - \frac{1}{4}\{Q, \bar{Q}\Gamma^{ab}\}\omega_{ab} \\ &= -\frac{1}{2}\omega_{ab}[\Gamma^{ab}, \Gamma^c]P_c = -2\Gamma^a \omega_a{}^b P_b = -2\Gamma^a \delta P_a\end{aligned} \tag{5.39}$$

のようにして変換性の一致が確かめられる.

4 次元の 4 成分マヨラナスピノルは, 互いに複素共役な 2 成分ワイルスピノルの対からなるため, 超対称性代数の定義式はよりコンパクトに書ける. これを具体的に書き下してみよう. まず, カイラリティ行列 $\bar{\Gamma}$ と行列 Γ^a が, 2×2 の行列 $\mathbf{1}, \sigma^a, \bar{\sigma}^a$ を用いて次のように書けるとする.

$$\bar{\Gamma} = \begin{pmatrix} \mathbf{1} & 0 \\ 0 & -\mathbf{1} \end{pmatrix}, \quad \Gamma^a = \begin{pmatrix} 0 & \sigma^a \\ \bar{\sigma}^a & 0 \end{pmatrix}, \quad \sigma^0 = -\bar{\sigma}^0 = \mathbf{1}. \tag{5.40}$$

超電荷 Q の 4 つの成分のうち左巻きの 2 成分を Q_{L}, 右巻き成分を Q_{R} と書く. この記法でマヨラナ条件 $Q = C\bar{Q}^{\mathrm{T}}$ を書き直してみると, 4 次元ではマヨラナ条件はワイル条件と両立しないので,

$$\begin{pmatrix} Q_{\mathrm{L}} \\ Q_{\mathrm{R}} \end{pmatrix} = \begin{pmatrix} C_{\mathrm{L}} & 0 \\ 0 & C_{\mathrm{R}} \end{pmatrix} \begin{pmatrix} -Q_{\mathrm{R}}^{\dagger} \\ Q_{\mathrm{L}}^{\dagger} \end{pmatrix} \tag{5.41}$$

のように, 複素共役によって左巻き・右巻き成分が移り変わる. 4 次元の 2 成分スピノルの標準的記法に従って, 左巻きスピノルに点なし添字, 右巻きスピノルに点つき添字を持たせると, マヨラナ条件は

$$Q_{\mathrm{L}\alpha} = -(C_{\mathrm{L}})_{\alpha\beta}(Q_{\mathrm{R}}^{\dot{\beta}})^{\dagger}, \quad Q_{\mathrm{R}}^{\dot{\alpha}} = (C_{\mathrm{R}})^{\dot{\alpha}\dot{\beta}}(Q_{\mathrm{L}\beta})^{\dagger} \tag{5.42}$$

の形をとり, 行列 $C_{\mathrm{L}}, C_{\mathrm{R}}$ は反対称となる. 2 成分の超電荷 $Q_{\mathrm{L}}, Q_{\mathrm{R}}$ の従う代数を (5.38) 式から読み取ると, 互いに等価な次の 3 つの式が得られる.

$$\begin{aligned} \{Q_{\mathrm{L}\alpha}, (Q_{\mathrm{L}\beta})^{\dagger}\} &= -2P_a(\sigma^a)_{\alpha\dot{\beta}}, \\ \{Q_{\mathrm{R}}^{\dot{\alpha}}, (Q_{\mathrm{R}}^{\dot{\beta}})^{\dagger}\} &= 2P_a(\bar{\sigma}^a)^{\dot{\alpha}\beta}, \\ \{Q_{\mathrm{L}\alpha}, Q_{\mathrm{R}}^{\dot{\beta}}\} &= 2P_a(\sigma^a C_{\mathrm{R}})_{\alpha}{}^{\dot{\beta}} = 2P_a(\bar{\sigma}^a C_{\mathrm{L}})^{\dot{\beta}}{}_{\alpha}. \end{aligned} \tag{5.43}$$

次に 2 次元, 10 次元の例を考えよう. 4 次元のときと同様, $\bar{\Gamma}$ を対角化するように Γ 行列を (5.40) 式の形に選ぶのが便利である. マヨラナ条件 $Q = C\bar{Q}^{\mathrm{T}}$ は, 今度は左巻き・右巻き成分それぞれに関する実条件になる. 特に $C = \Gamma^0$ となるように選ぶと, マヨラナ条件はとても簡単になる.

$$\begin{pmatrix} Q_{\mathrm{L}} \\ Q_{\mathrm{R}} \end{pmatrix} = \begin{pmatrix} 0 & 1 \\ -1 & 0 \end{pmatrix} \begin{pmatrix} -Q_{\mathrm{R}}^{\dagger} \\ Q_{\mathrm{L}}^{\dagger} \end{pmatrix}, \quad Q_{\mathrm{L}}^{\dagger} = Q_{\mathrm{L}}, \quad Q_{\mathrm{R}}^{\dagger} = Q_{\mathrm{R}}. \tag{5.44}$$

超電荷の数の最も少ないのは, 超電荷 $Q_{\mathrm{L}} = 0$ または $Q_{\mathrm{R}} = 0$ の場合, すなわ

ち1個のマヨラナ・ワイルスピノル超電荷からなる超対称性である．超対称性代数をスピノルの添字もあらわに書くと，

$$\{Q_{\mathrm{L}\alpha}, Q_{\mathrm{L}\beta}\} = -2P_a(\sigma^a)_{\alpha\beta} \quad \text{または} \quad \{Q_{\mathrm{R}}^{\alpha}, Q_{\mathrm{R}}^{\beta}\} = 2P_a(\bar{\sigma}^a)^{\alpha\beta} \tag{5.45}$$

となる．このように，超対称性代数は各々の次元でのスピノルの性質に応じて異なる形をとる．

ここまでは超電荷の数の最も少ない単純超対称性を調べてきた．場の理論の中には，より大きな超対称性のもとで不変なものも存在する．超対称性の拡大の様子も次元によって異なる．いくつかの例を見てみよう．

3次元，11次元では，$\mathcal{N}$ 重超対称性は (5.38) 式の次のような拡張で与えられる．

$$\{Q_A^i, Q_B^j\} = 2\delta_{AB}(\Gamma^a C)^{ij}P_a. \quad (A, B = 1, \cdots, \mathcal{N}) \tag{5.46}$$

超電荷の添字 A に働く $SO(\mathcal{N})$ 回転 $Q_A \mapsto R_{AB}Q_B$ は，超対称性代数およびマヨラナ条件 $Q_A = C\bar{Q}_A^{\mathrm{T}}$ を保つ．超対称理論の持つこのような内部対称性は R 対称性と呼ばれる．次に4次元では，$\mathcal{N}$ 重超対称性は次で与えられる．

$$\{Q_{\mathrm{L}}^A, Q_{\mathrm{R}B}\} = 2\delta^A{}_B P_a(\sigma^a C_{\mathrm{R}}). \quad (A, B = 1, \cdots, \mathcal{N}) \tag{5.47}$$

この場合の R 対称性は $U(\mathcal{N})$ で，左巻き・右巻きスピノルはこのもとで互いに共役な $\mathcal{N}$ 成分表現として変換される．最後の例として2次元，10次元では

$$Q_{\mathrm{L}}^A \ (A = 1, \cdots, \mathcal{N}_{\mathrm{L}}), \quad Q_{\mathrm{R}}^{\hat{A}} \ (\hat{A} = 1, \cdots, \mathcal{N}_{\mathrm{R}}) \tag{5.48}$$

の生成する $(\mathcal{N}_{\mathrm{L}}, \mathcal{N}_{\mathrm{R}})$ 拡大超対称性を考えることができ，R 対称性は $SO(\mathcal{N}_{\mathrm{L}}) \times SO(\mathcal{N}_{\mathrm{R}})$ である．

5.2.2　超対称性の表現

超対称な場の理論においては，様々な粒子は超対称性代数の表現論に従って互いに移り変わる．超対称性の表現とは，例えば (5.38) 式の反交換関係に従う数行列の組 $\{Q^i, \bar{Q}_j, P^a\}$，およびそれらの行列の作用するベクトル空間 $\mathcal{V}$ を指す．P^a は他のすべての演算子と交換するので，$\mathcal{V}$ 上で一定値 p^a をとるとし，このような $\mathcal{V}$ を $\mathcal{V}_p$ と書こう．$\mathcal{V}_p$ の元はそれぞれ運動量 p^a を担う1粒子状態

に対応し，$Q^i, \bar{Q}_j$ の作用で互いに移り変わる．

ローレンツ変換 Λ は $\mathcal{V}_p$ と $\mathcal{V}_{\Lambda p}$ を関係づけるので，超対称性の表現は $-p^2 = m^2 > 0$ の有質量表現と $-p^2 = 0$ の零質量表現に大別される．また p を不変に保つローレンツ変換のなす群 (小群) の元は $\mathcal{V}_p$ の元を $\mathcal{V}_p$ の別の元に移すので，$\mathcal{V}_p$ は小群の表現でもある．D 次元ローレンツ群の小群は p が有質量，零質量のいずれかに応じて $SO(D-1)$ または $SO(D-2)$ となる．

具体例として，10 次元 (1,0) 超対称性の表現を考えてみよう．まず有質量表現については，ローレンツ変換で $p^a = (m, 0, \cdots, 0)$ として，次の代数を考えればよい．

$$\{Q_{\mathrm{L}\alpha}, Q_{\mathrm{L}\beta}\} = 2m(\sigma^0)_{\alpha\beta} = 2m\delta_{\alpha\beta}. \quad (\alpha, \beta = 1, \cdots, 16) \tag{5.49}$$

ただし (5.40) 式および (5.45) 式を使った．この表現を構成するには，まず

$$\{b_I, b_J\} = \{b_I^\dagger, b_J^\dagger\} = 0, \quad \{b_I, b_J^\dagger\} = \delta_{IJ} \tag{5.50}$$

に従う 8 対のフェルミオン生成・消滅演算子 $\{b_I, {b_I}^\dagger\}_{I=1}^8$ を定める．

$$b_I = \frac{Q_{\mathrm{L}(2I-1)} + iQ_{\mathrm{L}(2I)}}{2\sqrt{m}}, \quad b_I^\dagger = \frac{Q_{\mathrm{L}(2I-1)} - iQ_{\mathrm{L}(2I)}}{2\sqrt{m}}. \tag{5.51}$$

次に，$\mathcal{V}_p$ の元ですべての b_I の作用で消えるものを Ω とし，この Ω をもとにして $\mathcal{V}_p$ の基底ベクトルを次のように構成する．

$$\left\{\Omega,\ b_I^\dagger\Omega,\ b_I^\dagger b_J^\dagger\Omega,\ \cdots\right\}. \tag{5.52}$$

Ω に縮退がないとき，表現空間 $\mathcal{V}_p$ は $2^8 = 256$ 次元となり，次元最小の有質量表現となる．基底ベクトルはボソン的状態・フェルミオン的状態それぞれ 128 個ずつに分かれ，さらに小群 $SO(9)$ の規約表現に分解する．

次に零質量表現を見てみよう．有質量表現との性質の違いを明らかにするため，試しに $p^a = (E, 0, \cdots, 0, p)$ と選び，次の代数を考える．

$$\{Q_{\mathrm{L}\alpha}, Q_{\mathrm{L}\beta}\} = 2(E\sigma^0 - p\sigma^9)_{\alpha\beta} = 2((E + p\sigma_0\bar{\sigma}_9)\sigma^0)_{\alpha\beta}. \tag{5.53}$$

$E = p$ のとき，右辺の 16×16 行列の階数は 16 から 8 に減少し，超電荷 Q_{L} のうち $\Gamma_{09}Q_{\mathrm{L}} = -Q_{\mathrm{L}}$ を満たす成分はこの表現の上では他のすべての演算子と反交換する．この場合は，固有値 $\Gamma_{09} = -1$ を持つ Q_{L} は表現空間 $\mathcal{V}_p$ 全体で零

と見なして差し支えない．この事実を指して，零質量表現は半分 (8 個) の超対称性を保つ，あるいは零質量表現は短い表現である，などという．

固有値 $\Gamma_{09} = 1$ を持つ残り 8 成分の従う代数は本質的に (5.49) 式と同じで，4 対のフェルミオン生成・消滅演算子の代数で表現される．したがって，最小の表現空間の次元は $2^4 = 16 = 8_{(\text{ボソン})} + 8_{(\text{フェルミオン})}$ となる．ボソンは小群 $SO(8)$ のベクトル，フェルミオンはスピノルとして振る舞う．零質量表現の重要な特徴は有質量表現に比べ「短い」ことである．10 次元の超対称なゲージ理論は超対称性のこの表現に基づいて構成される．

同様に考えると，10 次元の $\mathcal{N} = (1,1)$ 超対称性および (2,0) 超対称性の最小の零質量表現は $2^8 = 256$ 次元であり，それぞれ次の構造を持つ．

$$\begin{aligned} (1,1)\ &:\ 128_{(\text{ボソン})} + 128_{(\text{フェルミオン})} = (\mathbf{8}_\mathrm{v} + \mathbf{8}_+) \times (\mathbf{8}_\mathrm{v} + \mathbf{8}_-), \\ (2,0)\ &:\ 128_{(\text{ボソン})} + 128_{(\text{フェルミオン})} = (\mathbf{8}_\mathrm{v} + \mathbf{8}_+) \times (\mathbf{8}_\mathrm{v} + \mathbf{8}_+). \end{aligned} \tag{5.54}$$

ここで $\mathbf{8}_\mathrm{v}, \mathbf{8}_\pm$ は小群 $SO(8)$ のベクトル表現および正負カイラリティのスピノル表現である．後ほど見るように，10 次元のタイプ IIA, IIB 超重力理論はこの表現に基づいている．

5.2.3 超対称な場の理論の例

超対称性理論の最も簡単な例として，2 次元平坦時空上の $\mathcal{N} = (1,1)$ 超対称な理論を見てみよう．以後，マヨラナスピノルの 2 次形式については

$$\epsilon^\mathrm{T} \tilde{C} \psi \equiv \epsilon\psi, \quad \epsilon^\mathrm{T} \tilde{C} \Gamma^a \psi \equiv \epsilon\Gamma^a\psi \quad \left(\tilde{C} = (C^\mathrm{T})^{-1}\right) \tag{5.55}$$

の略記法を使う．$\tilde{C}$ は反対称，$\tilde{C}\Gamma^a$ は対称行列なので，グラスマン奇のスピノルの 2 次形式は $\epsilon\psi = \psi\epsilon$，$\epsilon\Gamma^a\psi = -\psi\Gamma^a\epsilon$ を満たす．

実スカラー場 ϕ, F およびマヨラナスピノル場 ψ からなる系に，マヨラナスピノル ϵ をパラメータとする超対称性変換 δ_ϵ が次のように作用するとする．

$$\delta_\epsilon \phi = i\epsilon\psi, \quad \delta_\epsilon \psi = \Gamma^a \epsilon \partial_a \phi + \epsilon F, \quad \delta_\epsilon F = i\epsilon\Gamma^a \partial_a \psi\,. \tag{5.56}$$

2 つの超対称性変換の交換子は並進を生じる．例えば ϕ の変換性を調べると，

$$[\delta_\epsilon, \delta_\eta]\phi \;=\; i\eta\Gamma^a\epsilon\partial_a\phi + i\eta\epsilon F - (\eta \leftrightarrow \epsilon) \;=\; 2i\eta\Gamma^a\epsilon\partial_a\phi \tag{5.57}$$

となる．実は変換 δ_ϵ は ϕ だけでなくすべての場の上で同じ交換関係に従う．

$$[\delta_\epsilon, \delta_\eta] = 2i\eta\Gamma^a\epsilon\,\partial_a\,. \tag{5.58}$$

場 ϕ, ψ, F の組は，このように δ_ϵ で互いに移り合うことによって超対称性の表現をなす．このような場の組を超対称多重項という．

2 次元 $\mathcal{N} = (1,1)$ 超対称理論の最も簡単な例としては，以下の超対称性不変なラグランジアンで定義される模型がある．

$$\mathcal{L} = -\frac{1}{2}\partial_a\phi\partial^a\phi - \frac{i}{2}\psi\Gamma^a\partial_a\psi + \frac{1}{2}F^2. \tag{5.59}$$

ϕ, ψ はそれぞれ力学的な運動方程式に従うが，F は運動方程式 $F = 0$ に従う，力学的自由度を担わない補助場である．その役割は，BRST ゲージ固定の際に導入された場 B と同様に，対称性のもとでの場の変換性を整えることである．F を零とおいてしまっても $\mathcal{L}$ の不変性は示せるが，超対称性が ϕ, ψ の上で閉じた代数 (5.58) をなすことを示す際には運動方程式の仮定が必要になる．

5.2.4 局所超対称性と超重力理論

(5.59) 式のラグランジアンの並進対称性は，2 次元の計量 h_{mn} あるいは多脚場 e_m^a と結合させることによって座標変換不変性に格上げするのであった．同様に，超対称性も重力微子と呼ばれるフェルミオン場を導入して局所対称性に格上げできる．

先ほどの最も単純な超対称理論をウィック回転した理論から出発しよう．

$$\begin{aligned}\mathcal{L}_{\mathrm{E}} &= \frac{1}{2}\partial_a\phi\partial_a\phi + \frac{1}{2}\tilde{\psi}(\partial_1 - i\partial_2)\tilde{\psi} + \frac{1}{2}\psi(\partial_1 + i\partial_2)\psi \\ &= \frac{1}{2}\partial_a\phi\partial_a\phi + \frac{1}{2}\psi\Gamma^a\partial_a\psi.\end{aligned} \tag{5.60}$$

ただし，フェルミオン部分は次の Γ 行列を使って書き直し，(5.55) 式の略記法を使った．

$$\tilde{C} = \Gamma^1 = \begin{pmatrix} 0 & -i \\ i & 0 \end{pmatrix},\ \Gamma^2 = \begin{pmatrix} 0 & 1 \\ 1 & 0 \end{pmatrix},\ \Gamma^3 = i\Gamma^{12} = \begin{pmatrix} 1 & 0 \\ 0 & -1 \end{pmatrix}. \tag{5.61}$$

多脚場 e_m^a および計量 $h_{mn} = e_m^a e_n^a$ を導入して，これを座標変換不変な理論にしよう．$e \equiv \det(e_m^a) = \sqrt{h}$ とすると，作用積分は次のように書ける．

$$S_{\mathrm{E}} = \int d^2\xi e\mathcal{L}_{\mathrm{E}}, \quad \mathcal{L}_{\mathrm{E}} = \frac{1}{2}h^{mn}\partial\phi_m\partial_n\phi + \frac{1}{2}\psi\Gamma^m\nabla_m\psi. \tag{5.62}$$

この作用が，次の局所超対称性で不変かどうかを調べよう．

$$\delta\phi = \epsilon\psi, \quad \delta\psi = \Gamma^m\epsilon\partial_m\phi. \quad (\epsilon:\ \xi^m \text{の関数}) \tag{5.63}$$

多脚場 e^a_m は δ で変換しないとすると，$\delta\mathcal{L}_{\mathrm{E}}$ は次のように非零になる．

$$\delta\mathcal{L}_{\mathrm{E}} \simeq -\nabla^m\nabla_m\phi\cdot\epsilon\psi + \psi\Gamma^m\nabla_m(\Gamma^n\epsilon\partial_n\phi) \simeq \partial_n\phi\cdot\psi\Gamma^m\Gamma^n\nabla_m\epsilon. \tag{5.64}$$

ただし $\simeq$ は全微分を無視したことを表す．最右辺の $\nabla_m\epsilon$ の係数は，超対称性に対応する保存カレント (超カレント) である．不変性の破れを修復するために，この超カレントと結合する新しい場 χ_m を導入して $\mathcal{L}_{\mathrm{E}}$ を修正しよう．

$$\mathcal{L}_{\mathrm{E}} = \cdots - \partial_n\phi\,\psi\Gamma^m\Gamma^n\chi_m, \quad \delta\chi_m = \nabla_m\epsilon. \tag{5.65}$$

χ_m はベクトル添字を持つマヨラナスピノル場で，重力微子と呼ばれる．

実はこの修正を施しても依然 $\mathcal{L}_{\mathrm{E}}$ は不変ではなく，さらなる $\mathcal{L}_{\mathrm{E}}$ と δ の修正が必要である．最終的には多脚場の超対称性変換も非零にすることにより，次のような局所超対称な理論が見つかる．

$$\mathcal{L}_{\mathrm{E}} = \frac{1}{2}\partial_m\phi\partial^m\phi + \frac{1}{2}\psi\Gamma^m\nabla_m\psi - \partial_n\phi\,\psi\Gamma^m\Gamma^n\chi_m - \frac{1}{4}\psi\psi\,\chi_m\Gamma^n\Gamma^m\chi_n, \tag{5.66}$$

$$\begin{aligned} \delta\phi &= \epsilon\psi, & \delta\psi &= \Gamma^m\epsilon\partial_m\phi - \Gamma^m\epsilon\,\psi\Gamma_m, \\ \delta e^a_m &= 2\epsilon\Gamma^a\chi_m, & \delta\chi_m &= \nabla_m\epsilon - \Gamma^3\epsilon\,\chi_m\Gamma^3\Gamma^k\chi_k. \end{aligned} \tag{5.67}$$

この局所超対称性のもとで場 e^a_m, χ_m は重力多重項，ϕ, ψ は物質多重項をなす．

この理論は弦のポリヤコフ作用を超対称に拡張した理論とも見なすことができる．例えば D 個の物質多重項 $\{X^\mu, \psi^\mu\}_{\mu=0}^{D-1}$ を導入すると，D 次元の平坦時空を伝搬する超弦の世界面理論になる．この理論は座標変換不変性，局所超対称性に加えて，ワイル変換

$$(\,e^a_m\,,\,h_{mn}\,,\,\chi_m\,;\,\phi\,,\,\psi\,) \to (\,e^\omega e^a_m\,,\,e^{2\omega}h_{mn}\,,\,e^{\frac{\omega}{2}}\chi_m\,;\,\phi\,,\,e^{-\frac{\omega}{2}}\psi\,) \tag{5.68}$$

および重力微子のシフトのもとで不変である．

$$\delta\chi_m = \Gamma_m\eta. \tag{5.69}$$

η は任意のマヨラナスピノル場である．このシフト変換のもとでの不変性は，2 次元で成り立つ関係式 $\Gamma^m \Gamma_n \Gamma_m = 0$ を用いて容易に示せる．

重力多重項は他の次元でも定義でき，またこれを用いて一般相対論を超対称化した超重力理論と呼ばれる理論を構成することができる．超対称性パラメータ ϵ と重力微子 χ_m をマヨラナスピノルとすると，作用の概形は

$$S = \frac{1}{2\kappa^2} \int d^D x e \left(R - 2i\chi_m \Gamma^{mnp} \nabla_n \chi_p + \cdots \right) \tag{5.70}$$

となり，超対称性変換則は次のような形をとる．

$$\delta e_m^a = i\epsilon \Gamma^a \chi_m, \quad \delta \chi_m = \nabla_m \epsilon + \cdots, \quad \text{etc.} \tag{5.71}$$

4 次元の単純 ($\mathcal{N} = 1$) 超重力理論は場 e_m^a, χ_m のみからなるが，次元や超対称性の多重度 $\mathcal{N}$ によっては，重力多重項が他の力学的な場を含む場合もある．ただし 2 次元では重力のアインシュタイン・ヒルベルト項 eR は位相不変量であり，また Γ^{mnp} が自明に零なので重力微子の運動項を書くこともできない．

5.3　タイプ II 超重力理論と超弦理論

10 次元には，32 成分の局所超対称性を持つ超重力理論が 2 通り存在する．ひとつはタイプ IIA 理論 で，左巻き，右巻きそれぞれ 16 成分 1 組ずつの超対称性を持つ．もうひとつはタイプ IIB 理論で，同じカイラリティの超電荷 2 組を持つ．どちらも，スピン 2 以下の場からなる超対称多重項は重力多重項のみであり，理論は一意である *2)．場の内訳は表 5.2 のとおりである．

表の 3 列目の数字は各々の場の質量殻上の自由度の数，すなわち零質量粒子の偏極の数を表す．これは場の持つ成分の数より少なく，運動方程式やゲージ対称性に注意して数えねばならない．例えば 1 形式場 (ベクトル場) を量子化するとベクトル粒子が現れるが，その偏極の数は零質量かつ横波の条件から 8 となり，1 形式場の成分の数 10 より少ない．正しく数えると，場のそれぞれからローレンツ群 $SO(1,9)$ の小群 $SO(8)$ の既約表現が 1 つずつ出てくる．まずはいろいろな零質量場の質量殻上の自由度を求めよう．

---

*2)　タイプ IIA 超重力理論は質量変形できることが知られているが，本書では議論しない．

表 5.2 タイプ IIA, IIB 超重力理論の重力多重項.

タイプ IIA		
$G_{\mu\nu}$	重力子	**35**
$B_{\mu\nu}$	NSNS2 形式	**28**
Φ	ディラトン	**1**
C_μ	RR1 形式	**8**
$C_{\mu\nu\rho}$	RR3 形式	**56**
$\Psi_\mu^{(+)}$	重力微子	$\mathbf{56}_+$
$\Psi_\mu^{(-)}$	重力微子	$\mathbf{56}_-$
$\lambda^{(+)}$	ディラティーノ	$\mathbf{8}_+$
$\lambda^{(-)}$	ディラティーノ	$\mathbf{8}_-$

タイプ IIB		
$G_{\mu\nu}$	重力子	**35**
$B_{\mu\nu}$	NSNS2 形式	**28**
Φ	ディラトン	**1**
C	RR スカラー	**1**
$C_{\mu\nu}$	RR2 形式	**28**
$C^-_{\mu\nu\rho\sigma}$	RR4 形式	**35**
$\Psi_\mu^{(+1)}$	重力微子	$\mathbf{56}_+$
$\Psi_\mu^{(+2)}$	重力微子	$\mathbf{56}_+$
$\lambda^{(-1)}$	ディラティーノ	$\mathbf{8}_-$
$\lambda^{(-2)}$	ディラティーノ	$\mathbf{8}_-$

まず p 形式 [*3] ゲージ場 $C_{\mu_1\cdots\mu_p}$ を調べる. ゲージ変換と運動方程式は

$$\delta C_{\mu_1\cdots\mu_p} = \partial_{[\mu_1}\lambda_{\mu_2\cdots\mu_p]},$$
$$F_{\mu_1\cdots\mu_{p+1}} \equiv (p+1)\partial_{[\mu_1}C_{\mu_2\cdots\mu_{p+1}]}, \quad \partial^\mu F_{\mu\mu_1\cdots\mu_p} = 0. \tag{5.72}$$

で与えられる. ただし $_{[\mu_1\cdots\mu_p]}$ は (5.27) 式と同様に添字の完全反対称化を表す. $\partial^\mu C_{\mu\mu_2\cdots\mu_p} = 0$ をゲージ条件にとると, 運動方程式は単純に $\partial_\mu\partial^\mu = 0$ となる. 平面波解 $C_{\mu_1\cdots\mu_p}(x) = \varepsilon_{\mu_1\cdots\mu_p}e^{ikx}$ に対するゲージ条件・ゲージ変換は

$$k^\mu\varepsilon_{\mu\mu_2\cdots\mu_p} = 0, \quad \delta\varepsilon_{\mu_1\cdots\mu_p} = k_{[\mu_1}\lambda_{\mu_2\cdots\mu_p]} \quad (k^\mu\lambda_{\mu\mu_1\cdots\mu_{p-2}} = 0) \tag{5.73}$$

となる. 質量殻上の自由度の数はこの $\varepsilon_{\mu_1\cdots\mu_p}$ の独立成分の数に等しい.

ローレンツ変換を用いて運動量を $k^\mu = (1,1,0,\cdots,0)$ とすると, まずゲージ対称性を用いて $\varepsilon_{0i_2\cdots i_p} = 0$ (ただし $i_2,\cdots,i_p$ は 1 でない) とできる. このとき残りの成分に対するゲージ条件は次のようになる.

$$\varepsilon_{01i_3\cdots i_p} = \varepsilon_{0i_2\cdots i_p} = \varepsilon_{1i_2\cdots i_p} = 0. \tag{5.74}$$

したがって, 10 次元の p 形式ゲージ場の自由度の数は $8!/p!(8-p)!$ となる. ただし IIB 理論の 4 形式ゲージ場は, その場の強さが反自己双対方程式 $*dC_4 = -dC_4$ に従うため, 自由度の数はさらに半分になる [*4].

---

*3) p 階反対称テンソルのこと. 詳しい説明は 9.1.2 項で行う.

*4) ホッジ双対 $*$ は完全反対称テンソルを用いて D 次元の p 形式から $D-p$ 形式を定める演算である. (9.19) 式参照.

次に計量 $G_{\mu\nu} = \eta_{\mu\nu} + h_{\mu\nu}$ を調べよう．線形近似したアインシュタイン方程式とゲージ対称性は，運動量空間で次のようになる．

$$
\begin{aligned}
0 = 2R_{\mu\nu} - G_{\mu\nu}R \ &\simeq k_\mu k_\nu h_\lambda{}^\lambda + k^2 h_{\mu\nu} - k_\mu k^\lambda h_{\lambda\nu} - k_\nu k^\lambda h_{\lambda\mu} \\
&\qquad - \eta_{\mu\nu} k^2 h_\lambda{}^\lambda + \eta_{\mu\nu} k^\lambda k^\rho h_{\lambda\rho}, \\
\delta h_{\mu\nu} \ &\simeq k_\mu \xi_\nu + k_\nu \xi_\mu.
\end{aligned} \tag{5.75}
$$

ゲージ条件 $k^\mu h_{\mu\nu} = 0$ をとると，運動方程式は $k^2 = 0$ かつ $h_\lambda{}^\lambda = 0$ となる．運動量 k を先ほどと同じくとり，ゲージ対称性を使って $h_{0\mu} = 0$ とおく．するとゲージ条件から $h_{1\mu} = 0$ が従う．よって 10 次元の計量の自由度の数はトレース零の 8×8 対称行列の成分の数，すなわち 35 となる．

次にスピン 1/2 のスピノル場を考えよう．運動量空間でのディラック方程式は $k_\mu \Gamma^\mu \Psi = 0$ であるが，先ほどと同じ運動量をとると Ψ は $\Gamma^{01} = -1$ の固有ベクトルになる．つまり 16 成分のマヨラナ・ワイルスピノルのうち 8 成分が質量殻上の自由度として残る．

最後に重力微子 Ψ_μ を調べよう．運動量空間での運動方程式とゲージ変換は

$$
\Gamma^{\mu\nu\lambda} k_\nu \Psi_\lambda = 0, \quad \delta\Psi_\mu = k_\mu \chi \tag{5.76}
$$

となる．特に運動方程式より

$$
\begin{aligned}
0 =& \Gamma_\mu \Gamma^{\mu\nu\lambda} k_\nu \Psi_\lambda = (D-2)\Gamma^{\nu\lambda} k_\nu \Psi_\lambda, \\
0 =& \ \Gamma^\mu \Gamma^{\nu\lambda} k_\nu \Psi_\lambda = (\Gamma^{\mu\nu\lambda} + \eta^{\mu\nu}\Gamma^\lambda - \eta^{\mu\lambda}\Gamma^\nu) k_\nu \Psi_\lambda
\end{aligned} \tag{5.77}
$$

を得る．ゲージ条件を $\Gamma^\mu \Psi_\mu = 0$ とおくと，2 行目の式より重力微子はディラック方程式 $\Gamma^\nu k_\nu \Psi_\mu = 0$ に従う．よって，k^μ を先ほどと同様にとると Ψ_μ は $\Gamma^{01} = -1$ の固有スピノルとなる．さて，ゲージ対称性を使って $\Psi_0 = 0$ にすると，ゲージ固定条件は次のようになる．

$$
0 = \Gamma^\mu \Psi_\mu = \Gamma^1 \Psi_1 + \textstyle\sum_{i=2}^9 \Gamma^i \Psi_i. \tag{5.78}
$$

最右辺の 2 項は，Γ^{01} の互いに逆符号の固有値を持つので，独立に零にならねばならない．重力微子の偏極は，したがって次を満たす $\Psi_{i=2,\cdots,9}$ で表される．

$$
\Gamma^{01} \Psi_i = -\Psi_i, \quad \textstyle\sum_{i=2}^9 \Gamma^i \Psi_i = 0. \tag{5.79}
$$

質量殻上の自由度の数はしたがって 56 となる.

以下では，タイプ IIA，IIB 超重力理論の多重項が超弦の量子化からどのように再現されるかを詳しく見ていくことにしよう.

5.3.1 超弦の世界面理論

超弦の世界面理論は (5.67) 式を自然に拡張したラグランジアンで定義される，座標変換不変かつ局所超対称な理論である．物質多重項 X^μ, ψ^μ および重力多重項 e_m^a, χ_m からなり，2 次元の超対称な物質場理論が 2 次元超重力に結合した系と見なせる．この理論の量子論的性質を調べよう.

まず物質場理論の性質を詳しく見てみよう．簡単のため，零質量スカラー X とマヨラナスピノル ψ それぞれ 1 つずつからなる超対称理論を考える．平坦空間上の作用は次で与えられる.

$$S_{\mathrm{E}} = \frac{1}{4\pi}\int d^2\xi\left[\frac{1}{\alpha'}\partial_a X\partial_a X + \psi\Gamma^a\partial_a\psi\right]. \tag{5.80}$$

ただしフェルミオンの部分は (5.61) 式の Γ 行列と (5.55) 式の略記法を用いた．フェルミオンの成分を $(\tilde{\psi}, \psi)^{\mathrm{T}}$ と書き，複素座標を使うと次のように書ける.

$$S_{\mathrm{E}} = \frac{1}{2\pi}\int d^2z\left[\frac{2}{\alpha'}\partial X\bar{\partial}X + \psi\bar{\partial}\psi + \tilde{\psi}\partial\tilde{\psi}\right]. \tag{5.81}$$

場 $X, \psi, \tilde{\psi}$ の従う演算子積公式は次のとおりである.

$$\begin{aligned} &X(z,\bar{z})X(w,\bar{w}) \sim -\frac{\alpha'}{2}\ln|z-w|^2, \\ &\psi(z)\psi(w) \sim \frac{1}{z-w}, \quad \tilde{\psi}(\bar{z})\tilde{\psi}(\bar{w}) \sim \frac{1}{\bar{z}-\bar{w}}. \end{aligned} \tag{5.82}$$

この理論は共形不変で，$X, \psi, \tilde{\psi}$ はそれぞれウェイト $(0,0)$, $(1/2,0)$, $(0,1/2)$ を持つ．ストレステンソルはしたがってトレース零であり，非零の成分

$$T = -\frac{1}{\alpha'}\partial X\partial X - \frac{1}{2}\psi\partial\psi, \quad \tilde{T} = -\frac{1}{\alpha'}\bar{\partial}X\bar{\partial}X - \frac{1}{2}\tilde{\psi}\bar{\partial}\tilde{\psi} \tag{5.83}$$

は保存則 $\bar{\partial}T = \partial\tilde{T} = 0$ に従う.

超対称性は，ϵ を定数マヨラナスピノルとして，場に次のように作用する.

$$\delta X = \sqrt{\frac{\alpha'}{2}}\epsilon\psi, \quad \delta\psi = \frac{1}{\sqrt{2\alpha'}}\Gamma^a\epsilon\,\partial_a X. \tag{5.84}$$

対応する超カレントをネーターの方法で計算しよう．ϵ を無限遠で零になる座標の関数として変換 $\hat{\delta}$ を定めると，(5.80) 式の S_{E} の変分は次のようになる．

$$\hat{\delta}S_{\mathrm{E}} = \frac{1}{2\pi}\int d^2\xi\,\epsilon\partial_a S^a, \quad S^a \equiv -\frac{1}{\sqrt{2\alpha'}}\Gamma^b\Gamma^a\psi\partial_b X\,. \tag{5.85}$$

超カレント S^a はベクトルの添字を持ったマヨラナスピノルであり，4 個の独立成分を持つが，今の場合 S^a は保存則 $\partial_a S^a = 0$ に加えて $\Gamma_a S^a = 0$ を満たす．この関係式はストレステンソルのトレース零条件とよく似ていて，S^a の 4 つの成分のうち 2 つが零となり，残った 2 成分 $T_F, \tilde{T}_F$ は単純な正則性条件 $\bar{\partial}T_F = \partial\tilde{T}_F = 0$ に従う．これを具体的に確かめるには，スピノルを成分に分けて書き直した理論の超対称変換性を調べるのがよい．ϵ の成分を $(\epsilon, -\tilde{\epsilon})^{\mathrm{T}}$ と書くと，場 X, ψ の超対称性変換則は次のように書ける．

$$\delta X = -i\sqrt{\alpha'/2}\,(\epsilon\psi + \tilde{\epsilon}\tilde{\psi}), \quad \delta\psi = i\sqrt{2/\alpha'}\,\epsilon\partial X, \quad \delta\tilde{\psi} = i\sqrt{2/\alpha'}\,\tilde{\epsilon}\bar{\partial}X. \tag{5.86}$$

作用 (5.81) にネーターの方法を適用すると，超カレントの非零な 2 成分が

$$\hat{\delta}S_{\mathrm{E}} = \frac{1}{\pi}\int d^2z\big(\epsilon\bar{\partial}T_F + \tilde{\epsilon}\partial\tilde{T}_F\big),$$
$$T_F = i\sqrt{2/\alpha'}\,\psi\partial X, \quad \tilde{T}_F = i\sqrt{2/\alpha'}\,\tilde{\psi}\bar{\partial}X \tag{5.87}$$

と定まる．ちなみに，超対称性変換 (5.86) は場 $X, \psi, \tilde{\psi}$ と超カレント $T_F, \tilde{T}_F$ の演算子積展開からも容易に再現できる．

上の結果を注意深く見ると，作用を不変に保つためには $\epsilon, \tilde{\epsilon}$ は定数である必要はなく，それぞれ正則・反正則関数であればよい．これは，この理論が通常の超対称性よりも大きな超共形対称性を持つことの現れである．超共形対称性は正則カレント T, T_F および反正則カレント $\tilde{T}, \tilde{T}_F$ によって生成され，その構造はカレントの満たす演算子積展開公式から決まる．

$$T(z)T(0) \sim \frac{c}{2z^4} + \frac{2T(0)}{z^2} + \frac{\partial T(0)}{z},$$
$$T(z)T_F(0) \sim \frac{3T_F(0)}{2z^2} + \frac{\partial T_F(0)}{z},$$
$$T_F(z)T_F(0) \sim \frac{2c}{3z^3} + \frac{2T(0)}{z}. \tag{5.88}$$

ビラソロ代数の中心電荷 c は，X と ψ からそれぞれ 1 および 1/2 の寄与があ

り，したがって物質多重項１つにつき 3/2 の寄与がある．D 次元平坦時空を標的空間とする超対称シグマ模型は $c = 3D/2$ の超共形場理論である．

さて，この物質場理論を超重力多重項に結合させて得られる超弦の作用は，座標変換，局所超対称性，ワイル変換および重力微子のシフト (5.69) という大きなゲージ対称性を持つ．このため，ボソン弦のときと同様に，重力多重項 h_{mn}, χ_m についての経路積分は有限次元の積分に帰着する．この有限次元の (超) モジュライ空間の詳細については本書では割愛したい．ここでは BRST のゲージ固定法に従って，どのようなゴースト場が必要になるかを調べるに留める．

ボソン弦のゲージ固定においては，座標変換およびワイル変換に対してそれぞれゴースト場 c^m, c を導入し，さらに物質場・重力場に対して

$$Q_{\mathrm{B}} h^{mn} = -\nabla^m c^n - \nabla^n c^m - 2h^{mn} c, \quad \text{etc.} \tag{5.89}$$

などと作用する BRST 対称性 Q_{B} を導入した．さらに反ゴースト b_{mn}，補助場 B_{mn} を導入し，Q_{B} 完全なゲージ固定項を作用に加えた．その結果 h_{mn} は $\hat{h}_{mn}$ にゲージ固定される代わりに，ゴースト場についての次のラグランジアンに基づく経路積分が増えたのであった．

$$\mathcal{L}_{(\mathrm{g})} = \frac{1}{2\pi} b_{mn} (\nabla^m c^n + h^{mn} c)\,. \tag{5.90}$$

c に関する経路積分は b_{mn} のトレース零条件を出す．残った bc ゴースト場の作用は，$\hat{h}_{mn}$ が共形平坦なとき (4.40) のように書けるのであった．

超弦の世界面理論のゲージ対称性を固定するには，局所超対称性・重力微子のシフト対称性に対してそれぞれグラスマン偶の超ゴースト γ, η を導入して，重力微子の BRST 変換を次のように与える．

$$Q_{\mathrm{B}} \chi_m = \nabla_m \gamma - \Gamma^3 \gamma \cdot \chi_m \Gamma^3 \Gamma^k \chi_k + \Gamma_m \eta + c^n \nabla_n \chi_m + c\chi_m/2. \tag{5.91}$$

γ への依存性は (5.67) 式から決まることに注意しよう．

ゲージ固定条件 $\chi_m = 0$ を課すため，グラスマン偶の反超ゴースト場 β^m およびグラスマン奇の補助場 B_F^m を導入し，Q_{B} 完全なゲージ固定項を作用に加える．場 B_F^m, χ_m について積分してしまうと，残った場 γ, η, β^m のラグランジアンは次のようになる．

$$\mathcal{L}_{(\mathrm{g})} = -\frac{i}{2\pi}\beta^m(\nabla_m\gamma + \Gamma_m\eta),$$
$$= \frac{1}{2\pi}\left(\tilde{\beta}^{\bar{z}}(\nabla_{\bar{z}}\tilde{\gamma} - i\tilde{\eta}) + \beta^z(\nabla_z\gamma - i\eta) + \tilde{\beta}^z\nabla_z\tilde{\gamma} + \beta^{\bar{z}}\nabla_{\bar{z}}\gamma\right). \quad (5.92)$$

ただし 2 行目の書き換えにおいては，行列 $\Gamma^m, \tilde{C}$ は (5.61) 式の形をとるとし，またマヨラナスピノル β^m, γ, η は以下のような成分を持つとした．

$$\beta^m = (\tilde{\beta}^m, \beta^m)^{\mathrm{T}}, \quad \gamma = (\gamma, -\tilde{\gamma})^{\mathrm{T}}, \quad \eta = (\tilde{\eta}, \eta)^{\mathrm{T}}. \quad (5.93)$$

場 β^m の 4 つの成分 $\beta^{\bar{z}}, \beta^z, \tilde{\beta}^{\bar{z}}, \tilde{\beta}^z$ はそれぞれスピン $3/2, 1/2, -1/2, -3/2$ を持つが，このうちスピン $\pm 1/2$ の 2 成分は，η に関する経路積分によって零になる．残った成分の作用は，$\hat{h}_{mn}$ を共形平坦とすると

$$S_{(\mathrm{g})} = \frac{1}{\pi}\int d^2z(\beta\bar{\partial}\gamma + \tilde{\beta}\partial\tilde{\gamma}) \quad (5.94)$$

となる．ただし $\beta = \frac{1}{2}\beta^{\bar{z}} = \beta_z$, $\tilde{\beta} = \frac{1}{2}\tilde{\beta}^z = \tilde{\beta}_{\bar{z}}$ と書いた．

ゲージ固定の手続きにより，超弦の世界面理論には新たにゴースト場 (b, c, β, γ) および $(\tilde{b}, \tilde{c}, \tilde{\beta}, \tilde{\gamma})$ が加わる．この系は実は超共形不変である．正則セクターに注目してその構造を見てみよう．作用は

$$S_{(\mathrm{g})} = \frac{1}{\pi}\int d^2z\left(b\bar{\partial}c + \beta\bar{\partial}\gamma\right) \quad (5.95)$$

である．場 b, c, β, γ は正則共形ウェイト $2, -1, 3/2, -1/2$ を持ち，次の演算子積公式を満たす．

$$c(z)b(w) \sim \frac{1}{z-w}, \quad \gamma(z)\beta(w) \sim \frac{1}{z-w}. \quad (5.96)$$

超共形対称性 (5.88) を生成するカレント $T^{(\mathrm{g})}, T_F^{(\mathrm{g})}$ は次のように書ける．

$$T^{(\mathrm{g})} = c\partial b - 2b\partial c - \frac{3}{2}\beta\partial\gamma - \frac{1}{2}\gamma\partial\beta, \quad T_F^{(\mathrm{g})} = \frac{3}{2}\beta\partial c + c\partial\beta - 2b\partial\gamma. \quad (5.97)$$

ゴースト理論の中心電荷は $c = -15$ である．したがって，物質場・ゴースト場の中心電荷が相殺すべしとすると，超弦の臨界次元が 10 と定まる．

物質場とゴースト場の BRST 変換則から，BRST 電荷 Q_{B} を求めよう．ボソン弦のときと同様に，Q_{B} は正則部分 $Q_{\mathrm{B}}^{(\text{正則})}$ と反正則部分からなるとすると，正則部分の物質場への作用は次のようになる．

$$Q_{\mathrm{B}}^{(\text{正則})}X = c\partial X - i\sqrt{\alpha'/2}\,\gamma\psi,$$
$$Q_{\mathrm{B}}^{(\text{正則})}\psi = c\partial\psi + \partial c\psi/2 + i\sqrt{2/\alpha'}\,\gamma\partial X. \tag{5.98}$$

場 X に BRST 変換を 2 回施すと次の結果を得る.

$$(Q_{\mathrm{B}}^{(\text{正則})})^2 X = (Q_{\mathrm{B}}^{(\text{正則})}c)\partial X - c\partial\big(c\partial X - i\sqrt{\alpha'/2}\,\gamma\psi\big) - i\sqrt{\alpha'/2}\,(Q_{\mathrm{B}}^{(\text{正則})}\gamma)\psi$$
$$- i\sqrt{\alpha'/2}\,\gamma\Big(c\partial\psi + \partial c\psi/2 + i\sqrt{2/\alpha'}\,\gamma\partial X\Big). \tag{5.99}$$

したがって, Q_{B} のべき零性からゴースト場の変換則が次のように決まる.

$$Q_{\mathrm{B}}c = c\partial c - \gamma^2, \quad Q_{\mathrm{B}}\gamma = c\partial\gamma - \partial c\gamma/2. \tag{5.100}$$

反ゴーストの変換則は, 補助場 B, B_F についての運動方程式から, ボソン弦の場合と同様に次のように定まる.

$$Q_{\mathrm{B}}b = T^{(\mathrm{m})} + T^{(\mathrm{g})}, \quad Q_{\mathrm{B}}\beta = T_F^{(\mathrm{m})} + T_F^{(\mathrm{g})}. \tag{5.101}$$

$Q_{\mathrm{B}}^{(\text{正則})}$ がカレント j_{B} の周回積分で書かれるとすると, j_{B} は全微分の不定性を除いて次のように決まる.

$$j_{\mathrm{B}} = c\Big(T^{(\mathrm{m})} + \frac{1}{2}T^{(\mathrm{g})}\Big) + \gamma\Big(T_F^{(\mathrm{m})} + \frac{1}{2}T_F^{(\mathrm{g})}\Big)$$
$$= cT^{(\mathrm{m})} + \gamma T_F^{(\mathrm{m})} + bc\partial c + \frac{3}{4}\partial c\beta\gamma + \frac{1}{4}c\partial\beta\gamma - \frac{3}{4}c\beta\partial\gamma - b\gamma^2. \tag{5.102}$$

5.3.2 モード展開

超弦の物理的状態は, 上に導いた BRST 電荷のコホモロジーで定義される. これを具体的に構成するために, まず様々な場のモード演算子を定義しよう.

$$X^\mu(z,\bar z) = x^\mu - i\frac{\alpha'}{2}p^\mu \ln(z\bar z) + i\sqrt{\frac{\alpha'}{2}}\sum_{n\neq 0}\frac{1}{n}\left(\frac{\alpha_n^\mu}{z^n} + \frac{\tilde\alpha_n^\mu}{\bar z^n}\right),$$
$$i\sqrt{\frac{2}{\alpha'}}\partial X^\mu(z) = \sum_{n\in\mathbb{Z}}\alpha_n^\mu z^{-n-1}, \quad \psi^\mu(z) = \sum_r \psi_r^\mu z^{-r-\frac{1}{2}},$$
$$c(z) = \sum_{n\in\mathbb{Z}} c_n z^{-n+1}, \qquad \gamma(z) = \sum_r \gamma_r z^{-r+\frac{1}{2}},$$
$$b(z) = \sum_{n\in\mathbb{Z}} b_n z^{-n-2}, \qquad \beta(z) = \sum_r \beta_r z^{-r-\frac{3}{2}}. \tag{5.103}$$

モード演算子は次の交換関係に従う.

$$
\begin{aligned}
&[\alpha_m^\mu, \alpha_n^\nu] = \eta^{\mu\nu} m \delta_{m+n,0}, \quad \{c_m, b_n\} = \delta_{m+n,0}, \\
&\{\psi_r^\mu, \psi_s^\nu\} = \eta^{\mu\nu} \delta_{r+s,0}, \qquad [\gamma_m, \beta_n] = \delta_{m+n,0}.
\end{aligned} \tag{5.104}
$$

ストレステンソル, 超カレントのモード展開は

$$
\begin{aligned}
T(z) &= T^{(\mathrm{m})}(z) + T^{(\mathrm{g})}(z) = \sum_m L_m z^{-m-2}, \\
T_F(z) &= T_F^{(\mathrm{m})}(z) + T_F^{(\mathrm{g})}(z) = \sum_r G_r z^{-r-\frac{3}{2}}
\end{aligned} \tag{5.105}
$$

と定義され, 超ビラソロ代数の生成元は次で与えられる.

$$
\begin{aligned}
L_m^{(\mathrm{m})} &= \frac{1}{2}\sum_n :\alpha_{m-n}^\mu \alpha_{\mu n}: + \frac{1}{4}\sum_r (2r-m) :\psi_{m-r}^\mu \psi_{\mu r}: + a^{(\mathrm{m})}\delta_{m,0}, \\
G_r^{(\mathrm{m})} &= \sum_n \psi_{r-n}^\mu \alpha_{\mu n}, \\
L_m^{(\mathrm{g})} &= \sum_n (m+n) : b_{m-n} c_n : + \sum_r \frac{m+2r}{2} : \beta_{m-r}\gamma_r : + a^{(\mathrm{g})}\delta_{m,0}, \\
G_r^{(\mathrm{g})} &= -\sum_n \left(\frac{2r+n}{2} \beta_{r-n} c_n + 2 b_n \gamma_{r-n} \right).
\end{aligned} \tag{5.106}
$$

正規順序化に伴う係数 $a^{(\mathrm{m})}, a^{(\mathrm{g})}$ は後ほど決定される. 反正則な $\tilde{\psi}^\mu, \tilde{c}, \tilde{b}, \tilde{\beta}, \tilde{\gamma}$ のモード展開も同様である.

スピン半奇数の場のモード演算子 $\psi_r^\mu, \beta_r, \gamma_r$ および $G_r^{(\mathrm{m})}$, $G_r^{(\mathrm{g})}$ のについては, r のとり得る値について次の 2 通りが考えられ, それぞれヌヴー・シュワルツ (NS) セクター, ラモン (R) セクターと呼ばれる.

$$
\text{NS セクター} \ : \ r \in \mathbb{Z} + \tfrac{1}{2}, \quad \text{R セクター} \ : \ r \in \mathbb{Z}. \tag{5.107}
$$

これらの場は整数モード展開に従う整数スピンの場 X, b, c と超対称性で関係づいているので, 超共形対称性を保つためにはすべてのスピノル場が共通のセクターに属する必要がある. ただし超共形代数は正則セクター・反正則セクターでそれぞれ閉じているので, 場 $(\psi^\mu, \beta, \gamma)$ および $(\tilde{\psi}^\mu, \tilde{\beta}, \tilde{\gamma})$ の属するセクターは独立に選べる. つまり正則-反正則の組合せとして次の 4 つが考えられる.

NS-NS,　NS-R,　R-NS,　R-R.

R セクターのフェルミオンの零モードの満たす反交換関係 $\{\psi_0^\mu, \psi_0^\nu\} = \eta^{\mu\nu}$ は本質的に Γ 行列の満たす代数と同じである．超弦理論から 10 次元のスピノル場が出てくるのはこのためである．

NS および R セクターに属する状態に対応する演算子は，どのような性質の違いを示すだろうか．スピノル場 ψ^μ, β, γ は，NS セクターにおいては z の整数べき，R セクターでは半奇数べきに展開される．つまり R セクターの状態に対応する局所演算子を $\mathcal{O}(z)$ と書くと，すべてのスピノル場は $\mathcal{O}(z)$ の周りで 2 価関数になるわけである．一方，共形変換 $z = e^{-iw}$ を使って複素平面から円筒 $w \sim w + 2\pi$ に移ると，スピノル場の周期性は例えば

$$
\begin{aligned}
\psi^\mu(w) &= \left(\frac{\partial z}{\partial w}\right)^{\frac{1}{2}} \psi(z) \\
&= (-iz)^{\frac{1}{2}} \sum_r \psi_r z^{-r-\frac{1}{2}} = (-i)^{\frac{1}{2}} \sum_r \psi_r e^{irw}
\end{aligned}
\tag{5.108}
$$

となり，NS セクターでは反周期的，R セクターでは周期的となる．

5.3.3 GSO 射 影

超弦の頂点演算子の中には，スピノル場に 2 価性を導入するものが存在することが分かった．散乱振幅は頂点演算子の位置についての積分を通じて定義されるので，頂点演算子が互いに 2 価性を生じない (これを「互いに局所的」という) ことを保証する手続きが必要になる．これは発見者のグリオッツィ・シャーク・オリーヴの名をとって GSO 射影と呼ばれる．

まず便利のため，世界面理論の正則セクターに注目することにして，すべての頂点演算子に次のように量子数 $\alpha, F \in \mathbb{Z}_2$ を割り当てる．

1）NS，R セクターに属する演算子はそれぞれ $\alpha = 0, 1$ を持つ．

2）スピン整数・半奇数の演算子はそれぞれ $F = 0, 1$ を持つ．

演算子を掛け合わせる際には，これらの量子数は mod 2 で保存することに注意する．2 つの局所正則演算子 $\mathcal{O}_1(z_1), \mathcal{O}_2(z_2)$ があるとし，それらの量子数を $(\alpha_1, F_1), (\alpha_2, F_2)$ とするとき，一方がもう一方の周りを一周するときに生じる符号は $(-1)^{\alpha_1 F_2 + \alpha_2 F_1}$ である．$\mathcal{O}_1$, $\mathcal{O}_2$ が互いに局所的か否かはこの符号の正負で決まる．

反正則セクターを合わせると，頂点演算子は量子数 $(\alpha, F, \tilde{\alpha}, \tilde{F})$ でラベルさ

れる．すべての頂点演算子が互いに局所的であるためには，物理的な頂点演算子を特定のラベルを持つものに限る必要がある．この制限を GSO 射影と呼ぶ．局所性を満足するラベルの選び方としては，例えば次のものがある．

$$\begin{aligned}&\mathrm{IIB}:(\mathrm{NS}+,\mathrm{NS}+),\ (\mathrm{R}+,\mathrm{NS}+),\ (\mathrm{NS}+,\mathrm{R}+),\ (\mathrm{R}+,\mathrm{R}+)\\&\mathrm{IIA}:(\mathrm{NS}+,\mathrm{NS}+),\ (\mathrm{R}+,\mathrm{NS}+),\ (\mathrm{NS}+,\mathrm{R}-),\ (\mathrm{R}+,\mathrm{R}-)\end{aligned}\tag{5.109}$$

これがタイプ IIB およびタイプ IIA 超弦理論 の定義である．以下の GSO 射影も局所性を満たすが，標的時空の座標軸 1 方向の反転で上の例に帰着する．

$$\begin{aligned}&\mathrm{IIB}':(\mathrm{NS}+,\mathrm{NS}+),\ (\mathrm{R}-,\mathrm{NS}+),\ (\mathrm{NS}+,\mathrm{R}-),\ (\mathrm{R}-,\mathrm{R}-)\\&\mathrm{IIA}':(\mathrm{NS}+,\mathrm{NS}+),\ (\mathrm{R}-,\mathrm{NS}+),\ (\mathrm{NS}+,\mathrm{R}+),\ (\mathrm{R}-,\mathrm{R}+)\end{aligned}\tag{5.110}$$

以下の例も局所的であるが，この GSO 射影からは 10 次元の超対称な理論は得られない．

$$\begin{aligned}&\mathrm{OB}:(\mathrm{NS}+,\mathrm{NS}+),\ (\mathrm{NS}-,\mathrm{NS}-),\ (\mathrm{R}+,\mathrm{R}+),\ (\mathrm{R}-,\mathrm{R}-)\\&\mathrm{OA}:(\mathrm{NS}+,\mathrm{NS}+),\ (\mathrm{NS}-,\mathrm{NS}-),\ (\mathrm{R}+,\mathrm{R}-),\ (\mathrm{R}-,\mathrm{R}+)\end{aligned}\tag{5.111}$$

5.3.4 零点エネルギー

ビラソロ代数の生成元 L_0 は，物質場・ゴーストの理論についてそれぞれ

$$\begin{aligned}L_0^{(\mathrm{m})}&=\frac{1}{2}\sum_{m\in\mathbb{Z}}:\alpha^{\mu}_{-m}\alpha_{\mu m}:+\frac{1}{2}\sum_{r}r:\psi^{\mu}_{-r}\psi_{\mu r}:+a^{(\mathrm{m})},\\L_0^{(\mathrm{g})}&=\frac{1}{2}\sum_{m\in\mathbb{Z}}m:b_{-m}c_m:+\frac{1}{2}\sum_{r}r:\beta_{-r}\gamma_r:+a^{(\mathrm{g})}\end{aligned}\tag{5.112}$$

と書ける．ここで正規順序積は，ゴーストの零モードについては便宜上 b_0,β_0 を消滅演算子，c_0,γ_0 を生成演算子とする．$a^{(\mathrm{m})},a^{(\mathrm{g})}$ は正規順序化に由来する定数であるが，ビラソロ代数 (3.51) が正しく成り立つように定める必要がある．ボソン弦の解析においては，$SL(2,\mathbb{C})$ 不変な真空へのストレステンソルの作用から $a^{(\mathrm{m})},a^{(\mathrm{g})}$ を決めたが，超弦の場合はこの方法だけでは不十分である．これは $\beta\gamma$ ゴースト理論の基底状態や ψ の理論の R セクターの基底状態が，$SL(2,\mathbb{C})$ 不変な真空にモード演算子を掛けては得られないためである．

ここでは複素平面から円筒への写像 $z=e^{-iw}$ を用いて定数 $a^{(\mathrm{m})},a^{(\mathrm{g})}$ を決め

よう．ストレステンソルの共形変換則 (3.49) より，次が成り立つ．

$$L_0 \equiv \oint \frac{dz}{2\pi i} zT(z) = \frac{c}{24} + \int_0^{2\pi} \frac{dw}{2\pi} T(w). \tag{5.113}$$

右辺第 2 項は円筒上の理論の正則セクターのエネルギーであり，(2.29) 式の $(H+P)/2$ に等しい．両辺を基底状態で評価すると次の関係式が得られる．

$$a^{(\mathrm{m})} = \frac{1}{24} c^{(\mathrm{m})} + (\text{零点エネルギーの和}). \tag{5.114}$$

$a^{(\mathrm{g})}$ も同様である．右辺の零点エネルギーの和の計算には，(2.30) 式で行ったようにゼータ関数正則化された無限和公式

$$\sum_{n\geq 1} n = -\frac{1}{12}, \quad \sum_{n\geq 0} (n+\frac{1}{2}) = \frac{1}{24} \tag{5.115}$$

を使う．零点エネルギーは，円筒上で周期的境界条件に従うボソン 1 個につき $-1/24$，反周期的なボソン 1 個につき $1/48$，フェルミオンからの寄与はこの逆符号となる．したがって，定数 $a^{(\mathrm{m})}, a^{(\mathrm{g})}$ は NS セクターでは

$$\begin{aligned} a^{(\mathrm{m})} &= \frac{1}{24}\cdot\frac{3D}{2} + \Big(-\frac{D}{24}\Big)_{X^\mu} + \Big(-\frac{D}{48}\Big)_{\psi^\mu} = 0, \\ a^{(\mathrm{g})} &= -\frac{15}{24} + \Big(\frac{2}{24}\Big)_{b,c} + \Big(\frac{2}{48}\Big)_{\beta,\gamma} = -\frac{1}{2}, \end{aligned} \tag{5.116}$$

R セクターでは次のように決まる．

$$\begin{aligned} a^{(\mathrm{m})} &= \frac{1}{24}\cdot\frac{3D}{2} + \Big(-\frac{D}{24}\Big)_{X^\mu} + \Big(\frac{D}{24}\Big)_{\psi^\mu} = \frac{D}{16}, \\ a^{(\mathrm{g})} &= -\frac{15}{24} + \Big(\frac{2}{24}\Big)_{b,c} + \Big(-\frac{2}{24}\Big)_{\beta,\gamma} = -\frac{5}{8}. \end{aligned} \tag{5.117}$$

5.3.5 超弦の物理的状態のスペクトル

ここまでに得られた結果を用いて，物理的状態のスペクトルを調べよう．BRST 電荷をモード演算子で表すと，その正則部分は次のようになる．

$$\begin{aligned} Q_{\mathrm{B}}^{(\text{正則})} = &\sum_m c_{-m} L_m^{(\mathrm{m})} + \sum_r \gamma_{-r} G_r^{(\mathrm{m})} + \sum_{m,n} \frac{m-n}{2} :b_{-m-n} c_m c_n: \\ &+ \sum_{m,r} \frac{2r-m}{2} :c_m \gamma_r \beta_{-m-r}: - \sum_{m,r} :b_{-m}\gamma_{m-r}\gamma_r: + a^{(\mathrm{g})} c_0. \end{aligned} \tag{5.118}$$

まず正則セクターに限って，$Q_{\mathrm{B}}^{(\text{正則})}, b_0$ の作用で消えるジーゲルゲージの物理的

状態を調べよう．R セクターの状態はこれに加えて β_0 でも消えることを要請される．このような物理的状態は，次の質量殻条件を満たす．

$$(L_0^{(\mathrm{m})} + L_0^{(\mathrm{g})})|\mathrm{ph}\rangle = 0, \quad (G_0^{(\mathrm{m})} + G_0^{(\mathrm{g})})|\mathrm{ph}\rangle = 0. \tag{5.119}$$

2 つめの条件はもちろん R セクターの状態に限る．

物理的状態は Q_B のコホモロジーで与えられ，そのスペクトルを求める手続きはボソン弦のときと同様である．ここではコホモロジーの代表元として，次のような形の状態をとることにしよう．

$$|\mathrm{ph}\rangle = |\mathrm{ph}\rangle_{(\mathrm{m})} \otimes |\mathrm{gr}\rangle_{(\mathrm{g})}. \tag{5.120}$$

ただし $|\mathrm{gr}\rangle_{(\mathrm{g})}$ はゴースト理論の基底状態で，$b_{n\geq 0}, c_{n\geq 1}, \beta_{r\geq 0}, \gamma_{r>0}$ の作用で消えるものとする．このとき Q_B 不変性は $|\mathrm{ph}\rangle_{(\mathrm{m})}$ に対する次の要請になる．

$$(L_n^{(\mathrm{m})} + a^{(\mathrm{g})}\delta_{n,0})|\mathrm{ph}\rangle_{(\mathrm{m})} = G_r^{(\mathrm{m})}|\mathrm{ph}\rangle_{(\mathrm{m})} = 0. \quad (n, r \geq 0) \tag{5.121}$$

特に $L_0^{(\mathrm{m})}$ についての条件は次のように書ける．

$$\frac{\alpha'}{4}p^\mu p_\mu + N_\mathrm{osc} = -a^{(\mathrm{m})} - a^{(\mathrm{g})} = \begin{cases} \frac{1}{2} & (\mathrm{NS}) \\ 0 & (\mathrm{R}) \end{cases}. \tag{5.122}$$

N_osc はレベル，すなわち $\alpha^\mu_{-n}, \psi^\mu_{-r}$ を掛けることによる $L_0^{(\mathrm{m})}$ の固有値の上昇分を表し，超弦の NS セクターでは半整数値，R セクターでは整数値をとる．

各々のレベルごとに物理的状態を調べよう．まず NS セクター，レベル零の物理的状態は

$$|\mathrm{ph}\rangle_{(\mathrm{m})} = |k\rangle, \quad -k^\mu k_\mu = m^2 = -2/\alpha' \tag{5.123}$$

で与えられ，タキオンに相当する．実はこの状態はスピノル数 $F = 1$ を持ち，タイプ II 超弦のスペクトルからは除外される．この理由は，ゴースト理論の基底状態 $|\mathrm{gr}\rangle_{(\mathrm{g})}$ と $SL(2)$ 不変な真空 $|0\rangle_{(\mathrm{g})}$ との違いにある．

$$\beta_{r\geq\frac{1}{2}}|\mathrm{gr}\rangle_{(\mathrm{g})} = \gamma_{r\geq\frac{1}{2}}|\mathrm{gr}\rangle_{(\mathrm{g})} = 0, \quad \beta_{r\geq -\frac{1}{2}}|0\rangle_{(\mathrm{g})} = \gamma_{r\geq\frac{3}{2}}|0\rangle_{(\mathrm{g})} = 0. \tag{5.124}$$

$|\mathrm{gr}\rangle_{(\mathrm{g})}$ は，$|0\rangle_{(\mathrm{g})}$ にスピノル数 1 を持つ適当な局所演算子を掛けて得られるが，この演算子は場 β, γ そのものでは書き表せず，2 次元共形場理論のボソン化と呼ばれる変数変換を使って構成されることが知られている．

レベル 1/2 の物理的状態は以下で与えられる．

$$|\mathrm{ph}\rangle_{(\mathrm{m})} = e_\mu \psi^\mu_{-1/2}|k\rangle, \quad -k^\mu k_\mu = m^2 = 0, \ \ e_\mu k^\mu = 0. \tag{5.125}$$

偏極 $e_\mu \sim k_\mu$ の状態は BRST 完全なので除外される．残った零質量状態は，ローレンツ群の小群 $SO(8)$ のベクトル表現に属し，NS+ セクターに属する．

次に R セクターを調べよう．レベル零の物理的状態は (5.122) 式より零質量となる．そのような状態はただ一つではなく，ψ^μ_0 の作用で互いに移り合い，10 次元ローレンツ対称性のディラックスピノルとして振る舞う．

$$|\mathrm{ph}, \Psi\rangle_{(\mathrm{m})} = \sum_{s=1}^{32} |k, s\rangle \Psi^s, \quad k^\mu k_\mu = 0. \tag{5.126}$$

この状態は ψ^μ_0 の作用で次のように変換する (以下，スピノル添字についての和記号を省略する)．

$$\sqrt{2}\psi^\mu_0|\mathrm{ph}, \Psi\rangle_{(\mathrm{m})} = |k, s\rangle (\Gamma^\mu)^s{}_t \Psi^t = |\mathrm{ph}, \Gamma^\mu \Psi\rangle_{(\mathrm{m})}. \tag{5.127}$$

$G^{(\mathrm{m})}_0$ で消えるという条件は，Ψ の零質量ディラック方程式そのものになる．

$$G^{(\mathrm{m})}_0|\mathrm{ph}, \Psi\rangle = 0 \quad \to \quad (k_\mu \Gamma^\mu)^s{}_t \Psi^t = 0. \tag{5.128}$$

状態のスピノル数は ψ^μ_0 の作用で 1 変化し，同時に Ψ のカイラリティも反転する．したがって，レベル零の状態はそのカイラリティ $\bar{\Gamma} = \pm 1$ に応じて R$\pm$ セクターに属すると考えればよい．これら 2 つのセクターは，それぞれローレンツ群の小群 $SO(8)$ の 8 次元スピノル表現をなす．

このようにして，超弦の正則・反正則セクターのそれぞれから，ボソン・フェルミオン零質量状態がそれぞれ 8 個ずつ現れる．超弦理論の物理的状態のスペクトルは，正則セクターと反正則セクターを (5.54) 式に従って掛け合わせて得られる．タイプ IIA, IIB 超弦の零質量状態のスペクトルは表 5.3 のようにも書けることに注意すると，超重力理論の多重項構造が超弦理論の零質量セクター

表 5.3　超弦理論の正則・反正則セクターの掛け算表

IIA	NS ($\mathbf{8}$)	R ($\mathbf{8}_+$)
NS ($\mathbf{8}$)	$\mathbf{35} + \mathbf{28} + \mathbf{1}$	$\mathbf{56}_+ + \mathbf{8}_-$
R ($\mathbf{8}_-$)	$\mathbf{56}_- + \mathbf{8}_+$	$\mathbf{56} + \mathbf{8}$

IIB	NS ($\mathbf{8}$)	R ($\mathbf{8}_+$)
NS ($\mathbf{8}$)	$\mathbf{35} + \mathbf{28} + \mathbf{1}$	$\mathbf{56}_+ + \mathbf{8}_-$
R ($\mathbf{8}_+$)	$\mathbf{56}_+ + \mathbf{8}_-$	$\mathbf{35} + \mathbf{28} + \mathbf{1}$

によって正しく再現されているのが分かる．

最後に RR セクターの零質量状態について少し詳しく見てみよう．物理的状態を表す波動関数 $\mathbf{F}$ はスピノルの添字を 2 つ持ち，したがっていろいろな次数の微分形式 (反対称テンソル場) の重ね合わせで書ける．

$$|\mathrm{ph}, \mathbf{F}\rangle_{(\mathrm{m})} = |k, s \otimes \tilde{s}\rangle (\mathbf{F}C)^{s\tilde{s}}, \quad \mathbf{F} \equiv \sum_p \frac{1}{p!} F^{(p)}_{\mu_1\cdots\mu_p} \Gamma^{\mu_1\cdots\mu_p}. \tag{5.129}$$

この状態への ψ_0^μ と $\tilde{\psi}_0^\nu$ の作用は次のように書ける．

$$\sqrt{2}\psi_0^\mu |\mathrm{ph}, \mathbf{F}\rangle = |\mathrm{ph}, \Gamma^\mu \mathbf{F}\rangle, \quad \sqrt{2}\tilde{\psi}_0^\mu |\mathrm{ph}, \mathbf{F}\rangle = |\mathrm{ph}, \bar{\Gamma}\mathbf{F}\Gamma^\mu\rangle. \tag{5.130}$$

ただし 2 つめの式の $\bar{\Gamma}$ は，ψ_0^μ と $\tilde{\psi}_0^\nu$ の反交換性と矛盾しないために必要である．この状態に $G_0^{(\mathrm{m})}, \tilde{G}_0^{(\mathrm{m})}$ を掛けて消えるという条件から，各々の反対称テンソル $F^{(p)}_{\mu_1\cdots\mu_p}$ の調和方程式が従う．

$$k_\mu \Gamma^\mu \mathbf{F} = k_\mu \mathbf{F}\Gamma^\mu = 0, \quad k_{[\mu} F^{(p)}_{\mu_1\cdots\mu_p]} = k^\mu F^{(p)}_{\mu\mu_2\cdots\mu_p} = 0. \tag{5.131}$$

この導出には，Γ 行列の満たす次の公式を使えばよい．

$$\begin{aligned}
(k_\mu\Gamma^\mu)(F_{\mu_1\cdots\mu_p}\Gamma^{\mu_1\cdots\mu_p}) &= k_\mu F_{\mu_1\cdots\mu_p}\Gamma^{\mu\mu_1\cdots\mu_p} + pk^\mu F_{\mu\mu_2\cdots\mu_p}\Gamma^{\mu_2\cdots\mu_p}, \\
(F_{\mu_1\cdots\mu_p}\Gamma^{\mu_1\cdots\mu_p})(k_\mu\Gamma^\mu) &= k_\mu F_{\mu_1\cdots\mu_p}\Gamma^{\mu_1\cdots\mu_p\mu} + pk^\mu F_{\mu_2\cdots\mu_p\mu}\Gamma^{\mu_2\cdots\mu_p}.
\end{aligned} \tag{5.132}$$

したがって，$F^{(p)}_{\mu_1\cdots\mu_p}$ は RR ポテンシャルの場の強さテンソルと同定される．

また，GSO 射影により，波動関数は次の関係式に従う．

$$\mathbf{F}C = \bar{\Gamma}\mathbf{F}C = \pm\mathbf{F}C\bar{\Gamma}^{\mathrm{T}}. \quad \big(+ : \mathrm{IB}, \ \ - : \mathrm{IIA}\big) \tag{5.133}$$

$C\bar{\Gamma}^{\mathrm{T}} = -\bar{\Gamma}C$ を使うと，(5.129) 式と (5.133) 式から微分形式の次数 p はタイプ IIB では奇数，タイプ IIA では偶数に限られる．また $F^{(p)}$ と $F^{(10-p)}$ は符号を除いて互いのホッジ双対 (9.1.2 項参照) になる．

Chapter

6

開いた弦

ここでは開いたボソン弦・超弦の量子化について議論する．まず，弦の端点の従う様々な境界条件を直観的に理解するために，D ブレーンと呼ばれる高次元の膜状物体の概念を導入する．また，開いた弦を含む散乱振幅の定式化，および境界を持つ面上の共形場理論の一般論についても学ぶ．後半では，D ブレーンに付着して運動する開いた弦の量子化から様々な次元のゲージ理論が得られることを，物理的状態の解析から導く．

6.1　境界条件と D ブレーン

開いた弦の世界面として，平坦なユークリッド計量を持つ幅 π の帯をとり，$w=\sigma+i\tau\ (0\leq\sigma\leq\pi)$ を複素座標とする．零質量自由スカラー場 X^μ からなる物質場の理論をこの上で考えよう．作用は次で与えられる．

$$S_{\mathrm{E}}=\frac{1}{4\pi\alpha'}\int_{\sigma=0}^{\sigma=\pi}d\tau d\sigma\big(\partial_\tau X^\mu\partial_\tau X_\mu+\partial_\sigma X^\mu\partial_\sigma X_\mu\big). \tag{6.1}$$

運動方程式は $(\partial_\tau^2+\partial_\sigma^2)X^\mu=0$ であるが，これは作用が停留値をとるための条件として十分だろうか．実際に作用の変分を調べると，

$$\delta S_{\mathrm{E}}=\frac{1}{2\pi\alpha'}\int_{\sigma=0}^{\sigma=\pi}d\tau d\sigma\Big[-\delta X^\mu\,(\partial_\tau^2+\partial_\sigma^2)X_\mu +\partial_\tau\big(\delta X^\mu\partial_\tau X_\mu\big)+\partial_\sigma\big(\delta X^\mu\partial_\sigma X_\mu\big)\Big] \tag{6.2}$$

となる．右辺には運動方程式から零になる項の他に 2 つの表面項が残る．表面項の 1 つめは時間方向の無限遠方にあるので無視すると，次の項が残る．

$$\delta S_{\mathrm{E}}=\frac{1}{2\pi\alpha'}\int d\tau\big[\delta X^\mu\partial_\sigma X_\mu\big]_{\sigma=0}^{\sigma=\pi}. \tag{6.3}$$

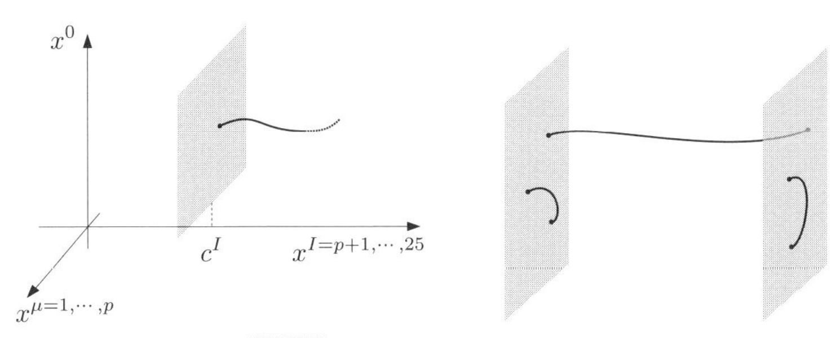

図 6.1 D ブレーンと開いた弦.

この項が零になることを保証するには，例えば境界 $\sigma=0, \sigma=\pi$ において，また場 X^μ の各々について，次のいずれかの境界条件を課せばよい.

$$\begin{aligned} \text{ノイマン境界条件：}\quad & \partial_\sigma X^\mu = 0, \\ \text{ディリクレ境界条件：}\quad & \delta X^\mu = 0, \quad X^\mu = c^\mu \ (\text{定数}). \end{aligned} \tag{6.4}$$

例として，弦の左端 $\sigma=0$ において $\{X^\mu\}_{\mu=0}^{p}$ にノイマン境界条件，残りにディリクレ境界条件 $\{X^I=c^I\}_{I=p+1}^{25}$ を課したとしよう．このとき弦の左端は X^μ の方向 $(p+1)$ 次元には自由に動けるが，残りの X^I の方向には動けず，その位置座標は c^I に固定される．この境界条件は，D ブレーンと呼ばれる高次元の膜状物体の存在を仮定すると理解しやすい．今の場合は図 6.1 左のように，$(p+1)$ 次元の世界体積を持つ Dp ブレーンが $X^I=c^I$ に存在し，開いた弦の端点はそれに付着して運動する．開いた弦の持つ 2 つの端点は，同図右のように，同じ D ブレーンに付着してもよいし，別々の D ブレーンに付着することもできる.

このように，D ブレーンはシグマ模型における様々な境界条件を幾何学的に理解する便利な概念である．より一般の共形不変な物質場理論においては，どのような原理に従って境界条件を課せばよいだろうか?

物質場の理論のストレステンソルを T^{ab} とすると，閉じた弦に相当する円筒上の理論においては，エネルギー H は $T^{\tau\tau}$ の空間積分として

$$H \equiv \int_0^{2\pi} \frac{d\sigma}{2\pi} T^{\tau\tau} \tag{6.5}$$

と定義され，保存量となる．帯上の理論のエネルギーを同様に定義すると，そ

の時間微分は単純に零にならず，以下のように表面項が残る．

$$\partial_\tau H = \int_0^\pi \frac{d\sigma}{2\pi}\partial_\tau T^{\tau\tau} = -\int_0^\pi \frac{d\sigma}{2\pi}\partial_\sigma T^{\tau\sigma} = -\frac{T^{\tau\sigma}}{2\pi}\bigg|_{\sigma=0}^{\sigma=\pi}. \tag{6.6}$$

したがって，$T_{\sigma\tau}=0$ が自然な境界条件である．例えば自由スカラー場 X のノイマン条件 $\partial_\sigma X=0$，ディリクレ条件 $\partial_\tau X=0$ はこの境界条件を満たす．

$$T_{\sigma\tau} = -\frac{1}{\alpha'}\partial_\sigma X\partial_\tau X = 0. \tag{6.7}$$

境界を持つ 2 次元面として最も基本的なものは上半平面 $\mathrm{Im}\,z \geq 0$ である．この上の共形場理論に対して，実軸上での境界条件 (6.7) は $T=\tilde{T}$ と書ける．

6.1.1 開いた弦の相互作用

閉じた弦・開いた弦を含む散乱振幅を評価するには，2.3 節で議論したように，物質場の理論を曲がった 2 次元面上に定義し，物質場および世界面の計量 h_{ab} について経路積分する．散乱に関与する閉じた弦，開いた弦のそれぞれに応じて，世界面は半無限の円筒状・帯状の領域を持つとする．

閉じた弦の始状態・終状態を表す円筒状領域は，ワイル変換で単位円板に移され，また円筒の終端における状態の選び方に応じて頂点演算子が定まるのであった (2.3.1 項)．同様に，半無限の帯状領域

$$w = \sigma + i\tau, \quad 0 \leq \sigma \leq \pi, \quad \tau \leq 0 \tag{6.8}$$

はワイル変換 $z=-e^{-iw}$ で単位半円板 ($|z|\leq 1$, $\mathrm{Im}\,z\geq 0$) に移され，その中心 $z=0$ には，帯の終端における状態 $|V_\mathrm{B}\rangle$ に応じた境界頂点演算子 V_B が現れる (図 6.2)．また，帯の左端 $\sigma=0$ および右端 $\sigma=\pi$ は，それぞれ実軸上，演算子の左側 $z<0$ および右側 $z>0$ の区間に移される．開いた弦の物理的状態

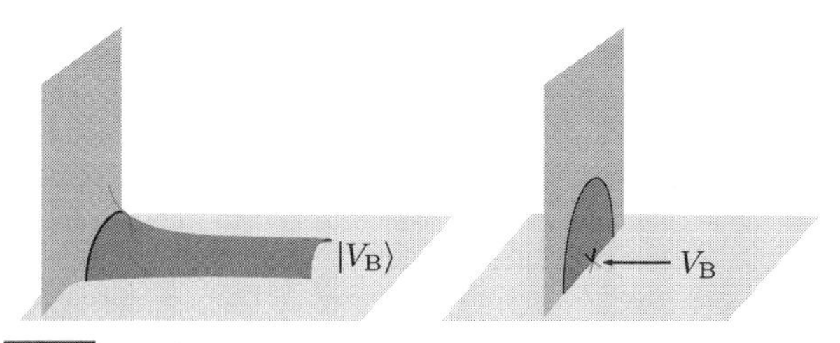

図 6.2 D ブレーンに付着して動く開いた弦の状態-演算子対応．

はこのように，共形場理論の境界演算子によって表されるわけである．

閉じた弦の理論においては，ディラトンの真空期待値 $\langle\Phi\rangle = \lambda$ が種数 g の世界面に対する重み因子 $e^{\lambda(2g-2)} = g_s^{2g-2}$，つまり弦の結合定数に対応することを見た．世界面が境界を持つ場合にも同様の性質が成り立つためには，弦の世界面とディラトンの結合項を次のように修正する必要がある．

$$S_{\mathrm{P}} = \cdots + \frac{1}{4\pi}\int_{\Sigma} d^2\xi\sqrt{h}R\Phi(X) + \frac{1}{2\pi}\int_{\partial\Sigma} ds\, k\Phi(X). \tag{6.9}$$

右辺第 1 項は (3.62) 式で導入されたものと同じで，座標変換不変であるが，世界面が境界を持つ場合ワイル不変性が損なわれるのである．これを修正するのが第 2 項で，世界面の境界 $\partial\Sigma$ に沿った積分で表される．ds は境界に沿った長さの要素を表し，k は境界の各点における規格化された接ベクトル t^a，外向き法ベクトル n^a を用いて次のように書ける．

$$k = -t^a\nabla_a t^b\, n_b. \tag{6.10}$$

実は，ディラトン Φ が定数 λ のとき，(6.9) 式は 2 次元面のオイラー標数 (3.63) を開いた世界面に一般化する位相不変量となる．

$$\frac{\lambda}{4\pi}\int_{\Sigma} d^2\xi\sqrt{h}R + \frac{\lambda}{2\pi}\int_{\partial\Sigma} ds\, k = \lambda(2-2g-h). \tag{6.11}$$

ただし g は世界面の種数，h は境界の数である．したがって，開いた弦を含む散乱振幅においては，各々の世界面の寄与は g_s^{2g+h-2} に比例する．

6.1.2 上半平面上の共形場理論

境界頂点演算子の性質を議論する道具立てを揃えるために，上半平面 ($\mathrm{Im}z \geq 0$) 上の共形場理論の一般的性質をまとめよう．以下，$z = \xi^1 + i\xi^2$ を上半平面上の複素座標，$x = \xi^1$ をその境界に沿った座標とする．

開いた弦の散乱振幅がポリヤコフ作用の対称性を損なわずに定義されるためには，境界頂点演算子 $V_{\mathrm{B}}(x)$ の積分が座標変換不変，すなわち境界上の点 x を境界上の点 $\tilde{x}$ に移す座標変換に対して

$$\int dx V_{\mathrm{B}}(x) = \int d\tilde{x}\tilde{V}_{\mathrm{B}}(\tilde{x}) \tag{6.12}$$

が満たされねばならない．これがマージナルな境界演算子に対する条件である．

より一般に，境界プライマリ演算子は上の座標変換のもとで

$$V_{\rm B}(x) = \left(\frac{d\tilde{x}}{dx}\right)^h \tilde{V}_{\rm B}(\tilde{x}) \tag{6.13}$$

と変換されるものとし，h をその共形ウェイトと呼ぶ．無限小変換 $\tilde{x} = x - \epsilon(x)$ のもとでの変換則は次のようになる．

$$\delta V_{\rm B} = \epsilon \frac{dV_{\rm B}}{dx} + h\frac{d\epsilon}{dx} V_{\rm B}. \tag{6.14}$$

境界演算子のこのような変換則をストレステンソル $T(z), \tilde{T}(\bar{z})$ との演算子積展開に関係づける共形ワード恒等式を導きたい．そこで，まず世界面に境界がある場合にネーターの定理がどのような変更を受けるかを考えよう．δ を理論の連続対称性とし，ϵ を変換パラメータとする．ϵ を座標の関数 $\hat{\epsilon}(\xi)$ に格上げして変換 $\hat{\delta}$ を定めると，作用の $\hat{\delta}$ 変分は次のように書けるはずである．

$$\hat{\delta} S \ = \ -\frac{1}{2\pi}\int d^2\xi\, J^a \partial_a \hat{\epsilon} \ = \ \frac{1}{2\pi}\int d^2\xi\, [\hat{\epsilon}\partial_a J^a - \partial_a(\hat{\epsilon}\, J^a)]\,. \tag{6.15}$$

J^a がネーターの保存カレントである．運動方程式と場の境界条件を仮定すると，作用の任意の変分は零であるから $\hat{\delta}S$ も零であり，よって次が従う．

$$\partial_a J^a = 0, \quad J^2\big|_{境界} = 0. \tag{6.16}$$

境界上の局所演算子 $V_{\rm B}(x)$ の δ 変換則を決めるために，x を含む小さな半円状の領域 D を考え，関数 $\hat{\epsilon}$ を D 内でのみ定数値 ϵ，その外では零であるとする．このとき次のワード恒等式が成り立つ．

$$\begin{aligned} \delta V_{\rm B}(x) = \hat{\delta} S\, V_{\rm B}(x) &= \int \frac{d^2\xi}{2\pi}\, [\hat{\epsilon}\partial_a J^a(\xi) - \partial_a(\hat{\epsilon} J^a(\xi))]\, V_{\rm B}(x) \\ &= \epsilon \int_D \frac{d^2\xi}{2\pi} \partial_a J^a V_{\rm B}(x). \end{aligned} \tag{6.17}$$

ただし，1 行目最右辺の全微分項の積分は上半平面全体の境界に沿った周回積分で書けるので，カレントに対する境界条件と $\hat{\epsilon}$ の関数形の仮定から消えるとした．さらにストークスの定理を使うと，次のように書き直せる．

$$\delta V_{\rm B}(x) = \epsilon \oint_{\partial D} \left(\frac{dz}{2\pi i} J_z(z) V_{\rm B}(x) - \frac{d\bar{z}}{2\pi i} J_{\bar{z}}(\bar{z}) V_{\rm B}(x)\right). \tag{6.18}$$

D の境界は半円弧と実軸上の線分からなるが，後者からの寄与はカレントの境

界条件を再度使うと零になる．

カレントの成分 $J_z, J_{\bar{z}}$ は上半平面でそれぞれ正則，反正則であり，実軸上で $J_z = J_{\bar{z}}$ を満たす．このとき，カレント $J_z(z)$ の定義域を

$$J_z(z)\Big|_{\mathrm{Im}z<0} \equiv J_{\bar{z}}(z) \tag{6.19}$$

によって複素 z 平面全体に滑らかに拡張すると，ワード恒等式は複素平面上の点 x を囲む周回積分の形に書くことができる．

$$\delta V_{\mathrm{B}}(x) = \epsilon \oint_x \frac{dz}{2\pi i} J_z(z) V_{\mathrm{B}}(x). \tag{6.20}$$

上半平面上の正則・反正則な場をこのように貼り合わせる操作は，ダブリング法と呼ばれる．

実軸上の微小座標変換 $\tilde{x} = x - \epsilon v(x)$ に対するワード恒等式から，境界プライマリ演算子 V_{B} を特徴づける演算子積公式を導こう．まず，この座標変換を上半平面上の次のような共形変換に拡張する．

$$\tilde{z} = z - \epsilon v(z), \quad \tilde{\bar{z}} = \bar{z} - \epsilon v(\bar{z}). \tag{6.21}$$

この共形変換に対応する保存カレントは次で与えられる．

$$J_z(z) = v(z)T(z), \quad J_{\bar{z}}(\bar{z}) = v(\bar{z})\tilde{T}(\bar{z}). \tag{6.22}$$

ワード恒等式 (6.20) は変換則 (6.14) を再現すべしとすると，V_{B} とストレステンソルの演算子積展開が次のように決まる．

$$\begin{aligned} T(z)V_{\mathrm{B}}(x) &\sim \frac{hV_{\mathrm{B}}(x)}{(z-x)^2} + \frac{\partial V_{\mathrm{B}}(x)}{z-x}, \\ \tilde{T}(\bar{z})V_{\mathrm{B}}(x) &\sim \frac{hV_{\mathrm{B}}(x)}{(\bar{z}-x)^2} + \frac{\partial V_{\mathrm{B}}(x)}{\bar{z}-x}. \end{aligned} \tag{6.23}$$

$T(z), \tilde{T}(\bar{z})$ を貼り合わせて得られる複素 z 平面上の正則カレント $T(z)$ は (3.48) 式の演算子積展開に従い，そのモード演算子はビラソロ代数に従う．これは帯上の共形場理論の持つ対称性であり，したがって上半平面上の理論を動径量子化して得られる状態空間は，このビラソロ代数の表現をなす．

例として，零質量スカラー場 X の共形場理論をとり，境界演算子 $V_{\mathrm{B}} = e^{ikX}$ の共形変換則を導いてみよう．演算子積公式

$$X(z,\bar{z})X(w,\bar{w}) \sim -\frac{\alpha'}{2}\ln|z-w|^2 \tag{6.24}$$

は，z, w から実軸までの距離が $|z-w|$ に比べて大きな場合はそのまま正しいが，どちらかの演算子が実軸に近い場合は次の修正が必要になる．

$$X(z,\bar{z})X(w,\bar{w}) \sim -\frac{\alpha'}{2}\left(\ln|z-w|^2 \pm \ln|\bar{z}-w|^2\right). \tag{6.25}$$

この修正は演算子積公式が実軸での場の境界条件と矛盾しないために必要で，符号 $\pm$ はそれぞれノイマン・ディリクレ境界条件 $\partial X = \pm\bar{\partial}X$ の場合にあたる．演算子の 1 つ $X(w,\bar{w})$ が実軸上にある場合は，次のようになる．

$$X(z,\bar{z})X(x) \sim \begin{cases} -\alpha'\ln|z-x|^2 & (\text{ノイマン境界条件}) \\ 0 & (\text{ディリクレ境界条件}) \end{cases} \tag{6.26}$$

ディリクレ境界条件の場合に発散を生じないのは，実軸上の X の値が固定されるため，$X(x)$ はもはや演算子ではなくなるからである．ノイマン境界条件の場合は，ストレステンソルと V_{B} の演算子積展開は

$$T(z)V_{\mathrm{B}}(x) \sim \frac{\alpha' k^2}{(z-x)^2}V_{\mathrm{B}}(x) + \frac{1}{z-x}\partial_x V_{\mathrm{B}}(x) \tag{6.27}$$

となり，V_{B} は共形ウェイト $h = \alpha' k^2$ を持つ境界プライマリ演算子になる．

次に上半平面上のゴースト理論を見てみよう．作用は次で与えられる．

$$S = \frac{1}{\pi}\int d^2z(b\bar{\partial}c + \tilde{b}\partial\tilde{c}). \tag{6.28}$$

弦理論においては，この理論は上半平面上の座標変換不変性をゲージ固定する役割がある．どのような境界条件が適切だろうか?

ゴースト $c, \tilde{c}$ は無限小座標変換を生成するベクトル場の意味を持つので，実軸上で $c(z) = \tilde{c}(\bar{z})$ の境界条件に従う．b ゴーストの境界条件は，作用の変分

$$\delta S = (\text{運動方程式}) + \frac{1}{2\pi i}\int_{\text{実軸}} dx(b\delta c - \tilde{b}\delta\tilde{c}) \tag{6.29}$$

が運動方程式の仮定のもとで零になるよう，$b = \tilde{b}$ を要請する．境界条件と矛盾のない演算子積公式は，したがって次のようになる．

$$\begin{aligned} b(z)c(w) &\sim \frac{1}{z-w}, \quad \tilde{b}(\bar{z})\tilde{c}(\bar{w}) \sim \frac{1}{\bar{z}-\bar{w}}, \\ b(z)\tilde{c}(\bar{w}) &\sim \frac{1}{z-\bar{w}}, \quad \tilde{b}(\bar{z})c(w) \sim \frac{1}{\bar{z}-w}. \end{aligned} \tag{6.30}$$

2 行目はいずれかの演算子が実軸に近づいたときのみ重要である．ダブリング法を使うと，正則な場 $b(z), c(z)$ の定義を複素平面全体に延長することができる．

$$c(z)\Big|_{\mathrm{Im}z<0} \equiv \tilde{c}(z), \quad b(z)\Big|_{\mathrm{Im}z<0} \equiv \tilde{b}(z). \tag{6.31}$$

6.1.3 物理的状態のスペクトル

閉じたボソン弦を量子化すると，重力場・ディラトン・B 場およびタキオンを含む 26 次元の重力理論が得られるのであった．開いた弦の量子化からはどのような場の理論が現れるだろうか?

具体的な設定として，26 次元平坦時空に配置された N 枚の Dp ブレーンを考えよう．これらは皆 $X^{0,\cdots,p}$ の方向に延びているとし，i 番目のブレーンの直交方向の位置座標を $X^I = x^I_{(i)}\ (I = p+1, \cdots, 25)$ とする．

開いた弦はブレーンに平行な方向の運動量しか担えないため，その量子化で得られる理論は $(p+1)$ 次元の場の理論であり，ブレーンの世界体積の上に実現されると期待される．開いた弦の 2 つの端点はそれぞれ N 枚のブレーンのどれか 1 つに付着して動くので，N^2 種類の異なる境界条件に従う弦が存在する．図 6.3 のような弦の相互作用を考える際は，それらを行列にまとめると便利である．i 番目，j 番目のブレーンに左右の端点を付着して動く (i,j) 弦を，(ij) 成分のみ非零な $N \times N$ 行列と見なし，一般の行列はそれらの重ね合わせと考えるのである．すると，(i,j) 弦と (j,k) 弦が繋がって (i,k) 弦となる過程は行列の掛け算規則によく対応する．弦の端点の持つ添字 $i = 1, \cdots, N$ はチャン・ペイトンの因子とも呼ばれる．

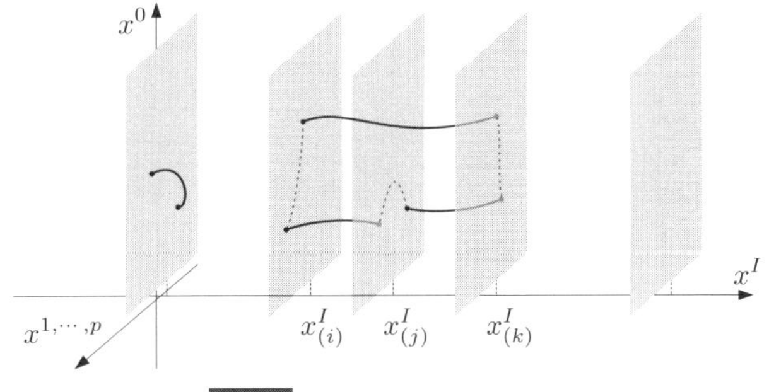

図 6.3 開いた弦の相互作用.

(i,j) 弦を量子化して得られる粒子を軽い順に列挙すると，最初に現れるものは次のとおりである．

$$
\begin{array}{lll}
\text{タキオン} & T & : \ m_{ij}^2 = \mu_{ij}^2 - 1/\alpha', \\
\text{ベクトル} & A_{\mu=0,\cdots,p} & : \ m_{ij}^2 = \mu_{ij}^2, \\
\text{スカラー} & \Phi^{I=p+1,\cdots,25} & : \ m_{ij}^2 = \mu_{ij}^2.
\end{array} \tag{6.32}
$$

ただし m_{ij}^2 は粒子の2乗質量であり，μ_{ij}^2 はブレーンの位置座標を用いて

$$
\mu_{ij}^2 \equiv \sum_I \mu_{ij}^I \mu_{ij}^I, \quad \mu_{ij}^I \equiv \frac{1}{2\pi\alpha'}(x_{(i)}^I - x_{(j)}^I) \tag{6.33}
$$

と表される．これを開いた弦の世界面理論の解析で導こう．

まず，上半平面上の物質場・ゴースト場の理論を原点を中心として動径量子化する．実軸における場への境界条件は，原点の左側では i 番目，右側では j 番目の Dp ブレーンに相当するものを選ぶ．

物質場は，$\{X^\mu\}_{\mu=0}^p$ がノイマン境界条件，$\{X^I\}_{I=p+1}^{25}$ がディリクレ境界条件に従うことに注意して，

$$
\begin{aligned}
X^\mu &= x^\mu - i\alpha' p^\mu \ln|z|^2 + i\sqrt{\frac{\alpha'}{2}}\sum_{n\neq 0}\frac{\alpha_n^\mu}{n}(z^{-n} + \bar{z}^{-n}), \\
X^I &= x_{(j)}^I - i\alpha'\mu_{ij}^I \ln\frac{z}{\bar{z}} + i\sqrt{\frac{\alpha'}{2}}\sum_{n\neq 0}\frac{\alpha_n^I}{n}(z^{-n} - \bar{z}^{-n})
\end{aligned} \tag{6.34}
$$

とモード展開される．モード演算子は次の交換関係に従う．

$$
[x^\mu, p^\nu] = i\eta^{\mu\nu}, \ [\alpha_m^\mu, \alpha_n^\nu] = m\eta^{\mu\nu}\delta_{m+n,0}, \ [\alpha_m^I, \alpha_n^J] = m\delta^{IJ}\delta_{m+n,0}. \tag{6.35}
$$

x^μ, p^μ が量子力学的な演算子であるのに対し，$x_{(i)}^I, \mu_{ij}^I$ は左右のブレーンの位置から決まるパラメータであり，演算子ではない．

境界条件に従うゴースト場のモード展開は次のようになる．

$$
\begin{aligned}
b(z) &= \sum_n b_n z^{-n-2}, \quad \tilde{b}(\bar{z}) = \sum_n b_n \bar{z}^{-n-2}, \\
c(z) &= \sum_n c_n z^{1-n}, \quad\ \ \tilde{c}(\bar{z}) = \sum_n c_n \bar{z}^{1-n}, \quad \{b_m, c_n\} = \delta_{m+n,0}.
\end{aligned} \tag{6.36}
$$

開いた弦の物理的状態を調べる手順は 4.2.4 項と同様で，まず物質場・ゴー

スト場のモード演算子からBRST電荷を構成し，そのコホモロジーを低いレベルから順に調べてゆけばよい．ダブリング法を使うと，BRST電荷は(4.62)式の $Q_{\mathrm{B}}^{(\text{正則})}$ と全く同じく書ける．ただしその表式は (i,j) 弦の運動量 p^μ および μ_{ij}^I に以下の関係式を通じて依存する．

$$\alpha_0^\mu = \sqrt{2\alpha'}p^\mu, \quad \alpha_0^I = \sqrt{2\alpha'}\mu_{ij}^I. \tag{6.37}$$

ここでは，物質場理論の共形ウェイト1のプライマリ状態 $|\mathrm{ph}\rangle_{(\mathrm{m})}$ とゴースト理論の基底状態 $|\mathrm{gr}\rangle_{(\mathrm{g})}$ (4.59)の積に書ける物理的状態を列挙することにしよう．条件 $L_0^{(\mathrm{m})} = 1$ は，(6.37)を使って書くと次のようになる．

$$\left\{p^\mu p_\mu + \mu_{ij}^2 + (N_{\mathrm{osc}} - 1)/\alpha'\right\}|\mathrm{ph}\rangle_{(\mathrm{m})} = 0. \tag{6.38}$$

まずレベル0の物理的状態はタキオン $|\mathrm{ph}\rangle_{(\mathrm{m})} = |k\rangle_{(\mathrm{m})}$ で，その2乗質量は(6.32)式のとおりである．次にレベル1の状態を，次のように書けるとしよう．

$$|\mathrm{ph}\rangle_{(\mathrm{m})} = (e_\mu\alpha_{-1}^\mu + e_I\alpha_{-1}^I)|k\rangle_{(\mathrm{m})}. \quad (-k_\mu k^\mu = \mu_{ij}^2) \tag{6.39}$$

これがプライマリ状態であるための条件，および Q_{B} コホモロジーの同値関係は

$$e_\mu k^\mu + \sum_I e_I\mu_{ij}^I = 0, \quad (e_\mu, e_I) \sim (e_\mu, e_I) + \lambda(k_\mu, \mu_{ij}^I) \tag{6.40}$$

となる．これらの状態は(6.32)式のベクトル A_μ，スカラー Φ^I を再現する．

6.2 ゲ ー ジ 理 論

ここでは，開いた弦の状態スペクトル(6.32)が，$(p+1)$ 次元のゲージ理論と呼ばれる場の理論から再現される様子を見てみよう．

これまでに，座標変換不変性やワイル不変性など，座標の関数を変換パラメータに持つゲージ対称性(局所対称性)の例をいくつか学んだ．この節で議論するゲージ理論は，これら時空の対称性とは独立な局所対称性で特徴づけられる．まず，その成り立ちを簡単な例で復習する．

平坦時空上の N 個の自由ディラック場からなる，次の理論を考える．

$$\mathcal{L} = \sum_{i=1}^N \left(-i\bar{\Psi}_i\Gamma^\mu\partial_\mu\Psi_i - m\bar{\Psi}_i\Psi_i\right). \tag{6.41}$$

$\mathcal{L}$ は定数ユニタリ行列 U による変換 $\Psi'_i = U_{ij}\Psi_j$, $\bar{\Psi}'_i = \bar{\Psi}_j U^\dagger_{ji}$ のもとで不変である．つまり，理論は大域的対称性 $U(N)$ を持ち，ディラック場はその表現をなす．無限小変換のもとでの変換則は Θ をエルミート行列として，

$$\delta\Psi_i = i\Theta_{ij}\Psi_j, \quad \delta\bar{\Psi}_i = -i\bar{\Psi}_j\Theta_{ji} \tag{6.42}$$

と書ける．リー群 $U(N)$ に対しては，N 成分量 Ψ_i あるいは $\bar{\Psi}_i$ による表現は最も基本的であり，それぞれ基本表現・反基本表現と呼ばれる．

U を座標の任意関数として，この対称性をゲージ対称性に格上げしよう．上の $\mathcal{L}$ のうち質量項は不変であるが，微分を含む運動項はこのままでは不変でない．そこで，$U(N)$ リー代数すなわち $N \times N$ エルミート行列に値をとるゲージ場 $(A_\mu)_{ij}$ を導入し，偏微分 ∂_μ を共変微分 D_μ に置き換える．

$$\mathcal{L} = -i\bar{\Psi}_i\Gamma^\mu D_\mu\Psi_i - m\bar{\Psi}_i\Psi_i\,, \quad D_\mu\Psi_i \equiv \partial_\mu\Psi_i - i(A_\mu)_{ij}\Psi_j\,. \tag{6.43}$$

ただし添字 i, j に関する和記号は省略した．ゲージ場 A_μ の役割は $D_\mu\Psi_i$ のゲージ変換性を Ψ_i と同じく揃えることであり，したがってその変換則は次のようになる．

$$D'_\mu = UD_\mu U^\dagger, \quad A'_\mu = UA_\mu U^\dagger - i\partial_\mu U U^\dagger. \tag{6.44}$$

ゲージ場の強さ $F_{\mu\nu}$ を次で定義する．

$$F_{\mu\nu} = i[D_\mu, D_\nu] = \partial_\mu A_\nu - \partial_\nu A_\mu - i[A_\mu, A_\nu]. \tag{6.45}$$

$F_{\mu\nu}$ のゲージ変換則は $F'_{\mu\nu} = UF_{\mu\nu}U^\dagger$ あるいは $\delta F_{\mu\nu} = i[\Theta, F_{\mu\nu}]$ と書ける．このような変換則に従う N^2 成分量は，$U(N)$ の随伴表現と呼ばれる．これを用いて，ゲージ場のゲージ不変な運動項を次のように与えよう．

$$\mathcal{L}_{\rm YM} = -\frac{1}{2g^2_{\rm YM}}\mathrm{Tr}(F_{\mu\nu}F^{\mu\nu})\,. \tag{6.46}$$

このような運動項に基づくゲージ場の理論はヤン・ミルズ理論と呼ばれ，$g_{\rm YM}$ はその結合定数である．ヤン・ミルズ理論は任意のコンパクトリー群について定義でき，ゲージ場は対応するリー代数に値をとる．また $\mathrm{Tr}A_\mu A^\mu$ のような質量項はゲージ対称性から許されないことに注意しよう．

さて，N 枚の Dp ブレーン上に現れる $N \times N$ 成分の場 T, A_μ, Φ^I の理論に戻

ろう．簡単のため，まずブレーンがすべて重なっているとすると，μ_{ij}^I はこのときすべて零になり，特に A_μ は零質量となる．したがって，この理論は $U(N)$ ゲージ対称性を持ち，T, Φ^I はその随伴表現に属すると考えるのが自然である．また，タキオンの 2 乗質量はその成分に依らず $m^2 = -1/\alpha'$ となるので，そのゲージ不変なラグランジアンは次のように書ける．

$$\mathcal{L} \sim \mathrm{Tr}\left(-\frac{1}{2}D_\mu T D^\mu T + \frac{1}{2\alpha'}T^2 + \cdots\right). \tag{6.47}$$

ただし $D_\mu T \equiv \partial_\mu T - i[A_\mu, T]$ とする．

場 T, A_μ, Φ^I を含むゲージ不変なラグランジアンとして，次を考えよう．

$$\begin{aligned}\mathcal{L} = \frac{1}{2g^2}\mathrm{Tr}\Bigg[&-D_\mu T D^\mu T + \sum_I [\Phi^I, T]^2 + \frac{1}{\alpha'}T^2 \\ &- F_{\mu\nu}F^{\mu\nu} - 2\sum_I D_\mu \Phi^I D^\mu \Phi^I + \sum_{I \neq J}[\Phi^I, \Phi^J]^2\Bigg].\end{aligned} \tag{6.48}$$

ただし $D_\mu \Phi^I \equiv \partial_\mu \Phi^I - i[A_\mu, \Phi^I]$ である．Φ^I のポテンシャルは特別な形をとっているが，この形は上の $\mathcal{L}$ が 26 次元のゲージ理論のラグランジアン

$$\mathcal{L}_{(26\mathrm{d})} = \frac{1}{g^2}\mathrm{Tr}\left[-\frac{1}{2}D_M T D^M T + \frac{1}{2\alpha'}T^2 - \frac{1}{2}F_{MN}F^{MN}\right] \tag{6.49}$$

から次元削減で得られるように選んでいる [*1)]．次元削減とは，高次元の場の理論から出発し，座標のいくつかに場が依存しないとして低次元の場の理論を得る手続きをいう．今の場合は 26 次元の理論 $\mathcal{L}_{(26\mathrm{d})}$ から出発して，場 T, A_M は $x^{0,\cdots,p}$ にしか依存しないとし，さらに 26 次元のベクトル場 A_M のうち最初の $(p+1)$ 成分を A_μ，残りを Φ^I と書くと (6.48) 式を得る．

理論の真空構造を調べるために，(6.48) 式のポテンシャル項を見てみよう．

$$V = \frac{1}{2g^2}\mathrm{Tr}\left[-\frac{1}{\alpha'}T^2 - \sum_I [\Phi^I, T]^2 - \sum_{I \neq J}[\Phi^I, \Phi^J]^2\right]. \tag{6.50}$$

第 1 項は $T = 0$ において極大値をとるが，閉じた弦の解析のときと同様に，ここではこの不安定な真空の周りの量子揺らぎに興味がある．$T = 0$ とすると非零なのは第 3 項のみであるが，この項は半正定値であり，$\{\Phi^I\}_{I=p+1}^{25}$ が互いに

---

*1) なぜこの特別な形を選ぶのか? 理由は T 双対性を学んだ後，9.1.1 項で議論する．

交換するとき最小値 0 をとる．$U(N)$ 回転で Φ^I を同時対角化し，さらにその対角成分の値をブレーンの位置座標に合わせて次のようにおいてみよう．

$$\Phi^I = \frac{1}{2\pi\alpha'}\mathrm{diag}\Big(x^I_{(1)}, \cdots, x^I_{(N)}\Big). \tag{6.51}$$

スカラー場 Φ^I の真空期待値に固有値の縮退がないとき，つまりブレーンが互いに離れているとき，(6.51) 式の真空期待値を不変に保つ $U(N)$ 変換行列は対角行列に限られる．つまりゲージ対称性 $U(N)$ は $U(1)^N$ に自発的に破れる．

4.2.1 項で議論したように，連続対称性が自発的に破れた相には零質量スカラー粒子 (南部・ゴールドストーン粒子) が現れるのであった．ところが，破れるのがゲージ対称性である場合は別の効果が現れる．ゲージ理論では，対称性のなすリー代数の生成元それぞれにつき，1 個の零質量ベクトル場が存在する．このうち，破れる生成元に対応するベクトル場は，南部・ゴールドストーン粒子を「飲み込んで」質量を獲得する [*2]．これはヒッグス機構と呼ばれる．

Φ^I が (6.51) 式の真空期待値を持つとき，(6.48) 式の $\mathcal{L}$ のうちゲージ場に依存する部分を調べると，Φ^I の運動項からゲージ場の質量項が現れる．

$$\mathcal{L} = -\frac{1}{2g^2}\left[(F_{\mu\nu})_{ij}(F^{\mu\nu})_{ji} + 2\mu_{ij}^2(A_\mu)_{ij}(A^\mu)_{ji} + \cdots\right]. \tag{6.52}$$

これは，ほかならぬヒッグス機構である．ゲージ場 $(A_\mu)_{ij}$ の 2 乗質量はちょうど (6.33) 式の μ_{ij}^2 であり，特に対角成分が零質量に留まることは $U(1)^N$ が破れずに残ることに対応する．また，同様の質量項は Φ^I, T に対しても現れ，(6.32) 式の質量スペクトルを正しく再現する．

このようにして，N 枚の平行な Dp ブレーンの世界体積上には $(p+1)$ 次元の $U(N)$ ゲージ理論が実現されること，およびブレーンの位置座標 $x^I_{(i)}$ がゲージ対称性を破るスカラー場の真空期待値に対応することが分かる．

6.3 開 い た 超 弦

超弦の世界面理論は，物質場の超共形場理論と 2 次元超重力の結合した理論

---

*2) 一般に d 次元時空のベクトル粒子は，零質量か否かによって，それぞれローレンツ群の異なる小群 $SO(d-2)$ または $SO(d-1)$ の表現に属する．ベクトル粒子が質量を得るには，成分の数を 1 増やさねばならないのである．

であり，ゲージ固定を経て物質場とゴースト場の理論になるのであった．超共形対称性は，正則カレント $T(z), T_F(z)$ および反正則カレント $\tilde{T}(\bar{z}), \tilde{T}_F(\bar{z})$ によって生成される．世界面を上半平面にとり，実軸上で共形不変性を尊重する境界条件 $T(x) = \tilde{T}(x)$ をおくとき，超カレントの境界条件で T, T_F の演算子積展開公式 (5.88) と矛盾しないものは 2 通りある．

$$T_F(x) = \pm\tilde{T}_F(x). \tag{6.53}$$

ダブリング法を使って T, T_F を複素 z 平面上に延長するとき，そのモード演算子 $\{L_n, G_r\}$ は上半平面上の理論を動径量子化した状態空間に作用する．

例として 10 次元平坦時空をとり，$X^0, \cdots, X^p$ 方向に延びた Dp ブレーンに対応する境界条件を考えよう．世界面を上半平面とするとき，実軸上での物質場・ゴースト場の境界条件は (6.53) 式に合わせて次のようにとらねばならない．

$$\begin{aligned}
(\mu = 0, \cdots, p)\ &:\ \partial X^\mu = \bar{\partial} X^\mu, \quad \psi^\mu = \pm\tilde{\psi}^\mu, \\
(I = p+1, \cdots, 9)\ &:\ \partial X^I = -\bar{\partial} X^I,\ \psi^I = \mp\tilde{\psi}^I, \\
(\text{ゴースト場})\ &:\ c = \tilde{c}, \quad b = \tilde{b}, \qquad \gamma = \pm\tilde{\gamma}, \quad \beta = \pm\tilde{\beta}.
\end{aligned} \tag{6.54}$$

境界条件に現れる符号の不定性の意味を理解するために，図 6.4 のように上半平面の境界上の 1 点 $z = 0$ に演算子がおかれた状況を考えよう．演算子の両側における境界条件のうち，ここでは (6.53) 式に現れる符号にのみ着目する．ダブリング法を使って $T_F(z)$ を複素 z 平面全体に延長したとき，両側の符号の選び方が同じなら $T_F(z)$ は z の整数べき，逆符号なら半奇数べきに展開される．これは境界演算子が NS セクター・R セクターのどちらに属するかの違いに相当する．このことから特に，開いた弦が超対称なスペクトルを示すためには 2 通りの符号について足し合わせる必要があることが分かる．

開いた超弦の物理的状態について調べよう．まず，6.1.3 項と同様に平坦時空に N 枚の Dp ブレーンを平行に配置したとき，(i, j) 弦の量子化から得られ

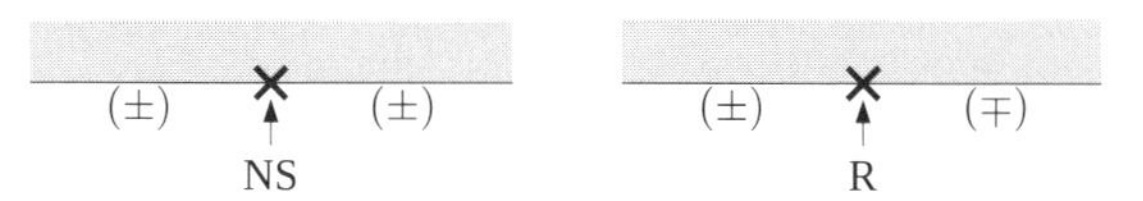

図 6.4 超弦の境界条件と，境界演算子の属するセクターの関係．

る軽い粒子を列挙してみよう.

NS セクター, レベル 0 の状態は 2 乗質量 $m_{ij}^2 = \mu_{ij}^2 - 1/2\alpha'$ のタキオンである. レベル 1/2 の状態

$$|\mathrm{ph}\rangle_{(\mathrm{m})} = (e_\mu \psi^\mu_{-1/2} + e_I \psi^I_{-1/2})|k\rangle_{(\mathrm{m})},$$
$$e_\mu k^\mu + \sum_I e_I \mu^I_{ij} = 0, \quad (e_\mu, e_I) \sim (e_\mu, e_I) + \lambda(k_\mu, \mu^I_{ij}) \tag{6.55}$$

からは 1 組のベクトルと $(9-p)$ 個のスカラーが現れ, その質量は $m_{ij}^2 = \mu_{ij}^2$ である. R セクター, レベル 0 の状態は質量 $m_{ij}^2 = \mu_{ij}^2$ のスピノルで,

$$|\mathrm{ph}\rangle_{(\mathrm{m})} = |k, s\rangle_{(\mathrm{m})} \Psi^s, \quad (k^\mu \Gamma_\mu + \mu^I_{ij} \Gamma_I)^s{}_t \Psi^t = 0 \tag{6.56}$$

と書ける. ただし Γ_μ, Γ_I は 10 次元の Γ 行列である. これらのうち, さらに GSO 射影で残るものが物理的状態である.

N 枚の重なった Dp ブレーンの世界体積上の理論は, 零質量のゲージ場, フェルミオンおよび $(9-p)$ 個のスカラーからなる $(p+1)$ 次元 $U(N)$ ゲージ理論であることが知られている. この理論は $8_{(\text{ボソン})} + 8_{(\text{フェルミオン})}$ 個の質量殻上の自由度を持ち, 実 16 成分の超対称性を有する. また, そのラグランジアンは次の 10 次元の $\mathcal{N} = 1$ 超対称ゲージ理論を次元削減して得られる.

$$\mathcal{L}_{(10\mathrm{d})} = \frac{1}{g^2} \mathrm{Tr} \left(-\frac{1}{2} F_{MN} F^{MN} - i \Psi \Gamma^M D_M \Psi \right). \tag{6.57}$$

次に, 次元や向きの異なる D ブレーンを繋ぐ弦を考えてみよう. 例として, D9 ブレーンと Dp ブレーンを繋ぐ弦をとる. Dp ブレーンは $\{X^\mu\}_{\mu=0}^p$ 方向に延びており, $\{X^I\}_{I=p+1}^9$ 方向の原点に位置するとする. 弦の量子化から, 2 つのブレーンの世界体積の交わる $(p+1)$ 次元面上に場の理論が現れると予想される.

物質場 $X^I, \psi^I, \tilde{\psi}^I$ は, 一方の境界でノイマン境界条件, もう一方でディリクレ境界条件に従う. このため, スカラー場 X^I のモード演算子 α^I_m は半奇数の m でラベルされる. フェルミオンのモード演算子 ψ^I_r については, r のとり得る値は NS・R セクターのいずれかによっても変わる. 既に議論した α^μ_m, ψ^μ_r の性質と併せてまとめると, 表 6.1 のようになる.

5.3.4 項に従って帯上の理論の零点エネルギー $a^{(\mathrm{m})} + a^{(\mathrm{g})}$ を計算すると, NS

表 **6.1** D9 ブレーンと Dp ブレーンを繋ぐ弦のモード展開の規則.

モード演算子	α_m^μ	ψ_r^μ	α_m^I	ψ_r^I
NS セクター	整数	半奇数	半奇数	整数
R セクター	整数	整数	半奇数	半奇数

セクターでは $-\frac{1}{2}+\frac{9-p}{8}$，R セクターでは零となる．$p=9$ の場合を除いて，超対称なスペクトルが期待できるのは NS セクターの零点エネルギーが 0 となる $p=5$ の場合のみである．以下，この場合に注目して議論を続けよう．NS セクター・R セクターともに，零質量粒子に対応するのはレベル零の状態である．

NS セクターの零質量状態は $(5+1)$ 次元のスカラーであるが，同時にフェルミオン零モード $\{\psi_0^I\}_{I=6}^9$ のなす代数の表現としても振る舞う．表現空間は複素 4 次元であり，そのうち 2 成分が GSO 射影の後で残る．R セクターの零質量状態は $\{\psi_0^\mu\}_{\mu=0}^5$ のなす代数の表現すなわち $(5+1)$ 次元のスピノルであり，GSO 射影の結果，定まったカイラリティの成分のみが残る．質量殻上の自由度は複素 2 成分となる．

上の解析は，Dp ブレーンと Dp' ブレーンが $r+1$ 次元面において直交する (あるいは一方が他方を含む) 系に一般化できる．10.2.2 項で議論するように，このような 2 種類の D ブレーンの配置は $p+p'=2r+4$ のとき 8 成分の超対称性を保つ．このとき，2 つのブレーンを繋ぐ弦の量子化から得られる零質量の超対称多重項は，実成分で数えて $4_{(\text{ボソン})}+4_{(\text{フェルミオン})}$ 個の質量殻上の自由度を持つ．これはハイパー多重項と呼ばれる．

Chapter

7 1ループ振幅

ここでは弦理論の1ループ振幅の解析を通じて，弦理論において紫外発散の問題がどのように解決されるかを議論する．特に，閉じた弦の1ループ振幅は紫外発散を生じないこと，また開いた弦のループ振幅は紫外発散を示すが，これは弦理論に特有の構造によって赤外発散と再解釈されること，さらにはこの発散の起源がDブレーンの持つ張力やRR電荷と理解できることを学ぶ．また，向きのない弦では，向きづけ不可能な世界面の寄与によってループ発散がちょうど相殺する場合がある．この仕組みは，オリエンティフォルドと呼ばれる新しい物体を導入することによって理解される．

7.1 ボソン弦の1ループ

まずはボソン弦について調べよう．この章では，ループ振幅のうち最も単純な，1ループ零点振幅を詳しく見てゆくことにする．閉じた弦，開いた弦の1ループはそれぞれトーラスおよび円筒をなす．

7.1.1 トーラス振幅

2次元トーラス T^2 は，平坦な複素 w 平面に独立な2つの周期性

$$w \sim w + 2\pi \sim w + 2\pi\tau \tag{7.1}$$

を導入して定義される．$\tau = \tau_1 + i\tau_2$ はトーラスの複素構造のモジュラス [*1)] であり，上半平面に値をとるとする (図 7.1 左)．トーラスの平坦計量と周期性

[*1)] モジュライ (moduli) はモジュラス (modulus) の複数形である．

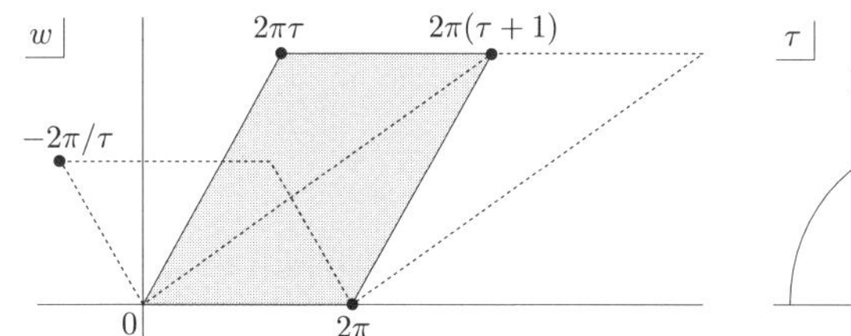

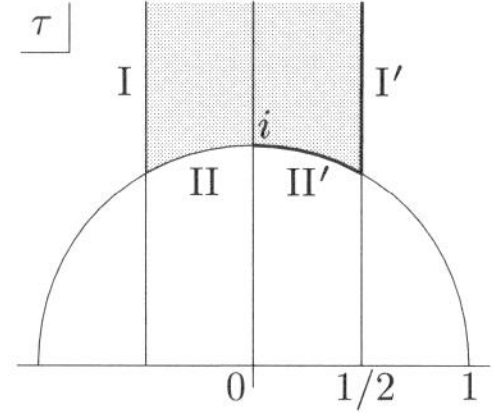

図 7.1　トーラス，およびそのモジュラス空間．辺 I, I′ および円弧 II, II′ はそれぞれ T 変換，S 変換で移り合うので，一方だけ含めてある．

(7.1) を保つ座標変換には並進 $w \to w + \epsilon$ および反転 $w \to -w$ がある．また，モジュラス $T(\tau) \equiv \tau + 1$ あるいは $S(\tau) \equiv -1/\tau$ のトーラスはモジュラス τ のトーラスに共形同値であることにも注意する．変換 S, T は，モジュラー群と呼ばれる次のような離散群を生成する．

$$\begin{pmatrix} a & b \\ c & d \end{pmatrix} \in SL(2,\mathbb{Z}) \begin{pmatrix} a,b,c,d \in \mathbb{Z} \\ ad-bc=1 \end{pmatrix} \quad : \quad \tau \to \frac{a\tau + b}{c\tau + d}. \tag{7.2}$$

モジュラス空間，つまりトーラスの計量の同値類のなす空間は上半平面をこの同値関係で割ったもので与えられ，図 7.1 右がその基本領域である．

ボソン弦の 1 ループ振幅は，このトーラス上の物質場・ゴースト場の共形場理論の相関関数を用いて表される．世界面理論の作用は次で与えられる．

$$S_{(\mathrm{m})} + S_{(\mathrm{g})} = \int \frac{d^2 w}{\pi\alpha'} \partial X^\mu \bar{\partial} X_\mu + \int \frac{d^2 w}{\pi} (b\bar{\partial}c + \tilde{b}\partial\tilde{c}). \tag{7.3}$$

相関関数を議論する際には，ゴースト場の零モード (定数モード) に注意する必要がある．それらは場 $b, c, \tilde{b}, \tilde{c}$ をそれぞれトーラス上で平均して

$$\begin{aligned} b_* &\equiv \int \frac{d^2 w}{4\pi^2\tau_2} b(w), \quad c_* \equiv \int \frac{d^2 w}{4\pi^2\tau_2} c(w), \\ \tilde{b}_* &\equiv \int \frac{d^2 w}{4\pi^2\tau_2} \tilde{b}(\bar{w}), \quad \tilde{c}_* \equiv \int \frac{d^2 w}{4\pi^2\tau_2} \tilde{c}(\bar{w}) \end{aligned} \tag{7.4}$$

と定義される．$S_{(\mathrm{g})}$ はこれらを含まないので，相関関数が非零になるためには，ゴースト $b, c, \tilde{b}, \tilde{c}$ がそれぞれ 1 個ずつ以上挿入されている必要がある．最も基本的な例は次の 4 点関数であり，その値は座標 $w_1, \cdots, w_4$ に依らない．

$$\begin{aligned} &\langle b(w_1)\tilde{b}(\bar{w}_2)c(w_3)\tilde{c}(\bar{w}_4)\rangle \\ &= \langle (b_* + \cdots)(\tilde{b}_* + \cdots)(c_* + \cdots)(\tilde{c}_* + \cdots)\rangle = \langle b_*\tilde{b}_*c_*\tilde{c}_*\rangle. \end{aligned} \tag{7.5}$$

一般の1ループ散乱振幅は，4.1.3項の議論に従って次のように表される．

$$\mathcal{A}_{g=1,n} = \frac{1}{2}\int d^2\tau \left\langle (b,\mu_\tau)(b,\mu_{\bar\tau})c\tilde{c}V_1(w_1,\bar{w}_1)\prod_{i=2}^{n} S_i \right\rangle,$$
$$(b,\mu_\tau) \equiv \int \frac{d^2w}{4\pi}\sqrt{h}h^{ac}h^{bd}b_{ab}\partial_\tau h_{cd}, \quad S_i \equiv \int d^2w_i V_i(w_i,\bar{w}_i). \tag{7.6}$$

ただし1行目右辺の1/2は反転対称性 $w_i \to -w_i$ を考慮しての係数であり，またトーラスの並進不変性を用いて頂点演算子 V_1 の位置を固定した．先の段落の結果を使うと，これを V_1 の位置について平均した式に書き直せる．

$$\mathcal{A}_{g=1,n} = \frac{1}{2}\int \frac{d^2\tau}{4\pi^2\tau_2}\left\langle (b,\mu_\tau)(b,\mu_{\bar\tau})c_*\tilde{c}_*\right\rangle_{(\mathrm{g})}\left\langle \textstyle\prod_{i=1}^{n} S_i\right\rangle_{(\mathrm{m})}. \tag{7.7}$$

このように書くと，n 個の頂点演算子について完全に入れ替え対称となり，また零点振幅 $(n=0)$ へも自然に拡張できる．

(4.26) 式で定義したとおり，$\mu_\tau, \mu_{\bar\tau}$ は計量のモジュラスによる微分である．我々の用いるトーラスの計量は τ にあらわに依存しないので若干奇妙であるが，これは次のように計算できる．正則でない微小座標変換 $\tilde{w} = w + \epsilon\bar{w}$ のもとで，トーラスの計量は次のように変化する．

$$ds^2 = d\tilde{w}d\bar{\tilde{w}} = (dw + \epsilon d\bar{w})(d\bar{w} + \bar{\epsilon}dw). \tag{7.8}$$

よって $\delta h_{ww} = \bar{\epsilon}$, $\delta h_{\bar{w}\bar{w}} = \epsilon$ が従う．一方，周期性およびモジュラスは

$$\tilde{w} \sim \tilde{w} + 2\pi(1+\epsilon) \sim \tilde{w} + 2\pi(\tau + \epsilon\bar{\tau}), \quad \tilde{\tau} = \frac{\tau + \epsilon\bar{\tau}}{1+\epsilon} \tag{7.9}$$

と変化するので，$\delta\tau = -2i\tau_2\epsilon$，したがって $\partial_\tau h_{\bar{w}\bar{w}} = i/2\tau_2$ となる．よって

$$(b,\mu_\tau) \equiv \int \frac{d^2w}{4\pi} 4b_{ww}\partial_\tau h_{\bar{w}\bar{w}} = 2\pi i b_*, \quad (b,\mu_{\bar\tau}) = -2\pi i\tilde{b}_* \tag{7.10}$$

が得られ，1ループ振幅は次のように簡単にまとまる．

$$\mathcal{A}_{g=1,n} = \int \frac{d^2\tau}{2\tau_2}\langle \textstyle\prod_{i=1}^{n} S_i\rangle_{(\mathrm{m})}\langle b_*\tilde{b}_*c_*\tilde{c}_*\rangle_{(\mathrm{g})}. \tag{7.11}$$

上の公式を用いて，1ループ零点振幅を評価してみよう．弦の標的時空を $\mathbb{R}^{1,D-1}$ とすると，分配関数 $\langle 1\rangle_{(\mathrm{m})}$ は2.2.1項と同様に計算できて，

$$\langle 1\rangle_{(\mathrm{m})} = \int \frac{d^Dx d^Dp \exp(-\pi\tau_2\alpha' p^\mu p_\mu)}{(2\pi)^D|\eta(\tau)|^{2D}} = \frac{iV_D}{(2\pi\ell_s)^D}\frac{1}{(\tau_2)^{D/2}|\eta(\tau)|^{2D}} \tag{7.12}$$

となる．ここで V_D は平坦時空の (無限大の) 体積を表し，因子 i は運動量の時間成分のウィック回転から生じる．

次に，ゴースト理論の相関関数を演算子形式で調べよう．まず，零モード $b_*, c_*, \tilde{b}_*, \tilde{c}_*$ と動径量子化のモード演算子 $b_0, c_0, \tilde{b}_0, \tilde{c}_0$ の間には，例えば次のような関係が成り立つことに注意する．

$$b_0 \equiv \oint \frac{dz}{2\pi i} z b(z) = -\int_0^{2\pi} \frac{dw}{2\pi} b(w) = -b_*. \quad \left(z = e^{-iw}\right) \tag{7.13}$$

したがって，問題の相関関数は演算子形式では次のように書ける．

$$\langle b_* \tilde{b}_* c_* \tilde{c}_* \rangle_{(\mathrm{g})} = \mathrm{Tr}\left[(-1)^F b_0 \tilde{b}_0 c_0 \tilde{c}_0 q^{L_0 - \frac{c}{24}} \bar{q}^{\tilde{L}_0 - \frac{c}{24}}\right]. \quad (c = -26) \tag{7.14}$$

ここで，F は状態のグラスマン偶奇性に応じて値 0 または 1 (mod 2) をとるフェルミオン数演算子であり，したがって $(-1)^F$ はすべてのフェルミオン (グラスマン数) と反交換する．トレースの中においては，この演算子はゴースト場が時間方向の周期的境界条件に従うことを保証する役割がある．これを理解するため，例えば $b(z)$ を含むトーラス上の相関関数を演算式形式で表したとしよう．

$$\langle \cdots b(z) \rangle_{(\mathrm{g})} = \mathrm{Tr}\left[(-1)^F (\cdots b(z)) q^{L_0 - \frac{c}{24}} \bar{q}^{\tilde{L}_0 - \frac{c}{24}}\right]. \tag{7.15}$$

$(\cdots)$ は奇数個のゴーストの積であり，それらはすべて動径量子化の意味で $b(z)$ より未来にあるとする．ここから，まず z の値を動径量子化の未来方向に z/q まで変化させよう．時間順序積の規則に従って $b(z)$ を積の左端に移すとき，他の奇数個のゴーストの各々を追い越すたびに負号を生じる．さらに $(-1)^F$ と並進演算子 $q^{L_0 - \frac{c}{24}} \bar{q}^{\tilde{L}_0 - \frac{c}{24}}$ を追い越させると，トレース内を一周してもとの $b(z)$ の q^2 倍に戻る．この操作から，相関関数は次の周期性を示すことが分かる．

$$\langle \cdots b(z/q) \rangle_{(\mathrm{g})} = q^2 \langle \cdots b(z) \rangle_{(\mathrm{g})}. \tag{7.16}$$

これは $b(w)$ の周期性 $b(w) = b(w + 2\pi\tau)$ に相当する．$(-1)^F$ がない場合は，(7.16) 式の右辺にはさらに負号が現れるので，$b(w)$ は反周期的となる．

相関関数 (7.14) を評価するには，系を正準反交換関係 $\{d, d^\dagger\} = 1$ に従うフェルミオン生成・消滅演算子の無限個の対に分けて考えればよい．非零モードからの寄与はすべて次の形に帰着する．

$$\mathrm{Tr}\left[(-1)^F e^{-n\beta d^\dagger d}\right] = 1 - e^{-n\beta}. \tag{7.17}$$

一方，零モード $b_0, c_0, \tilde{b}_0, \tilde{c}_0$ は $L_0, \tilde{L}_0$ に含まれないので，ゴースト理論は縮退した 4 つの基底状態

$$|\mathrm{gr}\rangle,\ c_0|\mathrm{gr}\rangle,\ \tilde{c}_0|\mathrm{gr}\rangle,\ c_0\tilde{c}_0|\mathrm{gr}\rangle \quad \left(b_0|\mathrm{gr}\rangle = \tilde{b}_0|\mathrm{gr}\rangle = 0\right) \tag{7.18}$$

を持つ．零モードの積はこのうち 1 つの基底状態への射影演算子である．

$$b_0 c_0 \tilde{b}_0 \tilde{c}_0 = |\mathrm{gr}\rangle\langle\mathrm{gr}|. \tag{7.19}$$

以上より，ゴースト理論の相関関数 (7.14) は次のようになる [*2]．

$$\langle b_* \tilde{b}_* c_* \tilde{c}_* \rangle_{(\mathrm{g})} = (q\bar{q})^{-1-\frac{c}{24}} \prod_{n\geq 1} (1-q^n)^2 (1-\bar{q}^n)^2 = |\eta(\tau)|^4. \tag{7.20}$$

これまでの結果をまとめると，臨界次元 $D=26$ のボソン弦のトーラス零点振幅は最終的に次のようになる．

$$\mathcal{A}_{g=1,n=0} \ = \ \frac{iV_{26}}{(2\pi\ell_s)^{26}} \int \frac{d^2\tau}{2\tau_2} (\tau_2)^{-13} |\eta(\tau)|^{-48}. \tag{7.21}$$

7.1.2 紫外発散を生じない仕組み

ここでは場の量子論のループ振幅との比較から，弦のトーラス振幅 (7.21) が紫外発散を生じないことを示す．まずは，場の理論の零点振幅の一般的性質の復習から始めよう．

場の理論の規格化された相関関数は，通常次のように定義される．

$$\langle \mathcal{O}[\varphi] \rangle \equiv \frac{1}{Z} \int \mathcal{D}\varphi e^{-S[\varphi]} \mathcal{O}[\varphi], \quad Z \equiv \int \mathcal{D}\varphi e^{-S[\varphi]}. \tag{7.22}$$

ここで規格化因子 Z は (規格化されていない) 零点振幅である．摂動論においては，Z は外線を持たない真空泡と呼ばれるファインマン図形の足し上げで評価される．各々の泡図形は 1 つに繋がった図形でなくてもよく，一般にはいくつかの連結成分からなる．連結な泡図形についての和は $\ln Z$ に等しい．

[*2] この結果を符号も含めて正しく導くには，$b_0, c_0, \tilde{b}_0, \tilde{c}_0$ の並び順を，モジュラス空間の積分測度や向きづけとの対応にも配慮して注意深く決めねばならない．ここでは，正しい解釈 (次節) を再現する符号をとる．

相関関数 $\langle \mathcal{O}[\varphi] \rangle$ に寄与するファインマン図形も，一般にはいくつかの連結成分からなる．ただし Z による規格化のおかげで，真空泡を含む非連結な図形の寄与は足し上げから除外される．

1 ループの精度では，$\ln Z$ は理論のすべての粒子のなすループの和である．また自由場の理論では，$\ln Z$ は高次ループの寄与を持たず，ループ和そのものになる．例として D 次元自由スカラー場 φ の理論をとると，Z は

$$Z \equiv \int \mathcal{D}\varphi e^{i \int d^D x \left(-\frac{1}{2}\partial_\mu \varphi \partial^\mu \varphi - \frac{1}{2} m^2 \varphi^2\right)} = \left[\det i(p^2 + m^2)\right]^{-1/2} \tag{7.23}$$

となり，その対数は次のように評価できる．

$$\begin{aligned} -\frac{1}{2}\mathrm{Tr}\ln(p^2 + m^2) &= V_D \int \frac{d^D p}{(2\pi)^D} \int_0^\infty \frac{d\ell}{2\ell} e^{-\ell(p^2+m^2)} \\ &= \frac{iV_D}{(4\pi)^{D/2}} \int_0^\infty \frac{d\ell}{2\ell} \ell^{-\frac{D}{2}} e^{-\ell m^2}. \end{aligned} \tag{7.24}$$

ただし Tr を位相空間上の積分に，ln を次の公式を用いて書き換えた．

$$\int_0^\infty \frac{dt}{t} e^{-at} = -\ln a. \tag{7.25}$$

(7.24) 式の ℓ はファインマンのパラメータと呼ばれ，世界線のなすループの長さという自然な解釈がある．分母の重み因子 2ℓ は，したがって長さ ℓ のループに作用する反転および並進対称性の体積であり，世界線上の座標変換 (2.3) で移り合うループの数え過ぎを相殺している．

トーラス振幅 (7.21) をこれと比較するために，まずデデキントの関数のべきを次のように q の級数に展開しよう．

$$|\eta(\tau)|^{-48} = |q^{-1} + 24 + \mathcal{O}(q)|^2 = \sum_{n,\bar{n} \geq 0} \mathcal{N}_{n,\bar{n}} q^{n-1} \bar{q}^{\bar{n}-1}. \tag{7.26}$$

整数 $n, \bar{n}$ は物理的状態の属するレベルと同定できる．つまり正則，反正則セクターのそれぞれについて，レベル 0 にはタキオン，レベル 1 には 24 成分の零質量粒子が属するという具合である．この表式を (7.21) 式に代入し，周期的な変数 τ_1 について積分すると，

$$\mathcal{A}_{1,0} = \frac{iV_{26}}{(2\pi\ell_s)^{26}} \int \frac{d\tau_2}{2\tau_2} (\tau_2)^{-13} \sum_{n,\bar{n} \geq 0} \mathcal{N}_{n,n} e^{-4\pi\tau_2(n-1)} \tag{7.27}$$

のように，レベル一致条件 $n = \bar{n}$ を満たす状態のみの足し上げになる．(7.27)

式と (7.24) 式を比べると，トーラス零点振幅は 2 乗質量 $m^2 \sim n-1$ を持つ様々な粒子からなる系のループ和と解釈できる．

ループ和 (7.24) を与える ℓ 積分は $\ell \to 0$ で発散するが，これが場の量子論の短距離効果から生じる紫外発散である．では弦理論のトーラス振幅はどんな紫外発散を示すだろうか? τ_1 の積分を済ませた表式 (7.27) を見ると，残った τ_2 に関する積分から同様の紫外発散が生じるように見える．しかし，トーラスのモジュラス τ に関する積分は，モジュラー不変性 (7.2) のおかげで，図 7.1 右の基本領域に限られるため，紫外発散を生じる小さな τ_2 の領域で積分する必要はない．つまり閉じた弦の 1 ループ振幅は紫外発散を生じないのである．

7.1.3　円筒振幅とその発散

次に開いた弦の 1 ループ (円筒振幅) を考えよう．円筒上の複素座標 w を

$$w = \sigma + i\tau, \quad 0 \leq \sigma \leq \pi, \quad \tau \sim \tau + 2\pi\ell \tag{7.28}$$

ととる．$\ell > 0$ は円筒のモジュラスであり，また τ 方向の並進はアイソメトリーである．これらに対応して，円筒上の世界面理論はゴースト・反ゴーストそれぞれ 1 個ずつの零モードを持つ．

円筒振幅の一般公式を書き下してみよう．まず，トーラスの場合に倣って座標変換に伴う計量・モジュラスの変化を調べると，$\partial_\ell h_{ww} = \partial_\ell h_{\bar{w}\bar{w}} = -1/2\ell$ が得られる．したがって b の零モードは次の形で振幅に現れる．

$$(b, \mu_\ell) = -\int \frac{d^2 w}{2\pi\ell}\big(b_{ww}(w) + b_{\bar{w}\bar{w}}(\bar{w})\big). \tag{7.29}$$

次に c 零モードへの依存性を調べるため，まず頂点演算子を n 個，境界頂点演算子を $n_B \geq 1$ 個含む振幅を考える．境界頂点演算子 1 個の位置を固定して，振幅 $\mathcal{A}^{(\mathrm{C})}_{n,n_B}$ (${}_{(\mathrm{C})}$ は cylinder の頭文字) を次のように書く．

$$\mathcal{A}^{(\mathrm{C})}_{n,n_B} = \frac{1}{2}\int d\ell \left\langle (b, \mu_\ell)\, c^\tau(\tau) V_{\mathrm{B}1}(\tau) \prod_{i=1}^{n} S_i \prod_{j=2}^{n_{\mathrm{B}}} S_{\mathrm{B}j} \right\rangle. \tag{7.30}$$

ただし $\tau = \mathrm{Im}\, w$ は境界に沿った座標，$c^\tau \equiv (c^w - c^{\bar{w}})/2i$ であり，因子 1/2 は反転対称性 $w \to -w$ から生じる．相関関数は c^τ の位置に依らないので，$V_{\mathrm{B}1}$ の位置について平均をとって

$$\mathcal{A}_{n,n_B}^{(\mathrm{C})} = \frac{1}{2}\int \frac{d\ell}{2\pi\ell} \Big\langle (b,\mu_\ell)\, c^\tau(\tau) \Big\rangle_{(\mathrm{g})} \Big\langle \prod_{i=1}^{n} S_i \prod_{j=1}^{n_\mathrm{B}} S_{\mathrm{B}i} \Big\rangle_{(\mathrm{m})} \tag{7.31}$$

と書き直せる．特に零点振幅は，演算子形式で次のように書ける．

$$\mathcal{A}_0^{(\mathrm{C})} = \int \frac{d\ell}{2\ell}\, \mathrm{Tr}\Big[(-1)^F b_0 c_0 q^{L_0 - \frac{c}{24}}\Big]_{(\mathrm{m})+(\mathrm{g})}. \quad (q \equiv e^{-2\pi\ell}) \tag{7.32}$$

演算子 L_0, b_0, c_0 は，6.1.3 項と同じく，上半平面上で適当な境界条件に従う場をモード展開して定義される．

演算子形式で零点振幅を計算する手続きは 7.1.1 項と同様である．例として，26 次元平坦時空に n 枚の D25 ブレーンを配置し，その上を伝搬する開いた弦の 1 ループ振幅を考えよう．物質場理論の分配関数 $\langle 1\rangle_{(\mathrm{m})}$ は，チャン・ペイトンの因子についての足し上げも含めると，次のようになる．

$$\langle 1\rangle_{(\mathrm{m})} = n^2 \frac{V_{26}}{(2\pi)^{26}} \int d^{26}k\, \exp(-2\pi\ell\alpha' k^\mu k_\mu)\cdot \eta(i\ell)^{-26}. \tag{7.33}$$

ゴースト理論の相関関数 $\eta(i\ell)^2$ と合わせると次の最終形が得られる．

$$\mathcal{A}_0^{(\mathrm{C})} = n^2 \frac{iV_{26}}{(2\pi\ell_s)^{26}} \int \frac{d\ell}{2\ell} \frac{1}{(2\ell)^{13}\eta(i\ell)^{24}}. \tag{7.34}$$

円筒上の零点振幅 (7.34) は，デデキント関数のべきを $q \equiv e^{-2\pi\ell}$ の級数に書き換えることにより，様々な質量を持つ開いた弦のなすループの和と解釈できる．しかし，トーラスの場合と違って，ℓ についての積分は $0 < \ell < \infty$ 全体にわたり，特に ℓ の小さい領域での積分は紫外発散を生じる．この発散の問題はどのように解決すべきだろうか?

鍵となるのは開いた弦・閉じた弦の双対性である．これは，円筒上のどちらの方向を時間にとるかによって，世界面が開いた弦のループに見えたり，あるいは D ブレーン間を閉じた弦が伝搬するように見えたりすることをいう．例えば図 7.2 の ℓ の小さい円筒は，開いた弦と見なすと短いが，閉じた弦と見なすと逆に長い．これは，開いた弦のチャネルにおける紫外発散が，D ブレーン間

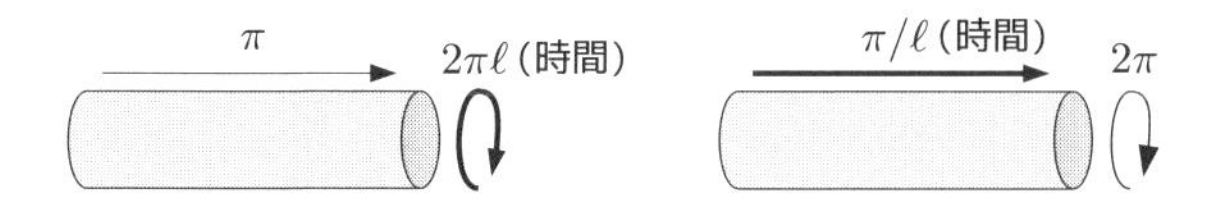

図 7.2 開いた弦・閉じた弦の双対性．ℓ が小さいとき，開いた弦のループの長さは短い (左図) が，閉じた弦の長さは長い (右図)．

を伝搬する閉じた弦のチャネルでは赤外発散と解釈できることを示唆する.

円筒振幅 (7.34) を公式 $\ell^{1/2}\eta(i\ell) = \eta(i/\ell)$ を用いて書き換えると,

$$\mathcal{A}_0^{(\mathrm{C})} = \frac{n^2}{2^{14}} \frac{iV_{26}}{(2\pi\ell_s)^{26}} \int_0^\infty ds\eta(is)^{-24} \tag{7.35}$$

を得る. 被積分関数は次のように $\tilde{q} \equiv e^{-2\pi s}$ の級数に展開できる.

$$\eta(is)^{-24} = \tilde{q}^{-1} + 24 + \mathcal{O}(\tilde{q}) \equiv \sum_{n\geq 0} \mathcal{N}_n \tilde{q}^{n-1}. \tag{7.36}$$

変数 s に関して積分すると, その結果は, 2 乗質量 $m^2 \sim n-1$ を持つ零運動量の閉じた弦のプロパゲータの足し上げと解釈できる.

$$\int_0^\infty ds \sum_{n\geq 0} \mathcal{N}_n e^{-2\pi s(n-1)} \sim \sum_i \frac{1}{k^2+m_i^2}\Big|_{k^\mu=0}. \tag{7.37}$$

このように書き換えると, 円筒振幅の発散は零質量・零運動量の閉じた弦がブレーン間で交換される効果, つまり赤外発散と解釈できることが分かる.

この結果は, D ブレーンが閉じた弦の零質量状態の源であること, 特に重力子の源となることから非零の張力を持つこと, を意味する. これはより直接的に, D ブレーンに境界を持つ円板状の世界面をとり, 重力子その他の 1 点振幅を評価することによっても示せる. このように, 重力場・ディラトンの源 (D ブレーン) を背景に導入したにもかかわらず, 我々は開いた弦の理論を定義する際に背景の場の値に何の修正も施していない. 赤外発散は, このように場の理論を運動方程式を満たさない背景の周りで展開したときに生じる問題である.

したがって, 開いた弦の紫外発散は, 原理的には, 背景の重力場・ディラトン場を然るべく修正することによって解決されるべき問題である. しかし, より直観的かつ応用上重要な解決法として, D ブレーンの張力その他の効果を打ち消す別の物体を源として背景に導入することもできる. 次節に見るように, 向きのない弦の理論における発散の相殺はまさにこの機構に基づいている.

7.2 向きのない弦

閉じたボソン弦およびタイプ IIB 型の超弦は, 世界面の正則セクター・反正則セクターを入れ替える向きづけ反転 Ω のもとで不変である. これらの理論か

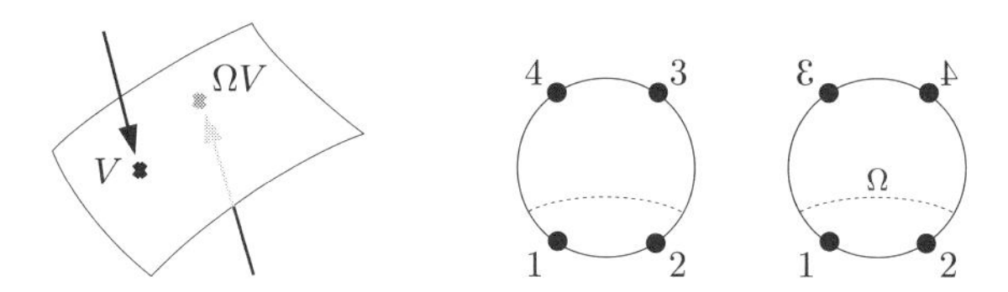

図 7.3 (左) 向きのない弦理論では，頂点演算子は世界面の表・裏両方から挿入される．(右) 円板上の 4 点振幅．頂点演算子の並び替え・向きづけ反転についての足し上げには中間状態の Ω 不変性を課す効果がある．

ら出発して，物理的状態や頂点演算子を Ω で不変なものに限ることにより，向きのない弦の理論を定義することができる．

向きのない弦の理論をイメージするには，弦の頂点演算子を世界面の表・裏の両方から挿入することを許すと考えるのがよい (図 7.3 左)．どのような頂点演算子についても，表・裏から挿入する場合の平均をとらねばならないので，向きづけ反転 Ω で不変な演算子以外は散乱振幅から除外されるのである．またこの平均操作は，図 7.3 右のように，散乱過程の中間状態を伝搬する弦にも Ω 不変性を課す効果がある．さらに，後で見るように，向きづけ不可能な世界面からの寄与も振幅に取り込む必要が出てくる．

向きづけ反転が弦の状態にどのように働くかを調べよう．まず閉じた弦への作用を見るために，円筒上のボソン弦理論の作用を思い出そう．

$$S_{(\mathrm{m})}+S_{(\mathrm{g})}=\int\frac{d^2w}{\pi\alpha'}\partial X^\mu\bar{\partial}X_\mu+\int\frac{d^2w}{\pi}\left(b\bar{\partial}c+\tilde{b}\partial\tilde{c}\right). \tag{7.38}$$

ただし $w=\sigma+i\tau$, $\sigma\sim\sigma+2\pi$ である．向きづけ反転 Ω は場に

$$\begin{aligned}\Omega\ :\ \ & X^\mu(\sigma,\tau)\to X^\mu(-\sigma,\tau),\\ & b(\sigma,\tau)\leftrightarrow\tilde{b}(-\sigma,\tau),\ c(\sigma,\tau)\leftrightarrow-\tilde{c}(-\sigma,\tau)\end{aligned} \tag{7.39}$$

と作用し，モード演算子 (3.5), (4.54) に対しては次のように作用する．

$$\Omega\ :\ \alpha_n^\mu\leftrightarrow\tilde{\alpha}_n^\mu,\quad b_n\leftrightarrow\tilde{b}_n,\quad c_n\leftrightarrow\tilde{c}_n. \tag{7.40}$$

閉じた弦の物理的状態への Ω の作用をいくつか調べると [*3]，

[*3] ここでは物質場理論の状態に注目する．状態には添字 $_{(\mathrm{m})}$ をつけるべきだが省略する．

$$\begin{aligned} \text{タキオン} &: \quad |k\rangle \ (m^2 = -4/\alpha') \quad \cdots \ \Omega = +1 \\ \text{重力子} &: \quad \alpha_{-1}^{(\mu}\tilde{\alpha}_{-1}^{\nu)}|k\rangle \ (m^2 = 0) \quad \cdots \ \Omega = +1 \\ B\,\text{場} &: \quad \alpha_{-1}^{[\mu}\tilde{\alpha}_{-1}^{\nu]}|k\rangle \ (m^2 = 0) \quad \cdots \ \Omega = -1 \end{aligned} \tag{7.41}$$

となる．したがって，向きのない弦の物理的状態のスペクトルは，Ω で不変なタキオン・重力子を含むが，B 場は $\Omega = -1$ の固有状態なので除外される．

ちなみに，上の向きづけ反転変換は閉じた弦の2点 $\sigma = 0, \pi$ を固定するように定義されたが，$\sigma = a, \pi + a$ を固定するようにも定義できる．この場合，新しい向きづけ反転 $\Omega_{(a)}$ のモード演算子への作用は次のようになる．

$$\Omega_{(a)} \ : \ \alpha_n^\mu \to e^{-2ina}\tilde{\alpha}_n^\mu, \ \tilde{\alpha}_n^\mu \to e^{2ina}\alpha_n^\mu. \tag{7.42}$$

$\Omega_{(a)} = e^{-2ia(L_0 - \tilde{L}_0)}\Omega$ であるため，レベル一致条件を満たす物理的状態に対しては $\Omega, \Omega_{(a)}$ のどちらの向きづけ反転不変性を課しても同じになる．

次に，D25ブレーンを配置し，ノイマン境界条件に従う開いた弦を考えよう．座標 $\sigma \in [0, \pi], \tau \in \mathbb{R}$ を持つ帯状の世界面をとり，その上の場に働く向きづけ反転 Ω を次のように定める．

$$\begin{aligned} \Omega \ : \ & X^\mu(\sigma, \tau) \to X^\mu(\pi - \sigma, \tau), \\ & b(\sigma, \tau) \leftrightarrow \tilde{b}(\pi - \sigma, \tau), \ c(\sigma, \tau) \leftrightarrow -\tilde{c}(\pi - \sigma, \tau) \end{aligned} \tag{7.43}$$

(6.34) 式および (6.36) 式で定義されるモード演算子に対しては，Ω は

$$\Omega \ : \ \alpha_n^\mu \to (-1)^n \alpha_n^\mu, \ \ b_n \to (-1)^n b_n, \ \ c_n \to (-1)^n c_n \tag{7.44}$$

と作用する．したがって，開いた弦の物理的状態の向きづけ反転変換性は，タキオン $|k\rangle$ が $\Omega = +1$，ベクトル $\alpha_{-1}^\mu|k\rangle$ が $\Omega = -1$ となる．

複数のD25ブレーンが配置された状況では，開いた弦の状態はチャン・ペイトンの自由度を含むので，一般に次のように表される．

$$|\Phi, \Lambda\rangle \equiv \sum_{i,j=1}^{n} |\Phi, ij\rangle \Lambda_{ij}, \quad \Phi \in \left\{ |k\rangle, \ \alpha_{-1}^\mu|k\rangle, \ \cdots \right\}. \tag{7.45}$$

n はブレーンの枚数，状態 $|\Phi, ij\rangle$ は左右の端をそれぞれ i 番目，j 番目のブレーンに付着した弦に対応し，$|\Phi, \Lambda\rangle$ はそれらの線形結合である．向きづけ反転は

左右の端点を入れ替えるので，素朴な Ω の作用は $\Omega|\Phi,\Lambda\rangle=|\Omega\Phi,\Lambda^{\mathrm{T}}\rangle$ と書ける．したがって，Ω 不変なタキオン，ベクトルの状態は次のように書ける．

$$
\begin{aligned}
\text{タキオン}\ :&\quad |k,ij\rangle T_{ij}(k) &&\cdots\ T(k)=+T^{\mathrm{T}}(k),\\
\text{ベクトル}\ :&\quad \alpha_{-1}^{\mu}|k,ij\rangle A_{\mu,ij}(k) &&\cdots\ A_{\mu}(k)=-A_{\mu}^{\mathrm{T}}(k).
\end{aligned}
\tag{7.46}
$$

ベクトル状態に対しては，行列 $A_{\mu,ij}(k)$ は反対称となる．$n\times n$ 実反対称行列の全体は $SO(n)$ リー代数をなすことから，向きのない開いた弦は $SO(n)$ ゲージ理論を生じることが従う．

開いた弦への Ω の作用を，次のように一般化する可能性を考えてみよう．

$$
\Omega|\Phi,ij\rangle=|\Omega\Phi,k\ell\rangle P_{kj}P_{i\ell}^{-1},\quad \Omega|\Phi,\Lambda\rangle=|\Omega\Phi,P\Lambda^{\mathrm{T}}P^{-1}\rangle. \tag{7.47}
$$

ただし $P\in U(n)$ である．P が無矛盾な向きづけ反転を定めるためには，$\Omega^2=1$ から従う次の条件を満たさねばならない．

$$
\text{任意の}\ n\times n\ \text{行列}\ \Lambda\ \text{に対し，}\quad PP^{-\mathrm{T}}\Lambda(PP^{-\mathrm{T}})^{-1}=\Lambda. \tag{7.48}
$$

つまり，$PP^{-\mathrm{T}}$ は単位行列の定数倍である．また，チャン・ペイトンの行列 Λ に Ω が (7.47) 式のように作用するとき，そのユニタリ共役 $\tilde{\Lambda}\equiv U\Lambda U^{-1}$ への Ω の作用は次のようになる．

$$
\tilde{\Lambda}=U\Lambda U^{-1}\to UP\Lambda^{\mathrm{T}}P^{-1}U^{-1}=(UPU^{\mathrm{T}})\tilde{\Lambda}^{\mathrm{T}}(UPU^{\mathrm{T}})^{-1}. \tag{7.49}
$$

よって，行列 P と UPU^{T} の定める向きづけ反転は互いに等価である．これらを考慮して P の分類を考えると，素朴な向きづけ反転 $P=\mathbf{1}$ 以外に次のものが存在する．

$$
P=\begin{pmatrix}0 & \mathbf{1}_{(k\times k)}\\ -\mathbf{1}_{(k\times k)} & 0\end{pmatrix}.\quad (n=2k) \tag{7.50}
$$

これは斜交群 $Sp(k)=USp(2k)$ の不変テンソル (5.2) にほかならない．$P\Lambda^{\mathrm{T}}P^{-1}=-\Lambda$ を満たす $2k\times 2k$ エルミート行列の全体は $Sp(k)$ リー代数をなすので，開いた弦の零質量ベクトル状態は $Sp(k)$ ゲージ場と同定される．

7.2.1 向きのない弦の 1 ループ振幅

向きのない弦理論においては，向きづけ不可能な世界面も散乱振幅に寄与する．特に 1 ループに対応する世界面としては，これまでに調べたトーラス，円筒の他に，向きづけ不可能なものが 2 種類存在する．

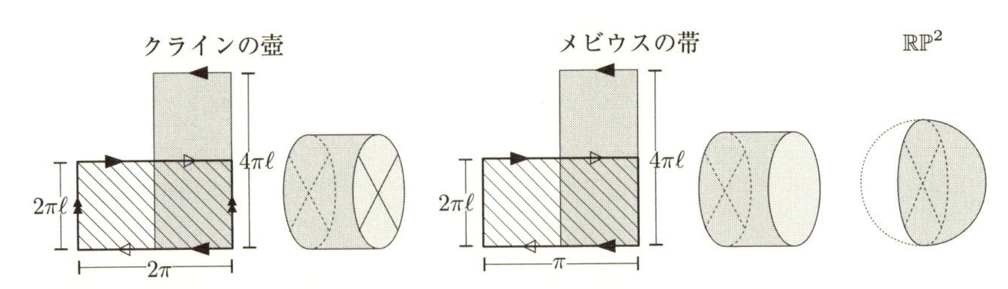

図 7.4 向きづけ不可能な世界面の例. クラインの壺・メビウスの帯については, 振幅の計算には斜線で示した基本領域のとり方が便利である. これらは向きづけ可能な世界面にクロスキャップ ($\otimes$ 印) を加えて構成することもできる.

クラインの壺　クラインの壺は, 周長 2π, 長さ $2\pi\ell$ の円筒の両端を逆向きに貼り合わせて得られる向きづけ不可能な 2 次元面である (図 7.4 左). 座標 $w = \sigma + i\tau$ を用いて周期境界条件を表すと, 次のようになる.

$$(\sigma, \tau) \sim (\sigma + 2\pi, \tau) \sim (-\sigma, \tau + 2\pi\ell) . \tag{7.51}$$

この上の物質場・ゴースト場の理論は, したがって次の境界条件で定義すればよい.

$$\begin{aligned} X^\mu(\sigma + 2\pi, \tau) &= X^\mu(\sigma, \tau), \quad & X^\mu(\sigma, \tau + 2\pi\ell) &= X^\mu(-\sigma, \tau), \\ b(\sigma + 2\pi, \tau) &= b(\sigma, \tau), & b(\sigma, \tau + 2\pi\ell) &= \tilde{b}(-\sigma, \tau), \\ c(\sigma + 2\pi, \tau) &= c(\sigma, \tau), & c(\sigma, \tau + 2\pi\ell) &= -\tilde{c}(-\sigma, \tau). \end{aligned} \tag{7.52}$$

クラインの壺はモジュラス $\ell > 0$ を持ち, τ 方向の並進はそのアイソメトリーである. また, σ 方向の連続的な並進対称性は破れるが, 半周期の並進 $\sigma \to \sigma + \pi$ および反転 $w \to -w$ は離散的なアイソメトリーとして残る.

向きのない閉じた弦の 1 ループ零点振幅は, 閉じた弦の向きづけ反転不変な状態に限ったループ和を与えるように定める. 対応する射影演算子は $\frac{1}{2}(1 + \Omega)$ と書けるので, 零点振幅は $\frac{1}{2}(\mathcal{A}_0^{T^2} + \mathcal{A}_0^{(\mathrm{KB})})$ と定めればよいだろう. クラインの壺からの寄与は, 次で与えられる.

$$\frac{1}{2}\mathcal{A}_0^{(\mathrm{KB})} = \frac{1}{2} \cdot \frac{1}{4} \int d\ell \, \langle 1 \rangle_{(\mathrm{m})}^{(\mathrm{KB})} \, \big\langle \, (b, \mu_\ell) \, c^\tau(\sigma, \tau) \, \big\rangle_{(\mathrm{g})}^{(\mathrm{KB})} . \tag{7.53}$$

ここで因子 1/4 は離散的アイソメトリーの位数からくる. これを動径量子化に基づく演算子形式で表すと, $q \equiv e^{-2\pi\ell}$ として

$$\frac{1}{2}\mathcal{A}_0^{(\mathrm{KB})} = \frac{1}{2}\int \frac{d\ell}{2\ell}\mathrm{Tr}\left[\Omega(-1)^F \frac{b_0+\tilde{b}_0}{2}\cdot\frac{c_0+\tilde{c}_0}{2}q^{L_0+\tilde{L}_0}\right]_{(\mathrm{m})+(\mathrm{g})} \tag{7.54}$$

となる．このトレースは正則・反正則セクターからなる状態空間の上で評価するのであるが，Ω は (α_n^μ, b_n, c_n) と $(\tilde{\alpha}_n^\mu, \tilde{b}_n, \tilde{c}_n)$ を入れ替えるので，正則セクターのみの理論で時間周期を 2 倍に延ばしたトレースに等しい．

$$\begin{aligned}\frac{1}{2}\mathcal{A}_0^{\mathrm{KB}} &= \frac{1}{2}\int \frac{d\ell}{2\ell}\mathrm{Tr}_{(\text{正則})}\left[(-1)^F b_0 c_0 q^{2L_0}\right],\\ L_0 &= \frac{\alpha' p^\mu p_\mu}{4} + \sum_{n>0}(\alpha_{-n}^\mu \alpha_{n\mu} + n b_{-n}c_n + n c_{-n}b_n) - 1.\end{aligned} \tag{7.55}$$

クラインの壺の寄与は，最終的に次のようになる．

$$\frac{1}{2}\mathcal{A}_0^{(\mathrm{KB})} = \int \frac{d\ell}{4\ell}\frac{iV_{26}}{(2\pi\ell_s)^{26}}\frac{1}{\ell^{13}\eta(2i\ell)^{24}} = \frac{2^{13}\cdot iV_{26}}{4(2\pi\ell_s)^{26}}\int\frac{ds}{\eta(is)^{24}}. \tag{7.56}$$

メビウスの帯　メビウスの帯は図 7.4 中のように，幅 π，長さ $2\pi\ell$ の帯の両端を逆向きに繋いで得られる向きづけ不可能な 2 次元面である．座標 $w=\sigma+i\tau$ は次の周期境界条件に従う．

$$0\le\sigma\le\pi,\quad (\sigma,\tau)\sim(\pi-\sigma,\tau+2\pi\ell). \tag{7.57}$$

場の従う周期境界条件は次のとおりである．

$$\begin{aligned}X^\mu(\sigma,\tau+2\pi\ell) &= X^\mu(\pi-\sigma,\tau),\\ b(\sigma,\tau+2\pi\ell) &= \tilde{b}(\pi-\sigma,\tau),\quad c(\sigma,\tau+2\pi\ell) = -\tilde{c}(\pi-\sigma,\tau).\end{aligned} \tag{7.58}$$

$\ell>0$ はメビウスの帯のモジュラスであり，τ 方向の並進および反転 $(\sigma,\tau)\to(\pi-\sigma,-\tau)$ がそのアイソメトリーである．帯の左端に沿って $2\pi\ell$ 進むと右端に移るので，実はメビウスの帯には境界が 1 つしかない．ここでは n 枚の D25 ブレーンの配置された平坦時空を考え，弦の端点はそのいずれかに付着しているとしよう．

向きのない開いた弦の 1 ループ零点振幅は，閉じた弦のときと同様に，円筒振幅とメビウス帯振幅の平均 $\frac{1}{2}(\mathcal{A}_0^{(\mathrm{C})}+\mathcal{A}_0^{(\mathrm{MS})})$ で定める．メビウス帯の寄与は演算子形式で次のように書ける．

$$\frac{1}{2}\mathcal{A}_0^{(\mathrm{MS})} = \frac{1}{2}\int\frac{d\ell}{2\ell}\mathrm{Tr}\left[\Omega(-1)^F b_0 c_0\, q^{L_0}\right]_{(\mathrm{m})+(\mathrm{g})}.\quad (q\equiv e^{-2\pi\ell}) \tag{7.59}$$

ここでのトレースは，上半平面上の共形場理論の動径量子化に基づく状態空間および端点のチャン・ペイトン因子の自由度についてとる．前者は α_n^μ, b_n, c_n が Ω の量子数 $(-1)^n$ を持つことに注意して，次のようになる．

$$V_{26}\int\frac{d^{26}k}{(2\pi)^{26}}e^{-2\pi\ell\alpha' k^2}q^{-1}\prod_{n\geq 1}\frac{(1-(-q)^n)^2}{(1-(-q)^n)^{26}}. \tag{7.60}$$

後者は $n\times n$ 行列全体の張る線形空間上での Ω のトレース，つまり $P\Lambda^{\mathrm{T}}P^{-1}=\Lambda$ あるいは $-\Lambda$ となる行列 Λ の個数の差であり，P の選び方に応じて

$$SO(n):\ \mathrm{Tr}_{(\mathrm{CP})}\Omega=n,\qquad USp(n):\ \mathrm{Tr}_{(\mathrm{CP})}\Omega=-n \tag{7.61}$$

となる．両者をまとめると，メビウス帯振幅は最終的に次のようになる．

$$\begin{aligned}\mathcal{A}_0^{(\mathrm{MS})}&=\pm n\frac{iV_{26}}{(2\pi\ell_s)^{26}}\int\frac{d\ell}{4\ell}\frac{-1}{(2\ell)^{13}\eta(i\ell+\frac{1}{2})^{24}}\\&=\mp n\frac{iV_{26}}{2(2\pi\ell_s)^{26}}\int\frac{ds}{\eta(is+\frac{1}{2})^{24}}\quad\Big(s\equiv\frac{1}{4\ell}\Big).\end{aligned} \tag{7.62}$$

符号は上が $SO(n)$，下が $USp(n)$ の場合である．また2行目の書き換えでは公式 $\sqrt{2\ell}\,\eta(\frac{1}{2}+i\ell)=\eta(\frac{1}{2}+\frac{i}{4\ell})$ を用いた．

7.2.2　オリエンティフォルド

向きのない弦の1ループ振幅は，トーラスからの寄与を除いてはすべて紫外発散を生じる．それらの和を閉じた弦のチャネルで調べてみよう．

$$\begin{aligned}&\frac{1}{2}(\mathcal{A}_0^{(\mathrm{C})}+\mathcal{A}_0^{(\mathrm{MS})}+\mathcal{A}_0^{(\mathrm{KB})})\\&=\frac{iV_{26}}{2^{15}(2\pi\ell_s)^{26}}\int ds\Big\{\frac{n^2}{\eta(is)^{24}}\mp\frac{2^{14}n}{\eta(\frac{1}{2}+is)^{24}}+\frac{2^{26}}{\eta(is)^{24}}\Big\}.\end{aligned} \tag{7.63}$$

被積分関数は，次の公式を使って $\tilde{q}=e^{-2\pi s}$ のべきに展開できる．

$$\eta(is)^{-24}=\tilde{q}^{-1}+24+\mathcal{O}(\tilde{q}),\quad \eta(is+\tfrac{1}{2})^{-24}=-\tilde{q}^{-1}+24+\mathcal{O}(\tilde{q}). \tag{7.64}$$

これを使うと，振幅の示す発散は $(n\mp 2^{13})^2$ に比例し，特にゲージ対称性が $SO(2^{13})$ のときは1ループの紫外発散を生じないことが分かる．

円筒振幅の議論において見たように，開いた弦のループの示す紫外発散はD25ブレーンが零運動量の重力子・ディラトンの源となるために生じる赤外発散と

再解釈できる．向きのない弦理論では発散の係数は $(n \mp 2^{13})^2$ となるが，これは向きのない弦理論の背景には n 枚の D25 ブレーンの他に重力子・ディラトンの源となる物体が存在することを表している．この新たな物体をオリエンティフォルド 25 プレーン，または O25 プレーンと呼ぶ．その張力は D25 ブレーンの張力と次の関係にある．

$$T_{\mathrm{O25}^{\pm}} = \pm 2^{13}\, T_{\mathrm{D25}}. \quad \big(+ : USp(n),\ - : SO(n)\big) \tag{7.65}$$

7.2.3 境界状態とクロスキャップ状態

D25 ブレーン，O25 プレーンが閉じた弦の源になることをより直接的に表現するには，対応する状態を円筒上の理論の状態空間内にあらわに構成してやればよい．

1 枚の D25 ブレーンから出発して半無限に延びる円筒状の世界面を考える．この上の複素座標 $w = \sigma + i\tau$ は条件 $w \sim w + 2\pi$ および $\mathrm{Im} w \geq 0$ に従う．D25 ブレーンを表す境界状態 $|\mathrm{D25}\rangle$ を，円筒の縁での場の境界条件

$$\begin{aligned}
&(\partial X^{\mu}(w) - \bar{\partial} X^{\mu}(\bar{w}))|\mathrm{D25}\rangle = 0, \\
&(b(w) - \tilde{b}(\bar{w}))|\mathrm{D25}\rangle = (c(w) - \tilde{c}(\bar{w}))|\mathrm{D25}\rangle = 0
\end{aligned} \tag{7.66}$$

を満たすように構成することを考えよう．座標変換 $z = e^{-iw}$ によって円筒から半径 1 の穴の空いた複素平面に移ると，上の条件はモード演算子を使って

$$(\alpha^{\mu}_{n} + \tilde{\alpha}^{\mu}_{-n})|\mathrm{D25}\rangle = (b_n - \tilde{b}_{-n})|\mathrm{D25}\rangle = (c_n + \tilde{c}_{-n})|\mathrm{D25}\rangle = 0 \tag{7.67}$$

と書き直せる．これは次のように解ける．

$$|\mathrm{D25}\rangle \propto e^{\sum_{n\geq 1}\left(-\frac{1}{n}\alpha^{\mu}_{-n}\tilde{\alpha}_{-n\mu} - b_{-n}\tilde{c}_{-n} - \tilde{b}_{-n}c_{-n}\right)} \cdot (c_0 + \tilde{c}_0)|\mathrm{gr}\rangle. \tag{7.68}$$

ただし $|\mathrm{gr}\rangle$ は $\{\alpha^{\mu}_{n}, \tilde{\alpha}^{\mu}_{n}, b_n, \tilde{b}_n, c_{n+1}, \tilde{c}_{n+1}\}_{n\geq 0}$ の作用で消える基底状態である．これを用いると，開いた弦の円筒振幅は境界状態から境界状態への遷移振幅として次のように再現できる．

$$\mathcal{A}^{(\mathrm{C})}_{0} \propto \int_{0}^{\infty} ds \langle \mathrm{D25}|(b_0 + \tilde{b}_0)(c_0 - \tilde{c}_0)e^{-\pi s(L_0 + \tilde{L}_0 - \frac{c}{24})}|\mathrm{D25}\rangle\,. \tag{7.69}$$

n 枚の D25 ブレーンに対しては，単純に境界状態を n 倍すればよい．

O25 プレーンに相当する状態を構成するには，まず図 7.4 のように，クラインの壺やメビウスの帯が向きづけ可能な世界面にクロスキャップを加えて得られることに注目する．クロスキャップとは，世界面に円形の穴を空け，周上の対蹠点を同一視したものをいう．例えば同図右の実射影平面 $\mathbb{RP}^2$ は，半球の境界をなす円周上の対蹠点を同一視して得られる．また同図左は，円筒の片側の境界をクロスキャップで塞ぐとメビウスの帯，両側を塞ぐとクラインの壺になることを示している．したがって，クロスキャップは O25 プレーンから放出される閉じた弦の初期条件に相当する．

座標 $w=\sigma+i\tau$ $(\sigma\sim\sigma+2\pi,\tau\geq 0)$ を持つ円筒状の世界面を考える．この下端 $\tau=0$ をクロスキャップで塞いでみよう．場の従う境界条件は (7.66) 式と似た形になるが，正則成分と反正則成分が半周期シフトを介して貼り合わされるため，以下のようになる．

$$
\begin{aligned}
(\partial X^\mu(w)-\bar\partial X^\mu(\bar w+\pi))|\mathrm{O25}\rangle &= (\alpha^\mu_n+(-1)^n\tilde\alpha^\mu_{-n})|\mathrm{O25}\rangle = 0,\\
(b(w)-\tilde b(\bar w+\pi))|\mathrm{O25}\rangle &= (b_n-(-1)^n\tilde b_{-n})|\mathrm{O25}\rangle = 0,\\
(c(w)-\tilde c(\bar w+\pi))|\mathrm{O25}\rangle &= (c_n+(-1)^n\tilde c_{-n})|\mathrm{O25}\rangle = 0.
\end{aligned}
\tag{7.70}
$$

これは次のようにあらわに解ける．

$$
|\mathrm{O25}\rangle \propto e^{\sum_{n\geq 1}(-1)^n\left(-\frac{1}{n}\alpha^\mu_{-n}\tilde\alpha_{-n\mu}-b_{-n}\tilde c_{-n}-\tilde b_{-n}c_{-n}\right)}\cdot(c_0+\tilde c_0)|\mathrm{gr}\rangle. \tag{7.71}
$$

$\mathrm{O25}^\pm$ プレーンに対応するクロスキャップ状態は，これに正負の符号を掛けたもので与えられる．向きのない弦理論は，開いた弦のゲージ群が $SO(2^{13})$ となるとき紫外発散が相殺することを見たが，これは $|\mathrm{O25}^-\rangle+2^{13}|\mathrm{D25}\rangle$ の重力場・ディラトンの源としての強さがちょうど零になるためである．

7.3　超弦の 1 ループ

超弦理論の 1 ループ解析は基本的にはボソン弦の場合と同様である．ここでは，1 ループ零点振幅の解析から明らかとなる，超弦理論および D ブレーンについての重要な性質を 2 つ紹介する．

7.3.1 Dブレーンの相互作用

閉じた弦・開いた弦の双対性から自然に予想されるように，Dブレーンはその世界体積の次元に依らず，閉じた弦の源になる．また超弦理論においては，Dブレーンは重力場・ディラトンの他にRRポテンシャルの源でもある．荷電粒子と電磁場の相互作用 (2.10)，弦と B 場の相互作用 (3.62) から類推すると，Dp ブレーンは $(p+1)$ 形式 $C_{\mu_1\cdots\mu_{p+1}}$ の源になると考えるのが自然である．これらの予想は，超弦理論の円筒振幅を用いて確かめることができる．

円筒振幅を用いて，平行な2枚のDpブレーンの間に働く力のポテンシャルを求めよう．時空の座標を X^μ とし，ブレーンに平行な方向を $\{X^a\}_{a=0}^{p}$，直交方向を $\{X^I\}_{I=p+1}^{9}$ とする．2枚のブレーンの間隔を x^I で表すとき，それらを繋ぐ開いた弦の1ループ振幅は次のように書ける．

$$\mathcal{A}=2\int\frac{d\ell}{2\ell}\mathrm{Tr}_{\mathrm{NS-R}}[P_{\mathrm{GSO}}(-1)^F b_0c_0q^{-L_0}],\quad q\equiv e^{-2\pi\ell},$$
$$L_0=\alpha' p^a p_a+\frac{x^Ix^I}{4\pi^2\alpha'}+\sum_{n>0}\left(\alpha^\mu_{-n}\alpha_{n\mu}+nb_{-n}c_n+nc_{-n}b_n\right)$$
$$+\sum_{r>0}r\left(\psi^\mu_{-r}\psi_{r\mu}+\beta_{-r}\gamma_r-\gamma_{-r}\beta_r\right)+a,\quad a=\begin{cases}-\frac{1}{2} & (\mathrm{NS})\\ 0 & (\mathrm{R})\end{cases}. \tag{7.72}$$

ただし右辺の係数2は弦のとり得る2通りの向きから生じる因子で，$\mathrm{Tr}_{\mathrm{NS-R}}$ はNSおよびRセクターのトレースの差を表す．また $P_{\mathrm{GSO}}=\frac{1}{2}(1+(-1)^S)$ はGSO射影であり，$(-1)^S$ は $\psi^\mu_r,\beta_r,\gamma_r$ と反交換する演算子である．

トレースを計算して整理すると，次のようにまとまる．

$$\mathcal{A}=V_{p+1}\int\frac{d^{p+1}k}{(2\pi)^{p+1}}\int\frac{d\ell}{2\ell}q^{\alpha' k^a k_a+\frac{x^Ix^I}{4\pi^2\alpha'}}\left\{F_1(\ell)-F_2(\ell)-F_3(\ell)\right\}. \tag{7.73}$$

ただし，$F_{1,2,3}$ は各セクターでのGSO射影前のトレースに対応する．

$$F_1(\ell)\equiv q^{-\frac{1}{2}}\prod_{n\geq1}\left(\frac{1+q^{n-\frac{1}{2}}}{1-q^n}\right)^8\ \Leftrightarrow\ \mathrm{Tr}_{\mathrm{NS}}[(-1)^S(-1)^F b_0c_0q^{-L_0}],$$
$$F_2(\ell)\equiv q^{-\frac{1}{2}}\prod_{n\geq1}\left(\frac{1-q^{n-\frac{1}{2}}}{1-q^n}\right)^8\ \Leftrightarrow\ \mathrm{Tr}_{\mathrm{NS}}[(-1)^F b_0c_0q^{-L_0}],$$
$$F_3(\ell)\equiv 16\prod_{n\geq1}\left(\frac{1+q^n}{1-q^n}\right)^8\ \Leftrightarrow\ \mathrm{Tr}_{\mathrm{R}}[(-1)^S(-1)^F b_0c_0q^{-L_0}]. \tag{7.74}$$

関数 $F_3(\ell)$ の持つ因子 16 は，R セクターに存在する零モード $\psi_0^\mu, \beta_0, \gamma_0$ の表現空間より生じる [*4]．またこれら零モードの効果で，$(-1)^S$ の挿入のない R セクターのトレースは零になる．

円筒振幅 $\mathcal{A}$ は，実は関数 F_i の従う関係式 $F_1(\ell) = F_2(\ell) + F_3(\ell)$ のため恒等的に零となる [*5]．これは開いた弦の状態スペクトルの超対称性の現れでもある．しかしこの事実を敢えて使わずに，$F_i(\ell)$ の従う関係式

$$F_1(\ell) = \ell^4 F_1(1/\ell), \quad F_2(\ell) = \ell^4 F_3(1/\ell), \quad F_3(\ell) = \ell^4 F_2(1/\ell) \tag{7.75}$$

を用いて閉じた弦のチャネルに移ってみよう．

$$\begin{aligned} \mathcal{A} = \frac{iV_{p+1}}{(2\pi\ell_s)^{p+1}} \int \frac{d\ell}{2\ell}(2\ell)^{-\frac{p+1}{2}} \exp\left(-\frac{x_I x_I}{2\pi\alpha'}\ell\right)\ell^4 \\ \times \left\{F_1(1/\ell) - F_2(1/\ell) - F_3(1/\ell)\right\}. \end{aligned} \tag{7.76}$$

閉じた弦の NSNS および RR セクターからの寄与は，それぞれ $(F_1 - F_2)$ および $(-F_3)$ と同定できる．これらを $\tilde{q} \equiv e^{-2\pi/\ell}$ のべきに展開すると

$$F_1(1/\ell) - F_2(1/\ell) = 16 + \mathcal{O}(\tilde{q}), \quad F_3(1/\ell) = 16 + \mathcal{O}(\tilde{q}) \tag{7.77}$$

を得る．展開の初項をそれぞれ $(G_{\mu\nu}, \Phi)$ および $C_{\mu_1\cdots\mu_{p+1}}$ の寄与と同定すると，これら零質量粒子の振幅 $\mathcal{A}$ への寄与は，次元 $d \equiv (9-p)$ のラプラス演算子のグリーン関数 $G(x)$ を用いて次のように表される．

$$\mathcal{A}_{(G_{\mu\nu},\Phi)} = -\mathcal{A}_{(C_{p+1})} = \frac{i(2\pi)V_{p+1}G(x)}{(2\pi\ell_s)^{2p-6}}, \quad G(x) \equiv \frac{\Gamma(\frac{d}{2}-1)}{4\pi^{\frac{d}{2}}x^{d-2}}. \tag{7.78}$$

この結果は，平行な 2 枚の Dp ブレーン間に働く重力・ディラトン力 (引力) および RR 斥力のポテンシャルが厳密に打ち消しあうことを意味する．

D ブレーン間の力の釣り合いは，6 章のゲージ理論による D ブレーンの記述とも合致する．N 枚の Dp ブレーンを平行に配置したとき，その上の開いた弦の理論は $(p+1)$ 次元の超対称 $U(N)$ ゲージ理論となるのであった．タキオンはなく，またスカラー場 $\Phi^{I=p+1,\cdots,9}$ の真空期待値はゲージ変換の自由度を除

---

*4) 10 次元のディラック代数に従う ψ_0^μ の寄与は 32，また β_0, γ_0 の代数は $\beta_0|\mathrm{gr}\rangle = 0$ を満たすジーゲル・ゲージの基底状態の上に表現されることから $\sum_{n\geq 0}(-1)^n = 1/2$ を寄与する．

*5) これは楕円 θ 関数の従う「ヤコビの隠れた恒等式」の特別な場合である．

いて (6.51) 式のように対角型となり，その対角成分の値は N 枚のブレーンの位置に対応するのであった．これは，N 枚の平行な Dp ブレーンの配置がその相対距離に依らずゲージ理論の安定な真空に対応することを意味する．

7.3.2 タイプ I 超弦理論

タイプ IIB 超弦理論に向きづけ反転不変性を課して得られる向きのない超弦理論をタイプ I 超弦理論という．

タイプ IIB 理論の閉じた超弦の物理的状態は表 5.3 で与えられるが，このうち以下のものが Ω 不変で，10 次元 $\mathcal{N}=1$ 超対称性の重力多重項をなす．

$$\text{ボソン：}\ G_{\mu\nu},\ \Phi,\ C_{\mu\nu}\quad (\mathbf{35}+\mathbf{1}+\mathbf{28}),$$
$$\text{フェルミオン：}\ \Psi_{\mu},\ \lambda\qquad (\mathbf{56}_{+}+\mathbf{8}_{-}). \tag{7.79}$$

背景に n 枚の D9 ブレーンを導入して開いた超弦の零質量状態を調べると，NS セクターからゲージ場 A_μ $(\mathbf{8})$，R セクターからはその随伴表現に属するフェルミオン ψ $(\mathbf{8}_{+})$ が現れ，合わせて 10 次元 $\mathcal{N}=1$ ベクトル多重項をなす．ゲージ群はボソン弦のときと同様，直交群 $SO(n)$ または斜交群 $USp(n)$ になる．

これら 2 種類の多重項からなる $\mathcal{N}=1$ 超重力理論は，もちろん，超弦理論との関わりを離れて独立に調べることができる．古典的には任意のゲージ群に対して定義できるが，ほとんどの場合はアノマリーがあり，量子論的に無矛盾なゲージ群は $SO(32)$ あるいは $E_8\times E_8$ に限られることが知られている．

さて，D9 ブレーンおよび O9 プレーンは，ディラトン・重力場の源であるのと同時に，RR セクターに属する零質量粒子の源でもある．1 ループ振幅の発散相殺から，それらの張力および RR 電荷の従う関係式は次のように定まる．

$$T_{\mathrm{O9}^{\pm}}=\pm 32\cdot T_{\mathrm{D9}},\quad \mu_{\mathrm{O9}^{\pm}}=\pm 32\cdot \mu_{\mathrm{D9}}. \tag{7.80}$$

一方，それらの結合するべき RR 10 形式ポテンシャル $C^{(10)}$ は超重力理論の力学的な場ではないので，10 次元の作用に次の形でのみ現れると想像される．

$$(\mu_{\mathrm{O9}^{\pm}}+n\,\mu_{\mathrm{D9}})\int d^{10}x C^{(10)}_{01\cdots 9}\,. \tag{7.81}$$

理論の無矛盾性は，したがって D9 ブレーンと O9 プレーンの RR 電荷が厳密に釣り合うことを要求する．こうして，$\mathcal{N}=1$ 超重力理論の無矛盾なゲージ群の 1 つ $SO(32)$ はタイプ I 超弦理論によって実現されるのである．

Chapter

8 コンパクト化とT双対性

弦の背景時空は，その上のシグマ模型が $c = 26$ あるいは 15 の (超) 共形場理論となる限り，どのように選んでもよい．臨界次元は我々の住む時空の次元より高いので，余分な次元を小さなコンパクト空間に巻きつける，例えば

$$\mathbb{R}^{1,3} \times M, \quad M = (22\text{ 次元あるいは }6\text{ 次元のコンパクト空間}) \tag{8.1}$$

の形の背景を考え，M の体積を適切な小さな値に選ぶなどの操作をしばしば考える．この操作はコンパクト化と呼ばれ，弦理論のみならず，様々な場の理論で時空の次元を下げる便利な手続きとして用いられる．

弦理論のコンパクト化においては，内部空間 $\mathcal{M}$ の選び方に応じてどのような低次元の理論が得られるかを理解することが重要な課題となる．ここでは最も簡単な S^1 コンパクト化，および T 双対性について学ぶ．

8.1 円周コンパクト化と次元削減

コンパクト化の最も単純な例は，平坦空間に周期性を導入すること，例えば時空の 1 方向を直線から円周 S^1 に置き換える操作である．円の半径の小さな極限で，場の理論の次元は実質的に 1 下がると想像される．

この次元削減の仕組みを簡単な場合に見てみよう．φ を $(d+1)$ 次元平坦時空上の零質量自由スカラー場とする．座標 $x^M \equiv (x^\mu, y)$ の 1 つを周期的 $y \sim y + 2\pi r$ とすると，$\varphi(x^\mu, y)$ は次のようにフーリエ展開できる．

$$\varphi(x^\mu, y) = \sum_{n \in \mathbb{Z}} \varphi_n(x^\mu) e^{\frac{iny}{r}}, \quad \varphi_n^* = \varphi_{-n}. \tag{8.2}$$

$(d+1)$ 次元のラグランジアン $\mathcal{L}_{(d+1)}$ にこれを代入し，y 積分すると，

$$\mathcal{L}_{(d+1)} \equiv -\frac{1}{2}\eta^{MN}\partial_M\varphi\partial_N\varphi,$$
$$\mathcal{L}_{(d)} \equiv \int dy\mathcal{L}_{(d+1)} = \pi r\sum_{n\in\mathbb{Z}}\left(-\eta^{\mu\nu}\partial_\mu\varphi_n^*\partial_\nu\varphi_n - \frac{n^2}{r^2}\varphi_n^*\varphi_n\right) \tag{8.3}$$

を得る．d 次元の場 φ_n は y 方向の量子化された運動量 n を持ち，d 次元理論におけるその質量は $|n/r|$ である．余剰次元による重力と電磁気学の統一を初めて試みたカルツァ・クラインに因んで，φ_n を φ の KK モード，n を KK 運動量 (または KK 電荷) と呼ぶ．円の半径 r の小さい極限では零モード φ_0 以外は重くなるため無視でき，その結果場の理論の次元は 1 下がるのである．

次に，重力場およびディラトンからなる $(d+1)$ 次元の理論を考えよう．

$$S = \frac{1}{2\kappa_0^2}\int_{M_{d+1}} d^{d+1}x\sqrt{-G}e^{-2\Phi}(R^{(d+1)} + 4\partial_M\Phi\partial^M\Phi). \tag{8.4}$$

κ_0 は一般相対論における重力定数に相当する定数であるが，物理的な重力定数は $\kappa_{(d+1)}^2 = \kappa_0^2 e^{2\langle\Phi\rangle}$ のようにディラトンの期待値にも依存することに注意する．さて，空間の 1 方向をコンパクトな円周 S^1 とし，座標 $x^d \equiv y \sim y + 2\pi r$ を周期的としよう．半径 r が小さい極限では，先ほどと同様に場の y 依存性を無視でき，場の理論の次元は 1 下がると予想される．

$(d+1)$ 次元の計量の成分を，y に依らない d 次元の場 $g_{\mu\nu}, A_\mu, \sigma$ を用いて

$$G_{MN}dx^M dx^N = g_{\mu\nu}(x)dx^\mu dx^\nu + e^{2\sigma(x)}(dy + A_\mu(x)dx^\mu)^2$$
$$\big(M, N = 0, \cdots, d\,;\ \ \mu, \nu = 0, \cdots, d-1\big) \tag{8.5}$$

と表そう．これを (8.4) 式に代入し y について積分すると，次を得る．

$$S = \frac{2\pi r}{2\kappa_0^2}\int_{M_d} d^dx\sqrt{-g}e^{-2\hat{\Phi}}\left(R^{(d)} - \frac{e^{2\sigma}}{4}F_{\mu\nu}F^{\mu\nu} - \partial_\mu\sigma\partial^\mu\sigma + 4\partial_\mu\hat{\Phi}\partial^\mu\hat{\Phi}\right). \tag{8.6}$$

ただし $\hat{\Phi} \equiv \Phi - \frac{1}{2}\sigma$ であり，$R^{(d)}$ は d 次元計量 $g_{\mu\nu}$ から定まるスカラー曲率，$F_{\mu\nu} = \partial_\mu A_\nu - \partial_\nu A_\mu$ である．d 次元の場の作用への現れ方は標準的であり，特に σ, A_μ はそれぞれ零質量スカラー場，$U(1)$ ゲージ場と自然に同定できる．

$(d+1)$ 次元時空 M_{d+1} と d 次元時空 M_d は図 8.1 のような関係にある．σ および A_μ の関数形を自由とすると，時空は局所的には円周と M_d の直積と見なせるが，全体としては単なる直積 $M_d \times S^1$ より複雑な構造をとり得る．これ

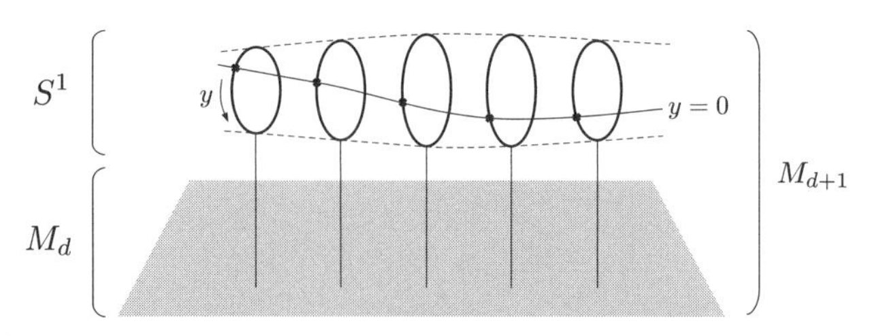

図 8.1 S^1 ファイバー束のイメージ．実線はファイバー上の点 $y=0$ を繋ぐ軌跡．

はファイバー束と呼ばれる時空の例である．今の例では，M_d は底空間，S^1 はファイバー，その全体 M_{d+1} はファイバー束の全空間と呼ばれる．

ファイバー S^1 の半径は $re^{\sigma(x)}$ で，底空間の各点ごとに異なる値をとり得る．σ の真空期待値は r の再定義に吸収できるので，$\langle\sigma\rangle = 0$ としてよい．また σ は質量項やポテンシャル項を持たないが，これは $M_d \times S^1$ が $(d+1)$ 次元の場の運動方程式の解であるとき，S^1 の半径を変えても解に留まることと関係している．一般に，コンパクト化の際の内部空間は運動方程式を満たす範囲で連続的に変形でき，その自由度は今の例の S^1 の半径のように，有限個のモジュライ σ_i で記述される．これらのモジュライは，低次元の場の理論では零質量スカラー場として振る舞う．

円周に沿った並進 (円の回転) は $U(1)$ 対称性をなす．S^1 ファイバー束においては，底空間 M_d の各点ごとに回転角が異なるような局所的な $U(1)$ 変換を考えることができる．このゲージ対称性を $U(1)_{\mathrm{KK}}$ と呼ぼう．ベクトル場 A_μ はまさにこの $U(1)_{\mathrm{KK}}$ に対するゲージ場である．

ファイバー束の底空間上を移動するとき，その各点におけるファイバー S^1 上の点 $y=0$ を繋いだ軌跡は，一般には図 8.1 のように底空間に平行にはならない．計量が (8.5) 式のとき，底空間上の点 x^μ から $x^\mu + dx^\mu$ までファイバーを平行移動するためには，座標 y を次に従って変化させねばならない．

$$(x^\mu, y) \ \to \ (x^\mu + dx^\mu, y - A_\mu(x)dx^\mu). \tag{8.7}$$

KK ゲージ場は，このようにファイバー S^1 の平行移動の規則に関わる．

最後に零質量スカラー理論の例に戻って，$(d+1)$ 次元の計量を平坦計量から (8.5) 式に置き換えてみよう．すると，$(d+1)$ 次元のラグランジアンは

$$\mathcal{L}_{(d+1)} = -\frac{1}{2}g^{\mu\nu}(\partial_\mu\varphi - A_\mu\partial_y\varphi)(\partial_\nu\varphi - A_\nu\partial_y\varphi) - \frac{1}{2}e^{-2\sigma}\partial_y\varphi\partial_y\varphi \tag{8.8}$$

となる．φ のフーリエ分解 (8.2) を代入し y 積分して $\mathcal{L}_{(d)}$ を求めると，

$$\mathcal{L}_{(d)} = -\pi r \sum_{n\in\mathbb{Z}} \left\{ g^{\mu\nu} D_\mu\varphi_n D_\nu\varphi_n^* + \frac{n^2}{r^2 e^{2\sigma}}\varphi_n\varphi_n^* \right\},$$

$$D_\mu\varphi_n \equiv (\partial_\mu - \frac{in}{r}A_\mu)\varphi_n \tag{8.9}$$

となる．これより，KK モード φ_n は n 単位の KK 電荷を持つことが分かる．

8.2 弦理論の T 双対性

弦理論の S^1 コンパクト化においては，非常に面白いことに，円の半径の小さな極限をとっても，場の理論と同じような単純な次元削減は起こらない．

8.2.1 閉じた弦の理論

まず閉じたボソン弦をとり，標的空間の 1 方向 $X^{25} \equiv X$ に注目しよう．周期性のない場合，X は次のようにモード展開されるのであった．

$$X(z,\bar{z}) = x - \frac{i\alpha'}{2}p\ln|z|^2 + i\sqrt{\frac{\alpha'}{2}}\sum_{n\neq 0}\frac{1}{n}\left(\frac{\alpha_n}{z^n} + \frac{\tilde{\alpha}_n}{\bar{z}^n}\right). \tag{8.10}$$

X が周期的 $X \sim X + 2\pi R$ な場合，モード展開は次のように変更される．まず，運動量は $p = n/R\,(n \in \mathbb{Z})$ と量子化される．これは運動量の固有状態が $|p\rangle \equiv e^{ipx}|0\rangle$ と書けること，および x の周期性 $x \sim x + 2\pi R$ から従う．この量子化則は，場の理論の円周コンパクト化の際に現れたものと同じである．もうひとつの変更は弦理論に特有のもので，閉じた弦が円周に巻きつけることから生じる．例えば w 回巻きついている場合，閉じた弦に沿って一周すると場 X の値は $2\pi Rw$ だけシフトする．対応する周期境界条件は次で与えられる．

$$X(ze^{2\pi i}) = X(z) + 2\pi wR, \quad w \in \mathbb{Z}. \tag{8.11}$$

これらを合わせると，KK 電荷 n および巻きつき数 w を持つ閉じた弦は

$$\begin{aligned} X(z,\bar{z}) &= x - \frac{i\alpha'}{2}\frac{n}{R}\ln|z|^2 - \frac{iwR}{2}\ln\frac{z}{\bar{z}} + (\text{振動モード}) \\ &= x + \alpha'\frac{n}{R}t - wR\sigma + (\text{振動モード}) \end{aligned} \tag{8.12}$$

とモード展開される．ただし振動モードの部分は (8.10) 式と同じで，また 2 行目では $z=e^{\tau-i\sigma}, \tau=it$ を用いた．

この X が正則部分 $X_{\mathrm{L}}(z)$ と反正則部分 $X_{\mathrm{R}}(\bar{z})$ に分解できるとしよう．

$$X_{\mathrm{L}}(z)=x_{\mathrm{L}}-\frac{i\alpha'}{2}p_{\mathrm{L}}\ln z+i\sqrt{\frac{\alpha'}{2}}\sum_{k\neq 0}\frac{\alpha_k}{kz^k},\quad p_{\mathrm{L}}=\frac{n}{R}+\frac{Rw}{\alpha'},$$
$$X_{\mathrm{R}}(\bar{z})=x_{\mathrm{R}}-\frac{i\alpha'}{2}p_{\mathrm{R}}\ln \bar{z}+i\sqrt{\frac{\alpha'}{2}}\sum_{k\neq 0}\frac{\tilde{\alpha}_k}{k\bar{z}^k},\quad p_{\mathrm{R}}=\frac{n}{R}-\frac{Rw}{\alpha'}. \tag{8.13}$$

ただし $[x_{\mathrm{L}},p_{\mathrm{L}}]=[x_{\mathrm{R}},p_{\mathrm{R}}]=i$ であるとする．このとき，$x_{\mathrm{L}}, x_{\mathrm{R}}$ の従う周期性は運動量の量子化条件から次のとおり決まる．

$$x_{\mathrm{L}}+x_{\mathrm{R}}\sim x_{\mathrm{L}}+x_{\mathrm{R}}+2\pi R,\quad x_{\mathrm{L}}-x_{\mathrm{R}}\sim x_{\mathrm{L}}-x_{\mathrm{R}}+2\pi\alpha'/R. \tag{8.14}$$

興味深いことに，モード演算子 $(\alpha_n, x_{\mathrm{L}}, p_{\mathrm{L}}, \tilde{\alpha}_n, x_{\mathrm{R}}, p_{\mathrm{R}})$ の従う交換関係は，$(\tilde{\alpha}_n, x_{\mathrm{R}}, p_{\mathrm{R}})$ を符号反転しても変わらない．つまり $X=X_{\mathrm{L}}+X_{\mathrm{R}}$ が周期的なスカラーであるとき，$\tilde{X}\equiv X_{\mathrm{L}}-X_{\mathrm{R}}$ も周期的なスカラーと見なせるわけである．ただし，X の周期を $2\pi R$ とすると，(8.14) 式より $\tilde{X}$ の持つ周期は $2\pi\tilde{R}\equiv 2\pi\alpha'/R$ となる．この変換 $X\to\tilde{X}$ を T 双対という．閉じた弦の KK 電荷と巻きつき数は T 双対性によって互いに入れ替わることに注意しよう．

T 双対性は超弦理論への自然な拡張がある．超弦の世界面理論におけるスカラー場 $X=X_{\mathrm{L}}+X_{\mathrm{R}}$ の超対称性相棒を $\psi, \tilde{\psi}$ としよう．T 双対性を世界面理論の超対称性を保つよう定めると，場への作用は次のようになる．

$$\left(X_{\mathrm{L}}(z)+X_{\mathrm{R}}(\bar{z}), \psi(z), \tilde{\psi}(\bar{z})\right)\ \to\ \left(X_{\mathrm{L}}(z)-X_{\mathrm{R}}(\bar{z}), \psi(z), -\tilde{\psi}(\bar{z})\right). \tag{8.15}$$

8.2.2 時空の場に働く T 双対性

円の半径の反転 $R\to\alpha'/R$ は，T 双対性のもとで時空の計量の特定の成分が受ける変換則を表している．その他の場はどのように変換するだろうか．

まず，計量の非対角成分と B 場が移り合うことを示す．時空の 1 方向 X^9 が周期的であるとき，閉じた弦の持つ KK 運動量および巻きつき数に結合するのは，それぞれ KK ゲージ場 $A_\mu^{\mathrm{KK}}\simeq G_{\mu 9}$ および B 場 $B_{\mu 9}$ である．後者は，例えば弦が X^9 方向の巻きつき数 w を持つとして，$X^9(t,\sigma)=wR\sigma$ $(\sigma\sim\sigma+2\pi)$

を作用 (3.62) に代入することにより，

$$S=\frac{1}{2\pi\alpha'}\int dtd\sigma\partial_t X^\mu\partial_\sigma X^9 B_{\mu 9}+\cdots\simeq\frac{wR}{\alpha'}\int dt\partial_t X^\mu B_{\mu 9}+\cdots \quad (8.16)$$

のように導くことができる．T 双対性は弦の KK 電荷と巻きつき数を入れ替えるので，$G_{\mu 9}$ と $B_{\mu 9}$ を互いに入れ替える．これは $G_{\mu 9}, B_{\mu 9}$ に相当する閉じた弦の状態がそれぞれ次のように書けること，

$$G_{\mu 9}:(\alpha^9_{-1}\tilde{\alpha}^\mu_{-1}+\alpha^\mu_{-1}\tilde{\alpha}^9_{-1})|k\rangle,\quad B_{\mu 9}:(\alpha^9_{-1}\tilde{\alpha}^\mu_{-1}-\alpha^\mu_{-1}\tilde{\alpha}^9_{-1})|k\rangle \quad (8.17)$$

および T 双対性が $\tilde{\alpha}^9_n$ を符号反転することからも理解できる．上式はボソン弦の物理的状態であるが，超弦の場合は $\alpha^\mu_{-1}, \tilde{\alpha}^\mu_{-1}$ をそれぞれ $\psi^\mu_{-1/2}, \tilde{\psi}^\mu_{-1/2}$ に置き換えればよい．

次にディラトンの変換性を調べよう．重力理論の作用のうち重力場の運動項 (アインシュタイン・ヒルベルト項) は，通常次のように規格化される．

$$S=\frac{1}{2\kappa^2}\int d^D x\sqrt{-G}R,\quad \frac{1}{2\kappa^2}=\frac{1}{16\pi G_{\mathrm{N}}}. \quad (8.18)$$

κ は重力定数，G_{N} はニュートン定数と呼ばれる．重力場 $G_{\mu\nu}$ の質量次元を 0 とすると，ニュートン定数は質量次元 $[G_{\mathrm{N}}]=2-D$ を持つ．弦理論の有効作用においては，重力場の運動項はディラトンにも依存し，

$$S=\frac{1}{2\kappa_0^2}\int d^D x\sqrt{-G}e^{-2\Phi}(R+\cdots) \quad (8.19)$$

の形をとる．時空の 1 方向を半径 R の円周にコンパクト化したとき，$D-1$ 次元理論の重力定数は (8.6) 式で見たとおり，次で与えられる．

$$\kappa^2_{(D-1)}=\frac{\kappa_0^2 e^{2\langle\Phi\rangle}}{2\pi R}. \quad (8.20)$$

これが T 双対性のもとで不変であるべしとの要請から，ディラトンの変換則が次のように決まる．

$$e^{-2\tilde{\Phi}}=e^{-2\Phi}R^2/\alpha'. \quad (8.21)$$

計量，B 場およびディラトンのより一般的な T 双対変換則は，ブシャーの公式にまとめられる．

$$\tilde{G}_{\mu 9} = G_{99}^{-1} B_{\mu 9}, \quad \tilde{G}_{\mu\nu} = G_{\mu\nu} - G_{99}^{-1}(G_{\mu 9}G_{9\nu} + B_{\mu 9}B_{9\nu}),$$
$$\tilde{B}_{\mu 9} = G_{99}^{-1} G_{\mu 9}, \quad \tilde{B}_{\mu\nu} = B_{\mu\nu} - G_{99}^{-1}(G_{\mu 9}B_{9\nu} + B_{\mu 9}G_{9\nu}),$$
$$\tilde{G}_{99} = G_{99}^{-1}, \qquad e^{2\tilde{\Phi}} = e^{2\Phi} G_{99}^{-1}. \tag{8.22}$$

ただし，場はすべて質量次元 0 とし，座標 x^9 は周期 $2\pi\ell_s$ を持つとした．

最後に，タイプ II 超重力理論の RR ポテンシャル $C_{\mu_1\cdots\mu_p}$ の変換性を調べよう．平坦な $\mathbb{R}^{1,8} \times S^1$ 上の自由な運動方程式は，場の強さ $F_{\mu_1\cdots\mu_{p+1}}$ ((5.72) 式) を用いて次のように書ける．

$$\partial_\mu F^{\mu\mu_1\cdots\mu_p} = \partial_{[\mu_1} F_{\mu_2\cdots\mu_{p+2}]} = 0. \tag{8.23}$$

$p=$ (奇数) は IIA 理論，$p=$ (偶数) は IIB 理論のポテンシャルである．対応する超弦の状態は (5.129) で定義した RR セクターのレベル零状態 $|\mathrm{ph}, \mathbf{F}\rangle$ であるが，このうち x^9 方向の運動量や巻きつき数を持たない，9 次元の零質量粒子に相当するものに注目する．$\psi_0^\mu, \tilde{\psi}_0^\nu$ はこの状態に次のように作用する．

$$\sqrt{2}\psi_0^\mu |\mathrm{ph}, \mathbf{F}\rangle = |\mathrm{ph}, \Gamma^\mu \mathbf{F}\rangle, \quad \sqrt{2}\tilde{\psi}_0^\mu |\mathrm{ph}, \mathbf{F}\rangle = |\mathrm{ph}, \bar{\Gamma}\mathbf{F}\Gamma^\mu\rangle. \tag{8.24}$$

さて，弦の状態に T 双対変換として働く演算子を T_9 ($T_9^2 = 1$) とすると，

$$T_9 \psi_0^\mu T_9 = \psi_0^\mu, \quad T_9 \tilde{\psi}_0^\mu T_9 = \begin{cases} +\tilde{\psi}_0^\mu & (\mu \neq 9) \\ -\tilde{\psi}_0^\mu & (\mu = 9) \end{cases} \tag{8.25}$$

が成り立つ．したがって T_9 のフェルミオン零モードへの依存性は

$$T_9 \sim (\psi_0^0 \cdots \psi_0^9)(\tilde{\psi}_0^0 \cdots \tilde{\psi}_0^8) \tag{8.26}$$

となり，GSO 射影条件を満たすレベル零の RR 状態は

$$T_9 |\mathrm{ph}, \mathbf{F}\rangle = (\pm)|\mathrm{ph}, \mathbf{F}\Gamma^9\rangle \tag{8.27}$$

と変換される．この結果より，RR ポテンシャルは T 双対性のもとで

$$T_9 \ : \ C_{\mu_1\cdots\mu_p} \longleftrightarrow C_{\mu_1\cdots\mu_p 9} \quad (\mu_1, \cdots, \mu_p \neq 9) \tag{8.28}$$

の変換に従うことが分かる．またこの変換性より，IIA・IIB 超弦理論は T 双対性で互いに入れ替わることが分かる．

8.2.3 開いた弦の理論

次に，開いた弦の理論における周期性 $X^{25} \equiv X \sim X + 2\pi R$ の効果を議論する．まず，D25 ブレーンに両端を持つ開いた弦を考えよう．帯状の世界面に座標 $\sigma \in [0, \pi], t \in \mathbb{R}$ をとり，その上に平坦計量をとる．ノイマン境界条件に従う物質場の作用のうち $X^{25} \equiv X$ を含む部分は，次で与えられる．

$$
\begin{aligned}
S = \frac{1}{4\pi\alpha'} \int_0^\pi d\sigma dt \left\{ (\partial_t X)^2 - (\partial_\sigma X)^2 \right\} \\
+ \int_{\sigma=\pi} dt A_{25}^{\mathrm{R}} \partial_t X - \int_{\sigma=0} dt A_{25}^{\mathrm{L}} \partial_t X + \cdots .
\end{aligned} \tag{8.29}
$$

2 行目の 2 項はそれぞれ帯の右端・左端に沿った積分である．$A_{25}^{\mathrm{R}}, A_{25}^{\mathrm{L}}$ は定数であり，また $\partial_t X$ は X^{25} 方向に偏極した零運動量のベクトル粒子の境界頂点演算子である．これらの境界項は，弦の右端・左端の付着する D25 ブレーンの世界体積上に，それぞれ X^{25} 方向の定数ゲージ場 $A_{25}^{\mathrm{R}}, A_{25}^{\mathrm{L}}$ が導入された状況を表している．このような定数ゲージ場は 6 章では議論されなかったが，ここでは X^{25} を周期的としたために物理的に意味のある量となる．その理由を詳しく見てみよう．

$U(1)$ ゲージ理論のゲージ変換は，ベクトル場 A_μ に

$$
\tilde{A}_\mu = A_\mu - i\partial U U^{-1} = A_\mu + \partial_\mu \alpha \quad \left(U = e^{i\alpha} \right) \tag{8.30}
$$

と作用する．これを使うと，定数ゲージ場 $A_{25}^{\mathrm{L;R}}$ は $U = e^{iaX}$ 形のゲージ変換で消去できるように見える．しかし，ここでは X の周期性のためにゲージ変換は $U(X + 2\pi R) = U(X)$ を満たさねばならないので，$A_{25}^{\mathrm{L;R}}$ は $1/R$ の整数倍ずつしかずらせない．周期的な方向の定数ゲージ場は，このために物理的な意味を持つのである．また，ゲージ変換による同一視によって $A_{25}^{\mathrm{L;R}}$ は周期的となり，その周期は $1/R$ である．

定数ゲージ場 $A_{25}^{\mathrm{L;R}}$ は，ウィルソンループと呼ばれるゲージ不変な非局所的演算子が期待値を持つ例である．一般のゲージ理論において，ウィルソンループ $W_{C,R}$ とは時空内の閉じた経路 C に沿ったゲージ場の周回積分から

$$
W_{C,R} \equiv \mathrm{Tr}_R P \exp \left(i \oint_C A_\mu dx^\mu \right) \tag{8.31}
$$

と定義される．トレースはゲージ群の表現 R についてとり，また経路順序 P は

指数関数の定義において経路 C に沿った順に行列の積をとることを表す．経路 C のとり方は自由であるが，例えば円周コンパクト化の場合などは，時空内に連続変形で 1 点に縮めることのできない位相的に非自明な経路が存在する．このような場合，非自明な経路に沿ったウィルソンループの値はウィルソンラインと呼ばれる．ウィルソンラインはゲージ場の強さ $F_{\mu\nu}$ が零であっても非零な値をとり得るので，ゲージ理論の真空のモジュライとなる．

帯上の X^{25} の理論を量子化してみよう．まず運動量は次の量子化則に従う．

$$p^{25} = \int_0^\pi d\sigma \frac{\delta S}{\delta \dot{X}} = \int_0^\pi \frac{d\sigma \dot{X}}{2\pi\alpha'} + A_{25}^{\mathrm{R}} - A_{25}^{\mathrm{L}} \in \frac{\mathbb{Z}}{R}. \tag{8.32}$$

$z \equiv e^{-i(\sigma+i\tau)}$, $\tau = it$ によって上半平面に移ると，X のモード展開は

$$X = x^{25} - i\sqrt{\frac{\alpha'}{2}} \ln|z|^2 \cdot \alpha_0^{25} + i\sqrt{\frac{\alpha'}{2}} \sum_{n\neq 0} \frac{\alpha_n^{25}}{n}(z^{-n} + \bar{z}^{-n}) \tag{8.33}$$

となる．α_0^{25} の量子化はウィルソンラインの効果で次のようにずれる．

$$\alpha_0^{25} = \sqrt{2\alpha'}\left(\frac{n}{R} - A_{25}^{\mathrm{R}} + A_{25}^{\mathrm{L}}\right). \tag{8.34}$$

開いた弦に対しては，T 双対性はどのように作用するだろうか? (8.33) 式の X を正則部分と反正則部分に分けて $X = X_{\mathrm{L}}(z) + X_{\mathrm{R}}(\bar{z})$ と書く．このとき定数成分 x^{25} は $X_{\mathrm{L}}, X_{\mathrm{R}}$ に半分ずつ分配するとしよう．まずただちに分かることは，上半平面の境界におけるノイマン境界条件 $\partial X = \bar{\partial} X$ は，T 双対のもとでディリクレ境界条件 $\partial X = -\bar{\partial} X$ に変わることである．つまり，T 双対変換は D25 ブレーンを D24 ブレーンに変換する．

T 双対変換後に D24 ブレーンに両端を持つ弦の上では，$\tilde{X} \equiv X_{\mathrm{L}} - X_{\mathrm{R}}$ のモード展開は次のようになる．

$$\tilde{X} = \tilde{x}_{\mathrm{R}}^{25} - i\sqrt{\frac{\alpha'}{2}} \ln\left(\frac{z}{\bar{z}}\right) \alpha_0^{25} + i\sqrt{\frac{\alpha'}{2}} \sum_{n\neq 0} \frac{\alpha_n^{25}}{n}(z^{-n} - \bar{z}^{-n}),$$

$$\alpha_0^{25} = \sqrt{\frac{2}{\alpha'}}\left(n\tilde{R} - \alpha' A_{25}^{\mathrm{R}} + \alpha' A_{25}^{\mathrm{L}}\right), \quad \tilde{R} \equiv \frac{\alpha'}{R}. \tag{8.35}$$

(8.33) 式の x^{25} はこの表式中には現れないが，代わりに定数項 $\tilde{x}_{\mathrm{R}}^{25}$ を新たに導入した．実軸上では，$\tilde{X}$ は次の一定値をとる．

$$X = \begin{cases} \tilde{x}_{\mathrm{R}}^{25}, & (z > 0) \\ \tilde{x}_{\mathrm{R}}^{25} + 2\pi(n\tilde{R} - \alpha' A_{25}^{\mathrm{R}} + \alpha' A_{25}^{\mathrm{L}}). & (z < 0) \end{cases} \tag{8.36}$$

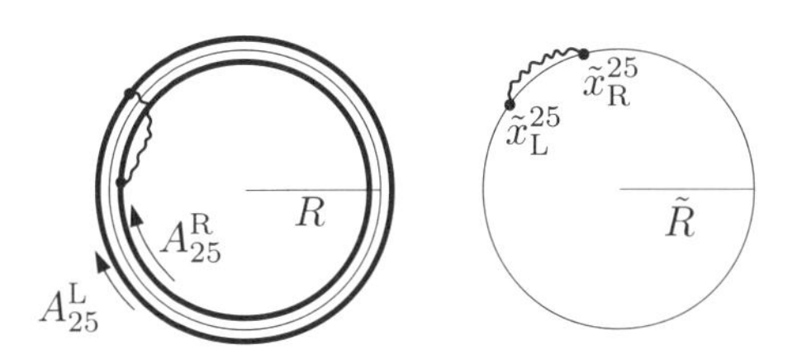

図 8.2　S^1 に巻きついた D ブレーンと，S^1 上の点状の D ブレーンは T 双対性で互いに移り合う．

この定数値は弦の両端における境界条件で決まるはずであるから，左右の D24 ブレーンの位置座標は D25 ブレーン上のウィルソンラインと

$$\tilde{x}^{25}_{\mathrm{R}} = 2\pi\alpha' A^{\mathrm{R}}_{25}, \quad \tilde{x}^{25}_{\mathrm{L}} = 2\pi\alpha' A^{\mathrm{L}}_{25} \tag{8.37}$$

のように関係づかねばならない (図 8.2)．したがって (8.35) 式は，半径 $\tilde{R}$ の円周上の点 $\tilde{x}^{25}_{\mathrm{R}}$ を出発し，円を n 周した後に $\tilde{x}^{25}_{\mathrm{L}}$ に到る弦を表す．

超弦理論においても同様に，D ブレーンの次元は T 双対変換によって 1 増減する．Dp ブレーンが RR$(p+1)$ 形式と結合することを思い出すと，この変換性は RR ポテンシャルの階数が T 双対性で 1 増減すること ((8.28) 式) と辻褄が合う．この結合の仕組みは，9 章でより詳しく調べる．

8.2.4　向きのない弦の理論

最後に，T 双対性のもとでの向きのない弦の振る舞いを調べよう．

向きのない弦を特徴づける反転対称性 Ω は，例えば複素平面上の場 $X^\mu(z,\bar{z})$ に次のように働くのであった．

$$\Omega: \ X^\mu(z,\bar{z}) \to X^\mu(\bar{z},z), \quad X^\mu_{\mathrm{L}}(z) \leftrightarrow X^\mu_{\mathrm{R}}(\bar{z}). \tag{8.38}$$

X^{25} を周期的 (半径 R) として，この方向に T 双対をとる．このとき双対な理論における反転対称性は $\tilde{\Omega} = T_{25}\Omega T_{25}$ で与えられ，場 $X^\mu(z,\bar{z})$ に

$$\tilde{\Omega}: \ X^\mu(z,\bar{z}) \to X^\mu(\bar{z},z) \ (\mu \neq 25), \quad X^{25}(z,\bar{z}) \to -X^{25}(\bar{z},z) \tag{8.39}$$

と作用する．つまり，$\tilde{\Omega}$ は世界面の反転 Ω と座標 X^{25} の反転の積になる．

閉じた弦の状態に対する向きづけ反転不変性の条件を調べよう．元々の向きのない弦理論においては，重力子，B 場を表す閉じた弦の状態は (7.41) 式で与

えられ，それぞれ Ω の固有値 $+1, -1$ を持つのであった．これを時空の場の変換則の形に書くと次のようになり，B 場は理論から除外される．

$$\Omega G_{\mu\nu}(x) = G_{\mu\nu}(x), \quad \Omega B_{\mu\nu}(x) = -B_{\mu\nu}(x). \tag{8.40}$$

双対な理論では，$\tilde{\Omega}$ は時空の座標の 1 つ $x^{25} \equiv y \sim y + 2\pi\tilde{R}$ にも反転として作用する．それ以外の 25 個の座標を x と書くと，場 $G_{\mu\nu}(x,y), B_{\mu\nu}(x,y)$ の変換則は次のようになる．

$$\begin{aligned}
&\tilde{\Omega}G_{\mu\nu}(x,y) = +G_{\mu\nu}(x,-y), \quad \tilde{\Omega}B_{\mu\nu}(x,y) = -B_{\mu\nu}(x,-y),\\
&\tilde{\Omega}G_{\mu y}(x,y) = -G_{\mu y}(x,-y), \quad \tilde{\Omega}B_{\mu y}(x,y) = +B_{\mu y}(x,-y),\\
&\tilde{\Omega}G_{yy}(x,y) = +G_{yy}(x,-y). \qquad\qquad (\mu,\nu \neq 25)
\end{aligned} \tag{8.41}$$

これらは $\mathbb{R}^{1,24} \times S^1$ 上の関数であるが，$\tilde{\Omega}$ 不変性から，成分ごとに $y \to -y$ のもとで偶関数あるいは奇関数でなければならないので，自由に値をとれる領域はその半分 $\mathbb{R}^{1,24} \times (S^1/\mathbb{Z}_2)$ である．

このように，標的空間の反転と弦の向きづけ反転を合わせた対称性 $\tilde{\Omega}$ で弦理論を割る操作を一般にオリエンティフォルドと呼ぶ．上の例では，反転 $y \to -y$ のもとで円周上の 2 点 $y = 0, y = \pi\tilde{R}$ が不変に保たれるので，$(25+1)$ 次元時空中に $(24+1)$ 次元の固定面が 2 枚現れる．これをオリエンティフォルド 24 プレーン，または O24 プレーンと呼ぶ．同様にして，いろいろな次元の世界体積を持つ O プレーンを考えることができる．例えば平坦 26 次元時空中の Op プレーンは，向きづけ反転と標的時空の反転を組み合わせた次のような対称性 $\tilde{\Omega}$ を通じて定義される．

$$\tilde{\Omega}\ :\ X^\mu(z,\bar{z}) \ \to \ \begin{cases} \ \ X^\mu(\bar{z},z), & (\mu = 0,\cdots,p) \\ -X^\mu(\bar{z},z). & (\mu = p+1,\cdots,25) \end{cases} \tag{8.42}$$

超弦理論の O プレーンは D ブレーンと同様，特定の張力と RR 電荷を持つ源として振る舞う．ここではその値を T 双対性を手掛かりに調べよう．

タイプ I 超弦理論の発散相殺から，D9 ブレーンと O9 プレーンの張力および RR 電荷が (7.80) 式の関係に従うことを導いた．この理論を S^1 コンパクト化し，T 双対をとろう．元々の理論はタイプ IIB 理論に O9$^-$ プレーンと 32 枚の D9 ブレーンを配置した系である．これに双対な理論はタイプ IIA オリエン

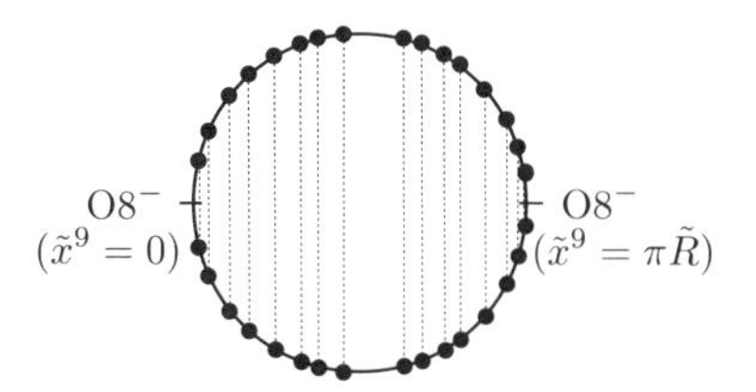

図 8.3　S^1 コンパクト化されたタイプ I 理論に T 双対なタイプ IIA オリエンティフォルド理論における，D8 ブレーンと O8 プレーンの配位.

ティフォルド $\mathbb{R}^{1,8} \times (S^1/\mathbb{Z}_2)$ であり，円周上の 2 つの固定点にそれぞれ O8 プレーンが位置し，さらに円周上に 32 個の D8 ブレーンが反転対称な配置をとる (図 8.3). この配置の理由は，もとの理論におけるウィルソンラインが，ゲージ変換の自由度を除いて一般に次の形をとるためである.

$$A_9 = \begin{pmatrix} 0 & -\theta_1 & & & \\ \theta_1 & 0 & & & \\ & & 0 & -\theta_2 & \\ & & \theta_2 & 0 & \\ & & & & \ddots \end{pmatrix} \in SO(32)\,. \tag{8.43}$$

このとき，双対な理論における 32 枚の D8 ブレーンは 16 個の対をなし，その位置は $\tilde{x}^9 = \pm 2\pi\alpha'\theta_i$ $(i = 1, \cdots, 16)$ と定まる.

この配位は 1 ループ発散を生じないので，O8 プレーン 2 枚と D8 ブレーン 32 枚の張力・RR 電荷は釣り合うはずである. よって次の関係式を得る.

$$T_{\mathrm{O8}^\pm} = \pm 16 \cdot T_{\mathrm{D8}}, \quad \mu_{\mathrm{O8}^\pm} = \pm 16 \cdot \mu_{\mathrm{D8}}\,. \tag{8.44}$$

さらに別の方向に S^1 コンパクト化と T 双対を繰り返すことにより，D ブレーンと O プレーンの張力・RR 電荷の満たす次の一般公式が得られる.

$$T_{\mathrm{O}p^\pm} = \pm 2^{p-4} \cdot T_{\mathrm{D}p}, \quad \mu_{\mathrm{O}p^\pm} = \pm 2^{p-4} \cdot \mu_{\mathrm{D}p}. \tag{8.45}$$

Chapter

9 Dブレーンの力学

Dブレーンは，もともと開いた弦の端点における境界条件として導入されたが，閉じた弦の源としても振る舞うことを7章で学んだ．このため，弦の結合定数を非零にすると，Dブレーンはもはや時空に固定された物体ではなく，弦と相互作用しながら自らも運動する力学的物体となる．ここでは，開いた弦の世界面理論の解析結果を手掛かりに，Dブレーンの一般的な運動を記述する世界体積上の有効理論を導く．さらに，この有効理論および超重力理論の観点から，タイプII超弦理論のDブレーンの基本的な性質を調べる．

9.1 Dブレーンの有効作用

10次元時空に平らなDpブレーンを1枚置いたとき，その上には$U(1)$ゲージ場A_μ，$(9-p)$個のスカラーΦ^Iおよびフェルミオンからなる超対称な場の理論(6.48)が実現される．特にΦ^Iはブレーンの直交方向の位置座標X^Iと

$$X^I = 2\pi\alpha'\Phi^I \tag{9.1}$$

の関係(6.51)に従うのであった．この理論を拡張して，Dpブレーンのより一般的な運動を記述する有効理論を導こう．以下では簡単のため，有効理論のうちボソンのみを含む項に着目し，フェルミオンは無視する．

まず，直交方向Φ^Iだけではなく時空の10方向の座標すべてについて

$$X^\mu(x^a) \quad (\mu = 0, \cdots, 9\,;\ a = 0, \cdots, p)$$

と場を導入する．標的時空の座標変換不変性を保つ有効作用は，南部・後藤の作用と同様に，ブレーンの体積から定めるのが自然であろう．

$$S_{\mathrm{D}p} = -T_p \int d^{p+1}x \sqrt{-\det(G_{\mu\nu}(X)\partial_a X^\mu \partial_b X^\nu)}\,. \tag{9.2}$$

係数 T_p は Dp ブレーンの張力である.

試しにこの作用を用いて，平坦時空内の $(p+1)$ 次元面 $X^{p+1} = \cdots = X^9 = 0$ に配置された Dp ブレーンの微小変形を調べてみよう．静的ゲージ $X^a = x^a$ をとり，(2.4) 式で行ったのと同様にしてラグランジアンを展開すると，

$$\begin{aligned}&-T_p\sqrt{-\det(\eta_{ab} + \partial_a X^I \partial_b X^I)}\\&\quad = -T_p - \frac{1}{2}T_p(2\pi\alpha')^2\eta^{ab}\partial_a\Phi^I\partial_b\Phi^I + \cdots\,.\end{aligned} \tag{9.3}$$

となる．第 2 項は，1 枚の Dp ブレーン上の場の理論 (6.48) のうち，スカラー場 Φ^I に関する部分を再現している．残りの項を再現するには，(9.2) 式にゲージ場の効果を適切に取り入れる必要がある．

9.1.1　DBI の有効作用

Dp ブレーンの世界体積上の有効理論 (6.48) は，10 次元の超対称ゲージ理論から次元削減で得られ，特に Φ^I は元々はゲージ場の成分 A_I なのであった．このような特殊な構造を持つ理論が現れる理由は，実は次元の異なる D ブレーンが T 双対性によって関係づくことにある．

例えば D9 ブレーン上の 10 次元ゲージ理論に着目し，その世界体積のうち $x^{p+1}, \cdots, x^9$ 方向を周期的としよう．周期が十分短いとき，理論は次元削減によって $(p+1)$ 次元のゲージ理論となり，周期的な $(9-p)$ 方向のゲージ場の成分 A_I $(I = p+1, \cdots, 9)$ はスカラー場 Φ^I になる．一方，これらの方向に T 双対をとると D9 ブレーンは Dp ブレーンとなるが，双対性から，その世界体積上の理論は前述の次元削減で得られた理論と同じはずなのである．

X^I 方向の T 双対性で移り合う D ブレーンの対があるとき，それらの世界体積上の場の理論 (6.48) の変数の間には (8.37) 式の関係が成り立つのであった．

$$2\pi\alpha' A_I = \tilde{X}^I\,. \tag{9.4}$$

同じ関係を作用 (9.2) にも要請してみよう．簡単のため，3 次元時空 $\mathbb{R}^{1,1} \times S^1$ の全体に延びた D2 ブレーンを考える．S^1 の半径を R とし，この方向に T 双対

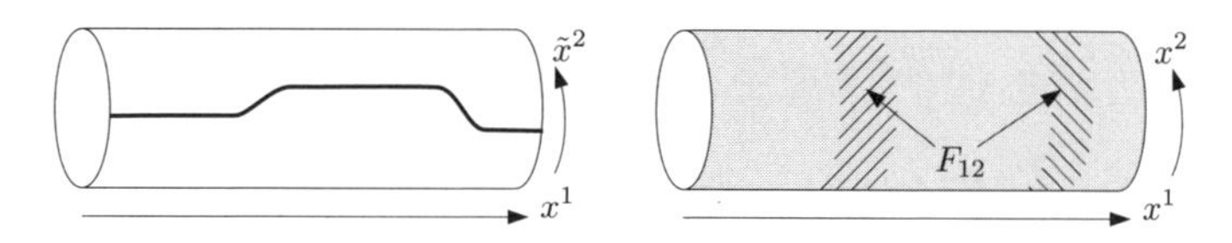

図 9.1 曲がった D1 ブレーンに T 双対な D2 ブレーンの世界体積では，ゲージ場の強さが非零になる．

をとって D1 ブレーンを得る．D1 ブレーンを変形して，その円周上の位置 $\tilde{X}^2$ を座標 x^1 に応じて変化させるとき (図 9.1 左)，その作用は次のようになる．

$$S_{\mathrm{D1}} = -T_1 \int dx^0 dx^1 \sqrt{1 + \left(\partial \tilde{X}^2 / \partial x^1\right)^2}. \tag{9.5}$$

これをもとの D2 ブレーンに戻すと，(9.4) 式より S^1 方向のゲージ場 $A_2(x^1)$ が座標の関数となるため，ゲージ場の強さ $F_{12} = \partial_1 A_2$ が非零となる (同図右)．上の作用は，次のような D2 ブレーンの作用と再解釈される．

$$S_{\mathrm{D2}} = -2\pi R T_2 \int dx^0 dx^1 \sqrt{1 + (2\pi\alpha' F_{12})^2}. \tag{9.6}$$

ただし，全体に掛かる因子 $2\pi R T_2$ は，右辺を D2 ブレーンの世界体積上の積分と見なせるように定めたものである．このようなゲージ場への依存性は，もとの南部・後藤型の作用 (9.2) を次のように修正することによって再現できる．

$$S_{\mathrm{D}p} = -\tau_p \int d^{p+1} x e^{-\Phi} \sqrt{-\det(G_{\mu\nu}\partial_a X^\mu \partial_b X^\nu + 2\pi\alpha' F_{ab})}. \tag{9.7}$$

これと同様な作用は，古典電磁気学における荷電粒子の自己エネルギーの発散を解消する目的で，ディラック・ボルン・インフェルドによって 1930 年代に提唱されている．これに因んで，(9.7) 式は DBI 作用と呼ばれる．

(9.7) 式の修正では，ディラトンへの依存性 $e^{-\Phi}$ も同時に含めた．これは，有効理論が開いた弦の散乱振幅を再現するため，特に円板振幅が一般に持つ因子 $g_s^{-1} \simeq e^{-\Phi}$ を再現するために必要な因子である．また (9.7) 式より，Dp ブレーンの物理的な張力 T_p は次のようにディラトンに依存する．

$$T_p \equiv \tau_p / g_s. \quad (\tau_p \text{ は背景時空の選び方に依らない定数}) \tag{9.8}$$

D1 ブレーンと D2 ブレーンの物理的な張力は (9.5) 式と (9.6) 式の比較から $T_1/T_2 = 2\pi R$ に従うが，これを (9.8) 式およびディラトンの T 変換性 (8.21)

と併せると $\tau_1/\tau_2 = 2\pi\ell_s$ を得る．同様の漸化式によって，すべての τ_p が 1 個の未定係数を除いて決まる．通常は $\Phi = 0$ のときに弦と D1 ブレーンの張力が等しくなるよう，τ_p を次のように定める．

$$\tau_p = \frac{2\pi}{(2\pi\ell_s)^{p+1}}. \tag{9.9}$$

Dp ブレーン上のゲージ理論 (6.48) の結合定数 g^2 を g_s, ℓ_s を用いて表してみよう．標的時空を平坦，ディラトンを定数とし，ブレーンの世界体積の変形を無視して作用 (9.7) をゲージ場のべきに展開すると，次式を得る．

$$S_{\mathrm{D}p} = -\frac{\tau_p}{g_s}\int d^{p+1}x\Big(1 + \frac{(2\pi\alpha')^2}{4}F_{ab}F^{ab} + \cdots\Big). \tag{9.10}$$

これを (6.48) 式と比較すると，次が得られる．

$$\frac{1}{g^2} = \frac{\tau_p(2\pi\alpha')^2}{2g_s} = \frac{(2\pi\ell_s)^{3-p}}{4\pi g_s}. \tag{9.11}$$

9.1.2　RR ポテンシャルとの結合

次に RR ポテンシャルと D ブレーンの相互作用を調べる．まず，数式を簡潔にするため，ここで微分形式の記法を一通りまとめよう．これは反対称テンソル場の様々な演算を行う際に非常に便利である．

一般相対論では，共変ベクトル場 $A_\mu(x)$ とは下付きのベクトル添字を持ち，座標変換のもとで次のように共変に変換する場をいうのであった．

$$\tilde{A}_\mu(\tilde{x}) = \frac{\partial x^\nu}{\partial \tilde{x}^\mu}A_\nu(x). \tag{9.12}$$

時空の各点における微分形式の基底を dx^μ と書き，座標変換のもとで

$$d\tilde{x}^\mu = \frac{\partial \tilde{x}^\mu}{\partial x^\nu}dx^\nu \tag{9.13}$$

と変換するものと定める．共変ベクトル場をこれと掛け合わせた量 $A_\mu(x)dx^\mu$ は座標のとり方に依らない量なので，単に A と書けばよい．これを 1 形式と呼ぶ．さらに，dx^μ は互いに反交換する，つまり $dx^\mu \wedge dx^\nu = -dx^\nu \wedge dx^\mu$ が成り立つと了解して掛け合わせ，p 形式の基底を定める．

$$dx^{\mu_1} \wedge dx^{\mu_2} \wedge \cdots \wedge dx^{\mu_p}. \quad (\mu_1, \cdots, \mu_p \text{について完全反対称}) \tag{9.14}$$

これを用いると，p 階反対称テンソル場 $A_{\mu_1\cdots\mu_p}(x)$ を成分とする p 形式 A_p を次のように定めることができる．

$$A_p = \frac{1}{p!} A_{\mu_1\cdots\mu_p}(x) dx^{\mu_1} \wedge \cdots \wedge dx^{\mu_p}. \tag{9.15}$$

微分形式の積はウェッジ積あるいは外積と呼ばれ，記号 $\wedge$ は省略されることもある．p 形式 A_p と q 形式 B_q の積は次の $(p+q)$ 形式となる．

$$\begin{aligned} A_p \wedge B_q &= (-1)^{pq} B_q \wedge A_p \\ &= \frac{1}{p!q!} A_{\mu_1\cdots\mu_p} B_{\mu_{p+1}\cdots\mu_{p+q}}\, dx^{\mu_1} \wedge \cdots \wedge dx^{\mu_{p+q}}. \end{aligned} \tag{9.16}$$

外微分 d は微分形式の次数を 1 上げる演算で，(9.15) 式の A_p の外微分は

$$\begin{aligned} F_{p+1} &\equiv dA_p = \frac{1}{p!} \partial_\mu A_{\mu_1\cdots\mu_p} dx^\mu dx^{\mu_1} \cdots dx^{\mu_p}, \\ F_{\mu_1\cdots\mu_{p+1}} &= (p+1)\partial_{[\mu_1} A_{\mu_2\cdots\mu_{p+1}]} = \partial_{\mu_1} A_{\mu_2\cdots\mu_{p+1}} \pm (\text{残り } p \text{ 項}) \end{aligned} \tag{9.17}$$

と定義される．特に dx^μ の外微分は零であり，また d^2 は恒等的に零となることに注意しよう．微分形式の積の外微分は次のライプニッツ則に従う．

$$d(A_p \wedge B_q) = dA_p \wedge B_q + (-1)^p A_p \wedge dB_q. \tag{9.18}$$

D 次元空間におけるホッジ双対 $*$ は，p 形式を $(D-p)$ 形式に変換する線形演算子で，計量 $G_{\mu\nu}$ にも依存する．以下では計量はミンコフスキー符号としよう．p 形式の基底は $*$ のもとで次のように変換されるとする．

$$*(dx^{\mu_1} \cdots dx^{\mu_p}) = -\frac{\varepsilon^{\mu_1\cdots\mu_D} G_{\mu_{p+1}\nu_{p+1}} \cdots G_{\mu_D\nu_D}}{\sqrt{-G}(D-p)!} dx^{\nu_{p+1}} \cdots dx^{\nu_D}. \tag{9.19}$$

ここで $\varepsilon^{\mu_1\cdots\mu_D}$ は $\varepsilon^{01\cdots(D-1)} = 1$ なる反対称テンソル密度である．dx^μ の代わりに多脚場 e^a_μ を用いて新しい基底を $e^a \equiv e^a_\mu dx^\mu$ と定めると，$*$ の作用は

$$*(e^{a_1} \wedge \cdots \wedge e^{a_p}) = \frac{-1}{(D-p)!} \hat{\varepsilon}^{a_1\cdots a_D} e_{a_{p+1}} \wedge \cdots \wedge e_{a_D} \tag{9.20}$$

となる．ただし $\hat{\varepsilon}^{a_1\cdots a_D}$ は $\hat{\varepsilon}^{0\cdots(D-1)} = 1$ なる反対称テンソルである．ホッジ双対を 2 回施すと $**A_p = (-1)^{1+p(D-p)} A_p$ となるので，k を整数として $(4k+2)$ 次元の空間には自己双対・反自己双対な $(2k+1)$ 形式が存在する．

p 形式は，標的空間内の p 次元の部分空間 Σ_p 上で積分することができる．Σ_p

上の座標を ξ^a $(a=1,\cdots,p)$，Σ_p の標的空間への埋め込みを指定する関数を $x^\mu(\xi^a)$ と書くとき，p 形式 A_p の Σ_p への引き戻しを

$$\frac{1}{p!}\,A_{\mu_1\cdots\mu_p}(x(\xi))\,\frac{\partial x^{\mu_1}}{\partial \xi^{a_1}}\cdots\frac{\partial x^{\mu_p}}{\partial \xi^{a_p}}\,d\xi^{a_1}\wedge\cdots\wedge d\xi^{a_p} \tag{9.21}$$

と定めると，これは Σ_p 上の p 形式となり，積分 $\int_{\Sigma_p} A_p$ が自然に定義できる．微分形式に関する基本的な演算の規則は以上のとおりである．

これらの記法を用いて，RR ポテンシャル C_{p+1} の運動項および D ブレーンとの結合項を書き下してみよう．C_{p+1} に働くゲージ変換は $\delta C_{p+1}=d\Lambda_p$，またゲージ不変な場の強さは $F_{p+2}=dC_{p+1}$ である．通常の規格化のもとでは，C_{p+1} のゲージ不変な運動項は次で与えられる．

$$S=\frac{-1}{4\kappa^2}\int F_{p+2}\wedge *F_{p+2}=\frac{-1}{4\kappa^2}\int d^{10}x\sqrt{-G}\,\frac{F_{\mu_1\cdots\mu_{p+2}}F^{\mu_1\cdots\mu_{p+2}}}{(p+2)!}. \tag{9.22}$$

運動方程式およびビアンキの恒等式は，次のように書ける．

$$d*F_{p+2}=0, \quad dF_{p+2}=0. \tag{9.23}$$

Dp ブレーンとの結合は，ξ^a を世界体積上の座標として次のように書ける．

$$\mu_p\int_{\mathrm{D}p} C_{p+1}\ =\ \mu_p\int d^{p+1}\xi\,\frac{\partial x^{\mu_1}}{\partial \xi^1}\cdots\frac{\partial x^{\mu_{p+1}}}{\partial \xi^{p+1}}C_{\mu_1\cdots\mu_{p+1}}(x(\xi)). \tag{9.24}$$

これは荷電粒子の世界線と電磁場の結合 (2.10) の自然な一般化である．係数 μ_p は Dp ブレーンの RR 電荷 (密度) であり，τ_p と同様，背景時空の選び方に依らない定数値をとるとする．

ここで，タイプ IIA および IIB 超重力理論に現れる独立な RR ポテンシャルは，それぞれ C_1, C_3 および C_0, C_2, C_4 だけであることに注意しておく．(5.133) 式で見たように，RR ポテンシャル C_{p+1}, C_{7-p} の場の強さ F_{p+2}, F_{8-p} は互いにホッジ双対の関係にあり，したがって独立な自由度ではない．このような関係を電気・磁気双対という．9.3 節で詳しく議論する．

相互作用項 (9.24) の T 双対変換のもとでの振る舞いを調べよう．簡単のため，再び時空を $\mathbb{R}^{1,1}\times S^1$ とし，S^1 の半径を R とする．まず時空全体に巻きついた D2 ブレーンについては，(9.24) 式は静的ゲージで次のようになる．

$$\mu_2\int d^3x\,C_{012}\ \simeq\ 2\pi R\,\mu_2\int dx^0dx^1C_{012}. \tag{9.25}$$

ただし，$\simeq$ は R が十分小さいという仮定のもとでの次元削減を表す．一方，これに T 双対な D1 ブレーンについては，(9.24) 式は次のようになる．

$$\mu_1 \int dx^0 dx^1 C_{01}. \tag{9.26}$$

RR ポテンシャルの T 双対変換則 (8.28) を用いて両者を比較すると，電荷密度 μ_2 あるいは μ_1 が R に依存してしまうように見える．

この矛盾は次のように解決される．実は，T 双対性のもとで (8.28) 式と変換する RR ポテンシャルは (9.22)，(9.24) 式に現れる C_{p+1} そのものではなく，これにディラトンを掛けた $\widehat{C}_{p+1} \equiv e^{\Phi} C_{p+1}$ なのである．事実，(9.22) 式および (9.24) 式はそれぞれ球面振幅，円板振幅に対応するため，被積分関数はそれぞれ $e^{-2\Phi}, e^{-\Phi}$ に比例すべきで，この意味では $\widehat{C}_{p+1}$ は C_{p+1} より自然な規格化なのである．この違いを考慮すると，電荷密度 μ_1, μ_2 は次の関係式に従う．

$$2\pi R \mu_2 e^{-\Phi} = \mu_1 e^{-\tilde{\Phi}}, \quad \mu_1 = 2\pi \ell_s \, \mu_2. \tag{9.27}$$

同様の漸化式によりすべての μ_p が互いに関係づけられる．さらに，次節で見るように，平行な Dp ブレーン間の力の釣り合いから μ_p は次のように決まる．

$$\mu_p = \tau_p = \frac{2\pi}{(2\pi \ell_s)^{p+1}}. \tag{9.28}$$

次に，D1 ブレーンの世界面が図 9.1 左のように $\tilde{x}^2$ 方向の起伏を持つとしよう．$\tilde{x}^2$ を x^1 の関数とすると，RR ポテンシャルとの結合は静的ゲージで

$$\mu_1 \int_{\mathrm{D1}} C_2 \;=\; \mu_1 \int dx^0 dx^1 \Big(C_{01} + C_{02} \frac{\partial \tilde{x}^2}{\partial x^1} \Big) \tag{9.29}$$

と書ける．(8.28)，(9.4) 式を使ってこの T 双対をとると，次が得られる．

$$\mu_2 \int d^3x \left(C_{012} + C_0 \, 2\pi\alpha' F_{12} \right) \;=\; \mu_2 \int (C_3 + 2\pi\alpha' C_1 \wedge F). \tag{9.30}$$

これは，D2 ブレーン上の磁束が D0 ブレーン電荷を持つことを示唆する．

この関係をより詳しく理解するため，次のような過程を考えよう．x^1 方向も周期的にして時空を $\mathbb{R}^1 \times T^2$ とし，T^2 の x^1 方向，$\tilde{x}^2$ 方向に延びた D1 ブレーンを各 1 つずつ配置する．2 つの D1 ブレーンは図 9.2 上段のように繋ぎ変えを起こし，斜めに伸びた安定な D1 ブレーンに変化することができる．下段はこの T 双対で，D0 ブレーンが D2 ブレーンに溶け込んで世界体積内の磁場に

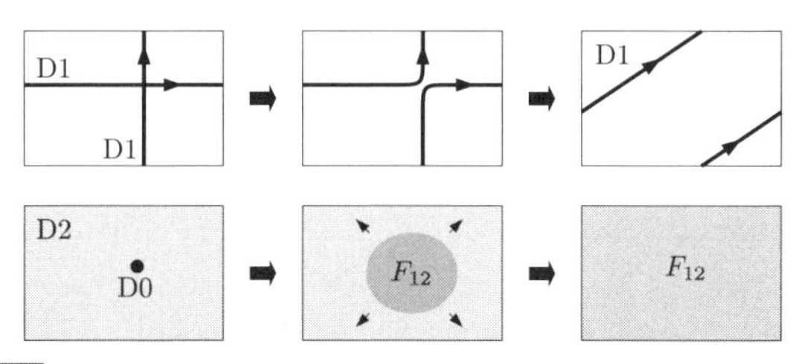

図 9.2 D1 ブレーンの繋ぎ変え (1 段目) とその T 双対 (2 段目).

変わる様子を表す．安定な終状態においては，D2 ブレーン上を貫く磁束は

$$n = \int_{T^2} \frac{F}{2\pi} = 1 \tag{9.31}$$

で与えられることを示せる．一般に閉じた 2 次元面上の $U(1)$ ゲージ場の磁束は常に整数値をとるが，(9.30) 式から示唆されるとおり，その値は D2 ブレーンに溶け込んだ D0 ブレーンの個数と同定される．

D ブレーンと RR ゲージ場の T 双対性不変な結合は，(9.30) 式を一般化して

$$\begin{aligned}&\mu_p \int_{\mathrm{D}p} \left(C_{p+1} + C_{p-1} \wedge 2\pi\alpha' F + \frac{1}{2} C_{p-3} \wedge (2\pi\alpha' F)^2 + \cdots \right) \\ &= \mu_p \int_{\mathrm{D}p} C_{\mathrm{RR}} \exp\left(2\pi\alpha' F\right), \quad \text{ただし} \quad C_{\mathrm{RR}} \equiv \sum_n C_n \end{aligned} \tag{9.32}$$

で与えられる．2 行目の被積分関数は様々な次数の微分形式の和であるが，その $(p+1)$ 形式成分を積分するものと理解する．

B 場も含めた最も一般的な D ブレーンの有効作用は，次で与えられる．

$$\begin{aligned} S_{\mathrm{D}p} &= -\tau_p \int d^{p+1}\xi e^{-\Phi} \sqrt{-\det(G_{ab} + 2\pi\alpha' F_{ab} - B_{ab})} \\ &\quad + \mu_p \int C_{\mathrm{RR}} \exp\left(2\pi\alpha' F - B\right), \\ G_{ab} &\equiv G_{\mu\nu} \frac{\partial x^\mu}{\partial \xi^a} \frac{\partial x^\nu}{\partial \xi^b}, \quad B_{ab} \equiv B_{\mu\nu} \frac{\partial x^\mu}{\partial \xi^a} \frac{\partial x^\nu}{\partial \xi^b}. \end{aligned} \tag{9.33}$$

有効作用の B 場へのこのような依存性は，次のゲージ変換のもとでの不変性を尊重するように決まる．

$$B \to B + d\Lambda, \quad A \to A + \frac{\Lambda}{2\pi\alpha'}. \tag{9.34}$$

B 場のゲージ変換が D ブレーン上のゲージ場 A にも働く理由は，この D ブレー

ンに境界を持つ超弦の世界面作用が

$$S = -\frac{1}{2\pi\alpha'}\int_{\Sigma} B + \int_{\partial\Sigma} A + \cdots \tag{9.35}$$

の形をとることから分かる．ゲージ変換 $B \to B + d\Lambda$ がこの作用を不変に保つには，同時に A も (9.34) 式のように変換されねばならない．

9.2 ブレーン間の万有引力・クーロン力

2 枚の Dp ブレーンを平行に置いたとき，その間に働く万有引力・ディラトン力と RR 斥力は厳密に釣り合う．7.3.1 項では超弦の 1 ループ振幅からこれを示したが，ここでは D ブレーンの有効作用を使ってこれを再現しよう．

Dp ブレーンの世界体積を $x^{a=0,\cdots,p}$ の方向にとる．静的ゲージをとり，x^a をブレーン上の座標に使うと，有効作用の主要な部分は次のようになる．

$$\begin{aligned} S = &\frac{1}{2\kappa_0^2}\int d^D x\sqrt{-G}\left\{g_s^{-2}e^{-2\phi}(R + \partial_\mu\phi\partial^\mu\phi) - \frac{1}{2(p+2)!}F^2_{\mu_1\cdots\mu_{p+2}}\right\} \\ &- \tau_p\int d^{p+1}x g_s^{-1}e^{-\phi}\sqrt{-\det G_{ab}} + \mu_p\int d^{p+1}x\, C_{0\cdots p}. \end{aligned} \tag{9.36}$$

ただし時空の次元は D と書いた．ϕ はディラトンの真空期待値 Φ_0 からの揺らぎであり，$g_s = e^{\Phi_0}$ である．

まず，時空の計量を $G^{\mathrm{E}}_{\mu\nu} \equiv e^{2\omega}G_{\mu\nu}$ とスケール変換して重力場とディラトンの運動方程式を分離しよう．この変換のもとで，重力場の運動項は

$$\begin{aligned} &e^{(D-2)\omega}\sqrt{-G}R \\ &= \sqrt{-G^{\mathrm{E}}}\left\{R^{\mathrm{E}} + 2(D-1)\nabla^2\omega - (D-1)(D-2)\partial_\mu\omega\partial^\mu\omega\right\} \end{aligned} \tag{9.37}$$

と変換する．$\omega = -2\phi/(D-2)$ とおけば重力場の運動項は標準形になって，

$$\begin{aligned} S = &\frac{1}{2\kappa_0^2}\int d^D x\sqrt{-G^{\mathrm{E}}}\left\{\frac{R^{\mathrm{E}}}{g_s^2} - \frac{4\partial_\mu\phi\partial^\mu\phi}{g_s^2(D-2)} - \frac{e^{\frac{2(D-2p-4)\phi}{(D-2)}}}{2(p+2)!}F^2_{\mu_1\cdots\mu_{p+2}}\right\} \\ &- \frac{\tau_p}{g_s}\int d^{p+1}x e^{\frac{2p+4-D}{D-2}\phi}\sqrt{-\det G^{\mathrm{E}}_{ab}} + \mu_p\int d^{p+1}x\, C_{0\cdots p} \end{aligned} \tag{9.38}$$

と書き換わる．$G_{\mu\nu}$ は弦のフレーム，$G^{\mathrm{E}}_{\mu\nu}$ はアインシュタインフレームの計量と呼ばれる．

次に，平坦計量からの揺らぎを $G^{\mathrm{E}}_{\mu\nu}=\eta_{\mu\nu}+h_{\mu\nu}$，また $C_{0\cdots p}\equiv C$ と書くことにして，(9.38) 式の 1 行目，2 行目をそれぞれ $(h_{\mu\nu},\phi,C)$ の 2 次式，1 次式で近似する．重力場のゲージ固定条件を $F_\mu\equiv\partial^\lambda h_{\lambda\mu}-\frac{1}{2}\partial_\mu h_\lambda{}^\lambda=0$ とするとき，ゲージ固定項を加えた重力場の運動項は

$$\sqrt{-G^{\mathrm{E}}}R^{\mathrm{E}}-\frac{1}{2}F_\mu F^\mu=\frac{1}{8}\partial_\mu h_\nu{}^\nu\partial^\mu h_\lambda{}^\lambda-\frac{1}{4}\partial_\mu h_{\nu\lambda}\partial^\mu h^{\nu\lambda} \tag{9.39}$$

となる．以上の手続きのもとで，(9.38) 式は次のようになる．

$$\begin{aligned}S=&\int\frac{d^Dx}{2\kappa_0^2g_s^2}\left[\frac{1}{8}\partial_\mu h_\nu{}^\nu\partial^\mu h_\lambda{}^\lambda-\frac{1}{4}\partial_\mu h_{\nu\lambda}\partial^\mu h^{\nu\lambda}-\frac{4\partial_\mu\phi\partial^\mu\phi}{D-2}+\frac{g_s^2}{2}(\partial_IC)^2\right]\\&+\int d^{p+1}x\left[-\frac{\tau_p}{g_s}\left(\frac{2p+4-D}{D-2}\phi+\frac{1}{2}h^a{}_a\right)+\mu_pC\right].\end{aligned} \tag{9.40}$$

ただし $\mu,\nu,\cdots$ は D 次元すべてを走る添字，a,I はそれぞれブレーンの世界体積方向および直交方向のみを走る添字である．

(9.40) 式の作用 S は，D 次元の自由場の理論に $(p+1)$ 次元の源を導入した状況を表している．これを経路積分重みとして場 $h_{\mu\nu},\phi,C$ について積分した量を $e^{iS_{\mathrm{eff}}}$ と呼ぶことにする．簡単のため，源として 2 枚の Dp ブレーンを，それぞれ原点 $x^I=0$ および点 x^I に配置した状況を考えよう．$(p+1)$ 次元方向の並進対称性が保たれているので，場の x^a 依存性を無視して $(D-p-1)$ 次元の場の理論として扱えばよい．S_{eff} は次のようになる．

$$\begin{aligned}S_{\mathrm{eff}}=&\,i\frac{V_{p+1}^2\tau_p^2}{g_s^2}\left\{\left(\frac{2p+4-D}{D-2}\right)^2\langle\phi(x)\phi(0)\rangle+\frac{1}{4}\langle h^a{}_a(x)h^b{}_b(0)\rangle\right\}\\&+iV_{p+1}^2\mu_p^2\langle C(x)C(0)\rangle.\end{aligned} \tag{9.41}$$

ただし V_{p+1} はブレーンの世界体積であり，相関関数は $(D-p-1)$ 次元に削減した自由場理論で評価したものとする．具体的な表式は次のとおりである．

$$\begin{aligned}&\langle h_{ab}(x)h_{cd}(0)\rangle=-2i\frac{\kappa_0^2g_s^2}{V_{p+1}}\left\{\eta_{ac}\eta_{bd}+\eta_{ad}\eta_{bc}-\frac{2\eta_{ab}\eta_{cd}}{D-2}\right\}G(x),\\&\langle\phi(x)\phi(0)\rangle=-i\frac{(D-2)\kappa_0^2g_s^2}{4V_{p+1}}G(x),\quad\langle C(x)C(0)\rangle=i\frac{2\kappa_0^2}{V_{p+1}}G(x),\\&G(x)=\frac{\Gamma(\frac{d}{2}-1)}{4\pi^{\frac{d}{2}}x^{d-2}}.\quad(d\equiv D-p-1)\end{aligned} \tag{9.42}$$

ブレーンの 2 体ポテンシャル $(-S_{\mathrm{eff}})$ は，引力と斥力の競合の形をとる．

$$-S_{\rm eff} = 2\kappa_0^2\mu_p^2 G(x)V_{p+1} - 2\kappa_0^2\tau_p^2 G(x)V_{p+1}. \tag{9.43}$$

特に $\tau_p = \pm\mu_p$ の場合は，引力と斥力がちょうど相殺する．

さらにこの $S_{\rm eff}$ を超弦の円筒振幅 (7.78) と比較すると，タイプ II 超重力理論の重力定数が ℓ_s の関数として次のように決まる．

$$2\kappa_0^2\tau_p^2 = (2\pi)(2\pi\ell_s)^{6-2p}, \quad 2\kappa_0^2 = \frac{(2\pi\ell_s)^8}{2\pi}. \tag{9.44}$$

9.3　電気・磁気双対性とディラックの量子化

互いに電気・磁気双対な RR ポテンシャル C_{p+1}, C_{7-p} に結合する Dp ブレーン，D$(6-p)$ ブレーンは，互いに電荷・磁荷の関係にある．ここでは D ブレーンの RR 電荷・磁荷がディラックの量子化則に従うことを確認しよう．

Dp ブレーンと C_{p+1} の結合は，次のように 10 次元の積分に書き直せる．

$$\mu_p \int_\Sigma C_{p+1} = \mu_p \int C_{p+1} \wedge J_{{\rm D}p}. \tag{9.45}$$

左辺はブレーンの世界体積 Σ 上の積分．右辺は 10 次元の積分であり，$J_{{\rm D}p}$ はブレーンの世界体積上でのみ非零値をとる $(9-p)$ 形式である．例えば Σ を平坦時空 $\mathbb{R}^{1,9}$ 内の超平面 $x^I = 0$ $(I = p+1, \cdots, 9)$ とすると，$J_{{\rm D}p}$ は次で与えられる．

$$J_{{\rm D}p} \equiv \delta^{9-p}(x_I)dx^{p+1} \wedge \cdots \wedge dx^9. \tag{9.46}$$

RR ポテンシャル C_{p+1} の運動方程式およびビアンキの恒等式 (9.23) は，D ブレーンのある場合には次のように変更される．

$$d * F_{p+2} \;=\; 2\kappa_0^2\mu_p\, J_{{\rm D}p}, \quad dF_{p+2} \;=\; 2\kappa_0^2\mu_{6-p}\, J_{{\rm D}(6-p)}. \tag{9.47}$$

これらは，Dp ブレーンと D$(6-p)$ ブレーンがそれぞれ C_{p+1} の電荷・磁荷であることを意味する．

RR ポテンシャル C_{p+1} の電荷は，電荷密度を Dp ブレーンと交わる $(9-p)$ 次元空間，例えば球体 B^{9-p} で積分して測られる．ストークスの定理より，これはブレーンを囲む $(8-p)$ 次元面，例えば球面 $S^{8-p} = \partial B^{9-p}$ 上の場の RR 電束の積分に等しい．例えば，1 個の電荷すなわち Dp ブレーンの周りでは

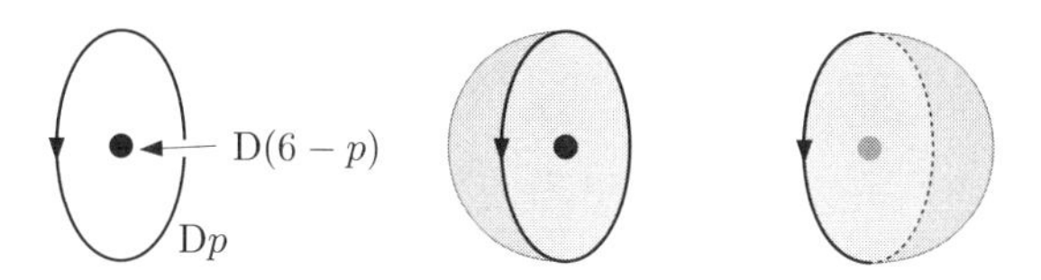

図 9.3 D(6 − p) ブレーンと Dp ブレーンの配置．Dp ブレーンの世界体積を境界とするような ($p+2$) 次元面のとり方には任意性がある．

$$1 \;=\; \int_{B^{9-p}} J_{\mathrm{D}p} \;=\; \frac{1}{2\kappa_0^2 \mu_p} \int_{S^{8-p}} *F_{p+2} \tag{9.48}$$

となる．磁荷についても同様である．

$$1 \;=\; \int_{B^{p+3}} J_{\mathrm{D}(6-p)} \;=\; \frac{1}{2\kappa_0^2 \mu_{6-p}} \int_{S^{p+2}} F_{p+2}. \tag{9.49}$$

ディラックの量子化則は，単位電荷・単位磁荷の積に対して課せられる量子論的な無矛盾性条件であり，次のように導かれる．時空内に D(6 − p) ブレーンと Dp ブレーンを図 9.3 左のように配置した状況を考えよう．Dp ブレーンの世界体積を Σ と書くと，その作用の中の C_{p+1} との結合項は，次のように場の強さ F_{p+2} の積分として書ける．

$$\mu_p \int_{\Sigma} C_{p+1} \;=\; \mu_p \int_{\widehat{\Sigma}} F_{p+2}. \tag{9.50}$$

ここで，$\widehat{\Sigma}$ は Σ を境界とする開いた ($p+2$) 次元面である．図 9.3 右のように，$\widehat{\Sigma}$ の選び方は一意ではないが，Dp ブレーンの作用の値はこの任意性に影響を受けてはならない．ただし量子論では作用は常に指数の肩に乗っているので，作用が 2π の整数倍ずれるだけなら量子論的には問題ない．

試しに 2 通りの $\widehat{\Sigma}$ の選び方を考え，それぞれ $\widehat{\Sigma}_1, \widehat{\Sigma}_2$ と呼ぼう．その差 $\widehat{\Sigma}_1 - \widehat{\Sigma}_2$ は閉じた ($p+2$) 次元面をなす．これが D(6 − p) ブレーンを囲む場合，Dp ブレーンの作用は $\hat{\Sigma}_1, \hat{\Sigma}_2$ のどちらを選ぶかによって値が変わる．量子論の不変性の要請から，このずれは 2π の整数倍でなければならない．

$$\mu_p \int_{\hat{\Sigma}_1} F_{p+2} \quad \mu_p \int_{\hat{\Sigma}_2} F_{p+2} \;=\; \mu_p \mu_{6-p} \cdot 2\kappa_0^2 \;\in\; 2\pi\mathbb{Z}. \tag{9.51}$$

(9.28) 式および (9.44) 式より，これは確かに成り立っている．

9.4 超重力理論の古典解

ここまでは，D ブレーンの張力や RR 電荷などの基本的性質を，世界体積上の有効理論を使って調べてきた．同じ張力・電荷を持つ物体は，タイプ II 超重力理論の荷電ソリトン解として表すこともできる．ここでは超重力理論の様々な古典解を紹介する．

9.4.1 D ブレーン解

まずは，RR ポテンシャル C_{p+1} の磁荷を担う D$(6-p)$ ブレーンに相当する古典解を導出してみよう．アインシュタインフレームでの超重力理論のラグランジアンは，(9.38) 式で見たように，次で与えられる．

$$\mathcal{L}=\frac{1}{2\kappa_0^2 g_s^2}\left\{R_{\mathrm{E}}-\frac{1}{2}\partial_n\phi\partial^n\phi-\frac{g_s^2 e^{\frac{3-p}{2}\phi}}{2(p+2)!}F_{n_1\cdots n_{p+2}}F^{n_1\cdots n_{p+2}}\right\}. \tag{9.52}$$

解の形を次のように仮定する．まず，ブレーンに平行，垂直な方向の座標をそれぞれ y^μ, x^i とすると，計量とディラトンは x^i の関数 f ただ一つを用いて

$$\begin{aligned}&ds^2_{(\mathrm{E})}=f^{2a}\eta_{\mu\nu}dy^\mu dy^\nu+f^{2b}dx^i dx^i, \quad e^\phi=f^c,\\&(\mu,\nu=0,\cdots,6-p;\quad i,j=7-p,\cdots,9)\end{aligned} \tag{9.53}$$

と書けるとする．次に，RR ゲージ場の強さの非零成分は，$(p+3)$ 次元の完全反対称テンソルを使って次のように書けるとする．

$$g_s\,F_{j_1\cdots j_{p+2}}=\epsilon_{ij_1\cdots j_{p+2}}\,\partial_i f\,. \tag{9.54}$$

これらの仮定のもとで，ゲージ場の運動方程式は自動的に満たされ，一方ビアンキ恒等式から $f(x)$ は調和関数 $\partial_i\partial_i f=0$ であることが従う．さらにディラトンの運動方程式およびアインシュタイン方程式を課すと，係数 a,b,c がそれぞれ次のように矛盾なく決まる [*1]．

[*1] まず，リッチテンソル R_{mn} から f の 2 階微分が脱落すべしとして $(p-7)a=(p+1)b$ を導くとよい．ディラトンと RR ゲージ場のストレステンソルは f とその 1 階微分のみで書かれるので，この要請はアインシュタイン方程式が満たされるために必須である．

$$a = -\frac{p+1}{16}, \quad b = \frac{7-p}{16}, \quad c = \frac{p-3}{4}. \tag{9.55}$$

便利のため，以上の結果を Dp ブレーン解に書き直したものをまとめる．ディラトン ϕ および弦のフレームの計量 $ds^2_{(\mathrm{s})} = e^{\frac{1}{2}\phi} ds^2_{(\mathrm{E})}$ は次で与えられる．

$$ds^2_{(\mathrm{s})} = f^{-\frac{1}{2}} \cdot \underbrace{\eta_{\mu\nu} dy^\mu dy^\nu}_{\mathbb{R}^{1,p}} + f^{\frac{1}{2}} \cdot \underbrace{dx^i dx^i}_{\mathbb{R}^{9-p}}, \quad e^\phi = f^{\frac{3-p}{4}}. \tag{9.56}$$

RR ゲージ場の強さ F_{p+2} およびその電気・磁気双対 F_{8-p} は

$$\begin{aligned} F_{p+2} &= -g_s^{-1} \cdot dy^0 \cdots dy^p df^{-1}, \\ e^{\frac{3-p}{2}\phi} * F_{p+2} \equiv F_{8-p} &= \frac{\epsilon_{ij_1 \cdots j_{8-p}}}{g_s(8-p)!} \partial_i f dx^{j_1} \cdots dx^{j_{8-p}} \end{aligned} \tag{9.57}$$

となる．f は $\mathbb{R}^{9-p}$ 上の調和方程式を満たす x^i の関数である．計量が漸近平坦となるためには，f は無限遠で定数に漸近すればよい．

$(9-p)$ 次元空間の原点に N 枚の Dp ブレーンがあるとき，f は次のポアソン方程式の解である．

$$\begin{aligned} &\partial_i \partial_i f = g_s N (2\pi \ell_s)^{7-p} \delta^{9-p}(x), \\ &f(x) = 1 + \frac{g_s N (2\pi\ell_s)^{7-p} \Gamma(\frac{7-p}{2})}{4\pi^{\frac{7-p}{2}} x^{7-p}} = 1 + \frac{g_s N \ell_s^{7-p} c_{7-p}}{x^{7-p}}, \\ &\qquad (c_1, \cdots, c_7) = (1/2,\ 1,\ \pi,\ 4\pi,\ 6\pi^2,\ 32\pi^2,\ 60\pi^3). \end{aligned} \tag{9.58}$$

実はこの構成で得られる古典解は 32 個の超対称性の半分を保つ．解は線形方程式に従うただひとつの関数 f で表されるので，任意個数の平行なブレーンを自由に配置した解を容易に書き下せる．これは，平行なブレーンの配位がその枚数や配置に依らず安定なことに対応している．

9.4.2 NS5 ブレーン解

NSNS2 形式ゲージ場 B の電荷・磁荷を持つ古典解は，それぞれ $(1+1)$ 次元および $(1+5)$ 次元の世界体積を持つ．前者は無限に広がった世界面を持つ超弦に対応する．後者は NS5 ブレーンと呼ばれる力学的物体である．

超重力理論の作用のうち重力場，ディラトン，B 場の運動項を抜き出すと，

$$\mathcal{L} = \frac{1}{2\kappa_0^2 g_s^2} \left\{ R_{\mathrm{E}} - \frac{1}{2}\partial_n \phi \partial^n \phi - \frac{e^{-\phi}}{2 \cdot 3!} H_{n_1 n_2 n_3} H^{n_1 n_2 n_3} \right\} \tag{9.59}$$

となる．これを (9.52) 式と比較すると，NS5 ブレーン解はおよそ D5 ブレーンの古典解から ϕ の符号反転で与えられることが分かる．したがって，解は次のようにまとめられる．

$$ds^2_{(\mathrm{s})} = \underbrace{\eta_{\mu\nu}dy^\mu dy^\nu}_{\mathbb{R}^{1,5}} + f\underbrace{dx^i dx^i}_{\mathbb{R}^4}, \quad e^\phi = f^{\frac{1}{2}},$$
$$H_3 = \frac{1}{6}\epsilon_{ijkl}\partial_i f dx^j dx^k dx^l. \tag{9.60}$$

ただし，$f(x)$ は $\mathbb{R}^4$ 上の調和関数である．

例として $\mathbb{R}^4$ の原点に NS5 ブレーンを N 枚置いた場合，$f(x)$ は

$$f(x) = 1 + \frac{N\ell_s^2}{x^2} \tag{9.61}$$

で与えられる．この量子化則を導くには，ラグランジアン (9.59) の g_s への依存性に注意する必要がある．超弦および NS5 ブレーンの持つ B 場の電荷・磁荷の単位を $\mu_{\mathrm{F1}} = 1/2\pi\alpha'$ および μ_{NS5} と書くと，ディラックの量子化則は

$$\mu_{\mathrm{F1}}\mu_{\mathrm{NS5}} \cdot 2\kappa_0^2 g_s^2 \in 2\pi\mathbb{Z} \tag{9.62}$$

となる．よって，NS5 ブレーンの持つ磁荷の単位は次で与えられる．

$$\mu_{\mathrm{NS5}} = \frac{2\pi}{(2\pi\ell_s)^6 g_s^2}. \tag{9.63}$$

超対称な NS5 ブレーンの持つ物理的な張力は，(9.59) 式の定める万有引力とクーロン力の釣り合いから $T_{\mathrm{NS5}} = \mu_{\mathrm{NS5}}$ と決まる．

9.4.3　KK モノポール

8.2.2 項で見たように，T 双対性は KK ゲージ場と B 場の特定の成分を入れ替える変換として働く．NS5 ブレーンの適当な T 双対をとると，KK ゲージ場の磁荷を持つ古典解が得られる．これは KK モノポールと呼ばれる．

NS5 ブレーン解 (9.60) において，$\mathbb{R}^4$ の一方向を周期的 $x^9 \sim x^9 + 2\pi R$ とし，この方向に並進対称な解を考える．f は x^9 に依らない 3 次元の調和関数となり，(9.60) 式の B 場の表式は次のように書ける．

$$d(B_{j9}dx^j) = \frac{1}{2}\epsilon_{hij}\partial_h f dx^i dx^j. \tag{9.64}$$

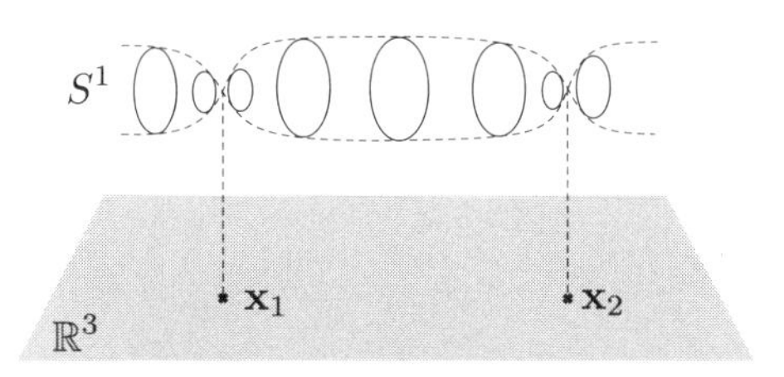

図 9.4 多重 TN 解のイメージ.

3 次元空間の原点に NS5 ブレーン N 枚分の磁荷が集まっているとき，f は

$$f = 1 + \frac{N\ell_s^2}{2R|\mathbf{x}|} \quad \Big(\mathbf{x} \equiv (x^6, x^7, x^8)\Big) \tag{9.65}$$

で与えられる.

ブシャーの規則 (8.22) に従って，この解の x^9 方向の T 双対をとると，B 場は零，ディラトンは定数となり，計量のみが座標に非自明に依存する古典解を得る．計量は，周期 2π を持つ座標 $\psi \equiv \tilde{x}^9/\tilde{R}$ ($\tilde{R} \equiv \ell_s^2/R$) を用いて

$$ds_{(\mathrm{s})}^2 = \eta_{\mu\nu}dx^\mu dx^\nu + \tilde{R}\left\{V(\mathbf{x})d\mathbf{x}^2 + \frac{(d\psi + \mathbf{A}(\mathbf{x})d\mathbf{x})^2}{V(\mathbf{x})}\right\} \tag{9.66}$$

と書ける．ただし $V, \mathbf{A}$ は次を満たす.

$$V(\mathbf{x}) = \frac{f}{\tilde{R}} = \frac{1}{\tilde{R}} + \frac{N}{2|\mathbf{x}|}, \quad \nabla \times \mathbf{A} = \nabla V. \tag{9.67}$$

KK モノポールに直交する方向の計量は，$N = 1$ の場合はタウブらにより発見された一般相対論の古典解に一致し，Taub-NUT 空間 (TN 空間) と呼ばれる．上にまとめた表式はギボンズ・ホーキングの計量と呼ばれる．N 個の源が散らばった多重 TN 解は，関数 $V(\mathbf{x})$ を次で置き換えて得られる.

$$V(\mathbf{x}) = \frac{1}{\tilde{R}} + \sum_{i=1}^{N} \frac{1}{2|\mathbf{x} - \mathbf{x}_i|}\,. \tag{9.68}$$

多重 TN 解は図 9.4 のように，$\mathbb{R}^3$ 上の S^1 ファイバー束の構造を持っている. S^1 の半径は $\mathbb{R}^3$ の無限遠方では一定値 $\tilde{R}$ に近づくが，底空間 $\mathbb{R}^3$ 上の位置に応じて変化し，特に N 個の源の上で零になる.

N 個の源においては計量が異常をきたすように見えるが，実はそうではない. 試しに $\mathbb{C}^2$ の平坦計量 $ds^2 = |dz_1|^2 + |dz_2|^2$ を次のように座標変換してみると,

$$z_1 = \sqrt{2r}e^{\frac{i\chi}{2}-i\psi}\cos\frac{\theta}{2}, \quad z_2 = \sqrt{2r}e^{\frac{i\chi}{2}+i\psi}\sin\frac{\theta}{2},$$
$$ds^2 = \frac{1}{2r}(dr^2 + r^2 d\theta^2 + r^2\sin^2\theta d\chi^2) + 2r(d\psi - \frac{1}{2}\cos\theta d\chi)^2, \tag{9.69}$$

となり，さらなる座標変換で $V(\mathbf{x}) = \frac{1}{2|\mathbf{x}|}$ の場合の計量 (9.66) に一致する．つまり，源の付近の計量はほとんど平坦なのである．では N 個の源が 1 点に重なった場合はどうだろうか? $V(\mathbf{x}) = \frac{N}{2|\mathbf{x}|}$ の場合の計量 (9.66) は，もし ψ の周期が $2\pi N$ だったら平坦計量 (9.69) と等価である．言い換えれば，N 個の重なった源の周りの計量は，平坦計量 (9.69) の座標 ψ の周期を $1/N$ 倍に短くしたものである．もとの $\mathbb{C}^2$ の複素座標を使えば，次のように $\mathbb{Z}_N$(位数 N の巡回群) の作用で同一視することになる．

$$\mathbb{C}^2/\mathbb{Z}_N \ : \ (z_1, z_2) \sim (z_1 e^{-2\pi i/N}, z_2 e^{2\pi i/N}). \tag{9.70}$$

このように，滑らかな空間をその離散的対称性で割って得られる空間をオービフォルドと呼ぶ．対称性変換が固定点 (上の例では $z_1 = z_2 = 0$) を持つとき，オービフォルドの計量はそこで特異性を生じる．N 個の源の重なった多重 TN 解は，原点に $\mathbb{C}^2/\mathbb{Z}_N$ オービフォルド特異点を持つ，というわけである．

最後に KK モノポールの張力を求めよう．超弦理論の円周コンパクト化で得られる 9 次元の重力・KK ゲージ場その他の理論を考え，(8.6) 式をその作用とする．重力とクーロン力の釣り合いが成り立つ超対称な KK モノポールに注目すると，その張力 $T_{\rm TN}$ は KK 磁荷 $\mu_{\rm TN}$ に等しく，ディラックの量子化則

$$2\kappa_{(9)}^2\,\mu_{\rm KK}\,\mu_{\rm TN} = 2\pi \quad \left(2\kappa_{(9)}^2 = \frac{(2\pi\ell_s)^8\tilde{g}_s^2}{2\pi\tilde{R}},\ \mu_{\rm KK} = \frac{1}{\tilde{R}}\right) \tag{9.71}$$

から決めることができる．ここで弦の結合定数は $\tilde{g}_s$，S^1 の半径は $\tilde{R}$ とした．このとき KK モノポールの張力は，円の半径 $\tilde{R}$ と 10 次元の物理的な重力定数 $\kappa_0^2\tilde{g}_s^2$ の次のような関数になる．

$$T_{\rm TN} = \frac{2\pi(2\pi\tilde{R})^2}{(2\pi\ell_s)^8\tilde{g}_s^2} = \frac{(2\pi\tilde{R})^2}{2\kappa_0^2\tilde{g}_s^2}. \tag{9.72}$$

T 双対性の関係式 $g_s = \tilde{g}_s\ell_s/\tilde{R}$ を用いると，(9.72) 式は T 双対な理論の NS5 ブレーンの張力 (9.63) に一致する．

Chapter 10 双対性と究極理論

ここでは弦の世界面理論を離れて，有効理論と超対称性を使って強結合領域の弦理論，および様々なブレーンの性質をさらに調べる．

10.1 超弦の双対性

10 次元のタイプ II 超重力理論の作用の形は，対称性から一意に決まるのであった．これがディラトンにどのように依存するかを調べることで，超弦理論の従う非摂動論的な双対性が見えてくる．

10.1.1 IIB 理論の自己双対性

10 次元 IIB 超重力理論の作用のボソン部分は次の $S_{\rm NS}$, $S_{\rm R}$, $S_{\rm CS}$ からなる．

$$
\begin{aligned}
S_{\rm NS} &= \frac{1}{2\kappa_0^2}\int d^{10}x\sqrt{-G}e^{-2\Phi}\left(R+4\partial_\mu\Phi\partial^\mu\Phi-\frac{1}{2}|H_3|^2\right),\\
S_{\rm R} &= \frac{1}{2\kappa_0^2}\int d^{10}x\sqrt{-G}\left(-\frac{1}{2}|F_1|^2-\frac{1}{2}|\widetilde{F}_3|^2-\frac{1}{4}|\widetilde{F}_5|^2\right),\\
S_{\rm CS} &= \frac{1}{4\kappa_0^2}\int C_4\wedge F_3\wedge H_3, \qquad |F_p|^2\equiv\frac{1}{p!}F_{\mu_1\cdots\mu_p}F^{\mu_1\cdots\mu_p}.
\end{aligned}
\tag{10.1}
$$

ただし $H_3=dB_2$, $F_{p+2}=dC_{p+1}$ であり，$\widetilde{F}_{p+2}$ は次のように定義される．

$$
\widetilde{F}_3\equiv F_3-C_0\wedge H_3, \quad \widetilde{F}_5=F_5-\frac{1}{2}C_2\wedge H_3+\frac{1}{2}B_2\wedge F_3 \tag{10.2}
$$

また，RR4 形式の反自己双対性 $*\widetilde{F}_5=-\widetilde{F}_5$ は作用の変分からは従わないので，追加の条件として課す必要がある．

複素スカラー場を $\tau\equiv C_0+ie^{-\Phi}$ と定義し，計量を

$$G_{\mu\nu} = e^{\frac{\Phi}{2}} G^{\mathrm{E}}_{\mu\nu} \tag{10.3}$$

とワイル変換すると，作用は次の $SL(2,\mathbb{R})$ 不変な形に書き直せる．

$$\begin{aligned} S &= \frac{1}{2\kappa_0^2}\int d^{10}x\sqrt{-G_{\mathrm{E}}}\left(R_{\mathrm{E}} - \frac{\partial_\mu\tau\partial^\mu\bar{\tau}}{2(\mathrm{Im}\tau)^2} - \frac{1}{2}\mathbf{F}_3^{\mathrm{T}}\mathbf{M}\mathbf{F}_3 - \frac{1}{4}|\widetilde{F}_5|^2\right) \\ &\quad + \frac{1}{4\kappa_0^2}\int C_4\wedge F_3\wedge H_3, \\ &\quad \mathbf{F}_3 = \begin{pmatrix} F_3 \\ H_3 \end{pmatrix},\ \ \mathbf{M} = \frac{1}{\mathrm{Im}\tau}\begin{pmatrix} 1 & -\mathrm{Re}\tau \\ -\mathrm{Re}\tau & |\tau|^2 \end{pmatrix}. \end{aligned} \tag{10.4}$$

ただし $SL(2,\mathbb{R})$ 変換は $G^{\mathrm{E}}_{\mu\nu}$ および C_4 を保ち，τ, C_2, B_2 に次のように働く．

$$\tau' = \frac{s\tau + r}{q\tau + p}, \qquad \begin{pmatrix} C_2' \\ B_2' \end{pmatrix} = \begin{pmatrix} s & r \\ q & p \end{pmatrix}\begin{pmatrix} C_2 \\ B_2 \end{pmatrix}, \quad ps - qr = 1. \tag{10.5}$$

ゲージ場 C_2, B_2 の電荷を担う F1 ブレーン (超弦) および D1 ブレーンの変換性を調べよう．便利のため，F1，D1 ブレーンの電荷をそれぞれ $(1,0)$ および $(0,1)$ と表す．C_2' および B_2' に結合するブレーンをそれぞれ D1′，F1′ と呼ぶとき，それらの世界面作用は次の項を含む．

$$\begin{aligned} \frac{1}{2\pi\alpha'}\int_{\mathrm{D1'}} C_2' &= \frac{1}{2\pi\alpha'}\int_{\mathrm{D1'}}(sC_2 + rB_2), \\ \frac{1}{2\pi\alpha'}\int_{\mathrm{F1'}} B_2' &= \frac{1}{2\pi\alpha'}\int_{\mathrm{F1'}}(qC_2 + pB_2). \end{aligned} \tag{10.6}$$

したがって，F1′ ブレーンは (p,q) 弦，D1′ ブレーンは (r,s) 弦であり，いずれも超弦と D1 ブレーン両方の電荷を担う．また電荷の量子化則から p,q,r,s は整数値に制限され，IIB 超重力理論の量子論的な対称性は $SL(2,\mathbb{Z})$ となる．

この $SL(2,\mathbb{Z})$ 自己双対性は，タイプ IIB 超弦理論の厳密な対称性であると信じられている．これは g_s の異なる値における IIB 理論を関係づける等価性であり，特に C_0 が零のとき，変換 $\tau' = -1/\tau$ は弦の結合定数を反転する．

ワイル変換 (10.3) は無限遠方の計量にも非自明に作用し，質量や長さの単位を $e^{\pm\Phi/4}$ 倍だけ変える．この単位系における超弦の張力は次で与えられる．

$$T_{\mathrm{F1}} = \frac{e^{\frac{\Phi}{2}}}{2\pi\alpha'} = \frac{1}{2\pi\alpha'\sqrt{\mathrm{Im}\tau}}. \tag{10.7}$$

$SL(2,\mathbb{Z})$ 不変性を用いてこれを一般化すると，(p,q) 弦の張力は次のようになる．

$$T_{(p,q)\text{-string}} = T_{\mathrm{F1}'} = \frac{1}{2\pi\alpha'\sqrt{\mathrm{Im}\tau'}} = \frac{|p+q\tau|}{2\pi\alpha'\sqrt{\mathrm{Im}\tau}}. \tag{10.8}$$

同様に，D5，NS5 ブレーンの電荷をそれぞれ $(F_3, -H_3) = (dC_2, -dB_2)$ の表面積分で定めるとき [*1)]，D5′ および NS5′ ブレーンの電荷は (p,q) および (r,s) となる．5 ブレーンの $SL(2,\mathbb{Z})$ 不変な張力公式は次のようになる．

$$T_{(p,q)\text{5-brane}} = \frac{2\pi|p+q\tau|}{(2\pi\ell_s)^6\sqrt{\mathrm{Im}\tau}}. \tag{10.9}$$

10.1.2 IIA 理論と M 理論

10 次元 IIA 超重力理論の作用のボソン部分は次の S_{NS}, S_{R}, S_{CS} からなる．

$$\begin{aligned}
S_{\mathrm{NS}} &= \frac{1}{2\kappa^2}\int d^{10}x\sqrt{-G}e^{-2\Phi}\left(R + 4\partial_\mu\Phi\partial^\mu\Phi - \frac{1}{2}|H_3|^2\right), \\
S_{\mathrm{R}} &= \frac{1}{2\kappa^2}\int d^{10}x\sqrt{-G}\left(-\frac{1}{2}|F_2|^2 - \frac{1}{2}|\widetilde{F}_4|^2\right), \\
S_{\mathrm{CS}} &= -\frac{1}{4\kappa^2}\int B_2\wedge F_4\wedge F_4, \qquad \widetilde{F}_4 \equiv F_4 - C_1\wedge H_3.
\end{aligned} \tag{10.10}$$

この理論は 11 次元の超重力理論から次元削減で得られる．11 次元超重力理論は重力場，重力微子，3 形式ゲージ場 A_3 からなり，作用のボソン部分は

$$S_{11} = \frac{1}{2\kappa_{11}^2}\int d^{11}x\sqrt{-G}\left(R - \frac{1}{2}|G_4|^2\right) - \frac{1}{12\kappa_{11}^2}\int A_3\wedge G_4\wedge G_4 \tag{10.11}$$

で与えられる．ただし $G_4 = dA_3$ はゲージ場の強さ，κ_{11} は 11 次元の重力定数であり，11 次元のプランク長 ℓ_p は次のように定義される．

$$\frac{1}{2\kappa_{11}^2} = \frac{2\pi}{(2\pi\ell_p)^9}. \tag{10.12}$$

この次元削減を詳しく見てみよう．11 次元の計量および 3 形式ゲージ場に，IIA 超重力理論の場が次のように埋め込まれているとする．

$$ds_{11}^2 = g_{\mu\nu}dx^\mu dx^\nu + \ell_p^2 e^{2\sigma}(d\theta + C_1)^2, \quad A_3 = C_3 + B_2\wedge d\theta. \tag{10.13}$$

ただし座標 θ の周期は 2π とし，円周の半径は場 e^σ の期待値から決まるとする．作用 (10.11) にこの表式を代入すると次を得る．

---

*1) 5 ブレーン電荷の定義に負号を含めた理由は，(p,q) 弦が端を持つことのできる物体を (p,q)5 ブレーンと名づけるためである．

$$
\begin{aligned}
S_{11} \Longrightarrow\ & \frac{2\pi\ell_p}{2\kappa_{11}^2}\int d^{10}x\sqrt{-g}\left(e^{\sigma}R[g_{\mu\nu}]-\frac{1}{2}e^{-\sigma}|H_3|^2\right)\\
&+\frac{2\pi\ell_p}{2\kappa_{11}^2}\int d^{10}x\sqrt{-g}\left(-\frac{1}{2}e^{3\sigma}|F_2|^2-\frac{1}{2}e^{\sigma}|\widetilde{F}_4|^2\right)\\
&-\frac{2\pi\ell_p}{4\kappa_{11}^2}\int B_2\wedge F_4\wedge F_4.
\end{aligned}
\tag{10.14}
$$

さらに $g_{\mu\nu}=e^{-\sigma}G_{\mu\nu}$ を代入すると，2 行目から σ 依存性が消え去って (10.10) 式の 2 行目と一致する．このとき 1 行目どうしの比較から，ディラトンと σ が次の関係式に従うことが分かる．

$$
3\sigma = 2\Phi. \tag{10.15}
$$

タイプ IIA 超弦理論は 10 次元の理論であり，それ自体の定義は何の次元削減にも依存していないが，弦の結合定数を強くしてゆくと，円周に巻きついた 11 番目の次元が出現してどんどん大きくなると信じられている．このように「定義」される 11 次元時空の量子重力理論を M 理論と呼ぶ．

タイプ IIA 超弦理論は無次元の結合定数 g_s を持つが，M 理論ではこれは (10.15) 式により円周の半径に相当する．つまり，M 理論には長さの単位を定める ℓ_p 以外に何の結合定数も存在しないという著しい特徴がある．ここで，半径 R の円周にコンパクト化された M 理論とタイプ IIA 超弦理論について，パラメータの対応関係を与えよう．まず関係式 (10.15) より次が成り立つ．

$$
\left(\frac{R}{\ell_p}\right)^3 = g_s^2. \tag{10.16}
$$

また，10 次元の物理的な重力定数の比較から，次が成り立つ．

$$
\frac{2\pi R}{2\kappa_{11}^2}=\frac{1}{\kappa_0^2 g_s^2} \quad\Rightarrow\quad \frac{R}{\ell_p^9}=\frac{1}{\ell_s^8 g_s^2}. \tag{10.17}
$$

M 理論には $(2+1)$ 次元および $(5+1)$ 次元の力学的物体が存在し，それぞれ 11 次元超重力理論の 3 形式ゲージ場の電荷，磁荷を担うと信じられている．これらは M2 ブレーン，M5 ブレーンと呼ばれる．ディラックの量子化条件を満たすように，これらの張力，電荷を次のように仮定してみよう．

$$
T_{\mathrm{M2}}=\mu_{\mathrm{M2}}=\frac{2\pi}{(2\pi\ell_p)^3}, \quad T_{\mathrm{M5}}=\mu_{\mathrm{M5}}=\frac{2\pi}{(2\pi\ell_p)^6}. \tag{10.18}
$$

表 10.1　円周にコンパクト化した M 理論と IIA 超弦理論の荷電物体の対応.

次元	M 理論/S^1 の物体	(張力)	IIA 超弦理論の物体	(張力)
0	KK 運動量	$\frac{1}{R}$	D0 ブレーン	$\frac{1}{g_s \ell_s}$
1	M2 ブレーン/S^1	$\frac{R}{2\pi\ell_p^3}$	超弦	$\frac{1}{2\pi\ell_s^2}$
2	M2 ブレーン	$\frac{1}{(2\pi)^2\ell_p^3}$	D2 ブレーン	$\frac{1}{(2\pi)^2\ell_s^3 g_s}$
4	M5 ブレーン/S^1	$\frac{R}{(2\pi)^4\ell_p^6}$	D4 ブレーン	$\frac{1}{(2\pi)^4\ell_s^5 g_s}$
5	M5 ブレーン	$\frac{1}{(2\pi)^5\ell_p^6}$	NS5 ブレーン	$\frac{1}{(2\pi)^5\ell_s^6 g_s^2}$
6	KK モノポール	$\frac{R^2}{(2\pi)^6\ell_p^9}$	D6 ブレーン	$\frac{1}{(2\pi)^6\ell_s^7 g_s}$

この仮定と (10.16), (10.17) 式に基づいて M 理論と IIA 超弦理論の様々な荷電物体の張力を比較すると，その値は表 10.1 のとおり精密に一致する．

M 理論のブレーンを表す超対称な古典解をまとめておく．M2 ブレーン解は

$$ds^2_{\mathrm{M2}} = f^{-\frac{2}{3}} \cdot \underbrace{\eta_{\mu\nu}dy^\mu dy^\nu}_{\mathbb{R}^{1,2}} + f^{\frac{1}{3}} \cdot \underbrace{dx^i dx^i}_{\mathbb{R}^8},$$

$$G_4 = dy^0 dy^1 dy^2 df^{-1}, \quad f = 1 + \frac{32\pi^2\ell_p^6 N}{x^6}, \tag{10.19}$$

ただし N はブレーンの枚数である．M5 ブレーン解は次のようになる．

$$ds^2_{\mathrm{M5}} = f^{-\frac{1}{3}} \cdot \underbrace{\eta_{\mu\nu}dy^\mu dy^\nu}_{\mathbb{R}^{1,5}} + f^{\frac{2}{3}} \cdot \underbrace{dx^i dx^i}_{\mathbb{R}^5},$$

$$G_4 = \frac{\epsilon_{ij_1\cdots j_4}}{4!}\partial_i f dx^{j_1}\cdots dx^{j_4}, \quad f = 1 + \frac{\pi\ell_p^3 N}{x^3}. \tag{10.20}$$

10.2　ブレーンの複合体と超対称性

これまでに取り上げてきた様々なブレーンは，その張力と電荷が特定の関係を満たすため，同種のブレーンを平行に並べた系は常に安定になる．この特殊な性質は，実はブレーンの満たす超対称性と関わっている．

平坦な p ブレーンの保つ超対称性を調べる際には，ブレーンの延びた p 方向

をトーラス T^p にコンパクト化・次元削減して，$(10-p)$ 次元理論の荷電粒子と見なしてもよい．周期的な方向の運動量 P^I は量子化されるけれども，並進対称性や 10 次元の超対称性代数はそのまま保たれるからである．一方，これを $(10-p)$ 次元の超対称性代数と見なすと，超電荷の反交換関係は $(10-p)$ 成分運動量 P^a 以外の別の電荷 P^I を生じる．これは超対称性の一種の拡張であるが，5.2.1 項では議論されなかったものである．P^I は P^a および超電荷のすべてと交換するので，中心電荷と呼ばれる．

T^p に巻きついた p ブレーンの電荷は，超弦の S および T 双対性によって他の様々な電荷に変換される．双対変換をうまく施して，これを x^9 方向の KK 電荷まで変換したとしよう．この KK 荷電粒子は超対称性代数のどのような表現に属するだろうか? タイプ II 超弦理論の超電荷は 2 組のマヨラナ・ワイルスピノルから成り，それぞれ (5.53) 式の交換関係に従う．(5.53) 式の E を KK 荷電粒子の質量 m，p を単位 KK 電荷 R^{-1} で置き換えると，次が得られる．

$$\{Q_{\mathrm{L}\alpha}, Q_{\mathrm{L}\beta}\} = 2\big(m\sigma^0 - R^{-1}\sigma^9\big)_{\alpha\beta}. \tag{10.21}$$

よって，KK 荷電粒子の質量は $m \geq R^{-1}$ を満たし，また質量の下限値をとる粒子は超対称性を半分保つ短い表現に属する．他の様々なブレーンの電荷も，同様に超対称性代数の中心電荷として振る舞うものと考えられる．

超対称性理論に限らず，場の理論の荷電粒子の質量はその電荷から制限される場合があり，特に下限を満たす粒子は安定性を示す．このような効果は 4 次元 $SU(2)$ ゲージ理論のモノポールについて，ボゴモルニー・プラサド・ゾンマーフィールドによって初めて見出された．これに因んで，超対称性を一部保つ安定な状態や荷電粒子は BPS 状態・BPS 粒子などと呼ばれる．

10.2.1 ブレーンの保つ超対称性

様々なブレーンの保つ超電荷の条件式を書き下してみよう．まず M 理論のブレーンから始める．11 次元平坦時空の持つ超対称性は 32 成分のマヨラナスピノル Q で表される．以下では，次に従う 11 次元の Γ 行列を用いる．

$$\Gamma^0\Gamma^1\Gamma^2\cdots\Gamma^9\Gamma^\natural = 1. \tag{10.22}$$

ただし $\natural$ は 11 番目の座標 $x^\natural$ の方向を表す添字とする．

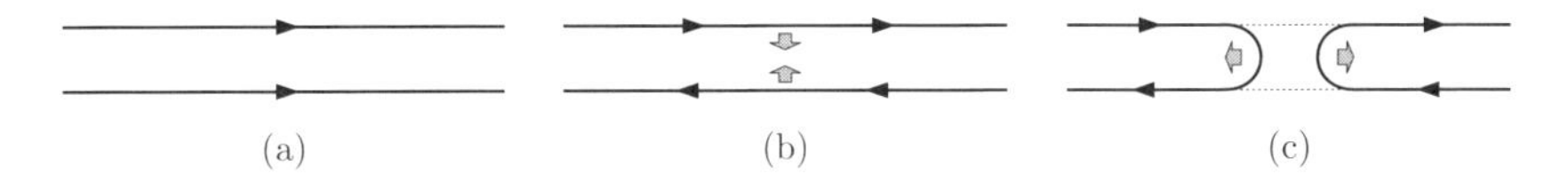

図 10.1 2 枚の同種のブレーンを (a) 平行, (b) 反平行に配置した図. 反平行に配置されたブレーンは (c) のように対消滅できる.

$x^{0,1,2}$ 方向に延びた M2 ブレーン (以下, M2(012) と略記する) を考えよう. このブレーンの保つ 16 成分の超対称性を定める式は, ブレーンの保つ対称性 $SO(1,2) \times SO(8)$ を尊重せねばならないので, 次の形以外にあり得ない.

$$\Gamma^{012} Q = \pm Q\,. \tag{10.23}$$

符号はブレーンの向きづけに対応する. これは M2(012) を x^2, x^3 平面内で角度 θ 回転したブレーンが, 次の超対称性を保つことから分かる.

$$\Gamma^{01}(\cos\theta\Gamma^2 + \sin\theta\Gamma^3) Q = \pm Q\,. \tag{10.24}$$

向きが逆の平行な M2 ブレーンの対は互いに粒子・反粒子の関係となる. 重力もクーロン力も引力となり, 例えば図 10.1 のように対消滅できる.

M5 ブレーン (012345) の保つ超対称性も, 同様に対称性の議論から

$$\Gamma^{012345} Q = \pm Q \tag{10.25}$$

となる. ここで, ブレーンの保つ超対称性はブレーン上の励起を表す場の理論の自由度に非自明に作用することに注意する. (10.25) 式から, M5 ブレーン上の場の理論は 6 次元・16 成分のカイラルな超対称性を持つことが分かる.

次に, $x^\natural$ 方向を円周コンパクト化してタイプ IIA 理論に移ろう. IIA 理論の 10 次元 (1,1) 超対称性 $Q_\mathrm{L}, Q_\mathrm{R}$ は, M 理論の超対称性 Q と

$$Q = Q_\mathrm{L} + Q_\mathrm{R}, \quad \bar\Gamma Q_\mathrm{L} = Q_\mathrm{L}, \quad \bar\Gamma Q_\mathrm{R} = -Q_\mathrm{R} \quad (\bar\Gamma \equiv \Gamma^\natural = \Gamma^{012\cdots 9}) \tag{10.26}$$

の関係にある. $Q_\mathrm{L}, Q_\mathrm{R}$ は, それぞれ閉じた超弦の正則セクターおよび反正則セクターに作用する. ブレーンの保つ超対称性は, IIA 理論と M 理論の対応関係 (表 10.1) を手掛かりに, 符号を除いて次のように決まる.

$$\begin{aligned}
&\mathrm{F1}(01) && \cdots && \Gamma^{01} Q_\mathrm{L} = Q_\mathrm{L}, && -\Gamma^{01} Q_\mathrm{R} = Q_\mathrm{R}, \\
&\mathrm{NS5}(012345) && \cdots && \Gamma^{012345} Q_\mathrm{L} = Q_\mathrm{L}, && \Gamma^{012345} Q_\mathrm{R} = Q_\mathrm{R}, \\
&\mathrm{D}p(01\cdots p) && \cdots && \Gamma^{01\cdots p} Q_\mathrm{R} = Q_\mathrm{L}.
\end{aligned} \tag{10.27}$$

次にIIA理論から空間の1方向，例えば x^9 についてT双対をとり，IIB理論に移る．2つの理論の超電荷は次の関係に従う．

$$(Q_{\rm L}, Q_{\rm R})^{\rm IIA} = (Q_{\rm L}, \Gamma^9 Q_{\rm R})^{\rm IIB}. \tag{10.28}$$

IIB理論では，超電荷 $Q_{\rm L}, Q_{\rm R}$ はどちらも $\bar{\Gamma} = +1$ のカイラルスピノルであり，それぞれ超弦の正則セクター，反正則セクターに作用する．

IIB理論のブレーンの保つ超対称性は，(10.27)式のT双対をとって

$$\begin{aligned}
&{\rm F1}(01) &&\cdots && \Gamma^{01}Q_{\rm L} = Q_{\rm L}, && -\Gamma^{01}Q_{\rm R} = Q_{\rm R},\\
&{\rm NS5}(012345) &&\cdots && \Gamma^{012345}Q_{\rm L} = Q_{\rm L}, && -\Gamma^{012345}Q_{\rm R} = Q_{\rm R},\\
&{\rm D}p(01\cdots p) &&\cdots && \Gamma^{01\cdots p}Q_{\rm R} = Q_{\rm L}, &&
\end{aligned} \tag{10.29}$$

となる．ただし，タイプIIB・IIA理論の超弦は世界面に垂直な方向のT双対で互いに移り合うが，世界面方向にT双対をとるとKK電荷に変わることに注意する．同様に，IIB・IIA理論のNS5ブレーンは世界体積方向のT双対で移り合うが，垂直方向のT双対でKKモノポールに変わる．

10.2.2 ブレーンの束縛状態

異なる種類のブレーンが重なって束縛状態をなすとき有限の束縛エネルギーが生じるか否かは，それらが共通の超電荷を保つかどうかで決まる．いくつかの例を見てみよう．

(i) D1+F1 タイプIIB超弦理論のD1ブレーンと超弦を平行に並べた系を考えよう．それぞれが保つ超対称性は

$${\rm D1}(01):\ \Gamma^{01}Q_{\rm R} = Q_{\rm L}, \quad {\rm F1}(01):\ \Gamma^{01}Q_{\rm L} = Q_{\rm L},\ \Gamma^{01}Q_{\rm R} = -Q_{\rm R} \tag{10.30}$$

である．両方の条件を満たす超電荷は存在せず，このブレーンの組合せはすべての超対称性を破る．これは，D1ブレーンと超弦が有限の束縛エネルギー

$$T_{\rm F1} + T_{\rm D1} - T_{(1,1)\text{-string}} > 0 \tag{10.31}$$

で結合して $(1,1)$ 弦になることに対応する．

弱結合の弦理論では，図10.2のように超弦が所々でちぎれてD1ブレーンに

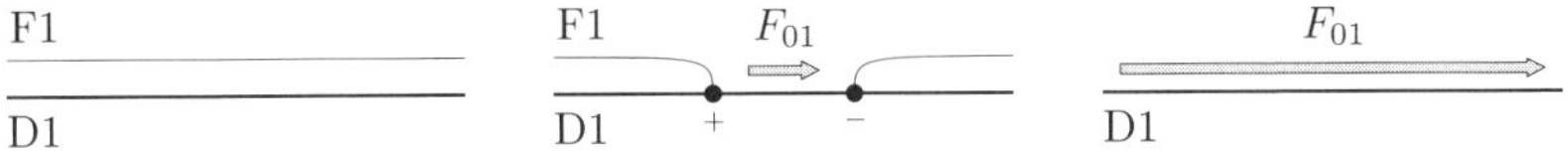

図 10.2 D1 ブレーンと超弦が束縛状態をなす仕組み.

端を付着することによって束縛状態ができる. 超弦の張力は端点の電荷のクーロン引力より大きく, ちぎれた超弦の断片はどんどん縮む. 終状態の $(1,1)$ 弦は, D1 ブレーン上に非零の $U(1)$ 電束 F_{01} のある状態として表される.

(ii) D0+D2 次にタイプ IIA 理論の D0 ブレーン, D2 ブレーンの対を考えてみよう. それぞれが保つ超対称性は次のとおりである.

$$\mathrm{D0}(0): \ \Gamma^0 Q_{\mathrm{R}} = Q_{\mathrm{L}}, \quad \mathrm{D2}(012): \ \Gamma^{012} Q_{\mathrm{R}} = Q_{\mathrm{L}}. \tag{10.32}$$

両方の条件を満たす超電荷は存在しないので, 有限の束縛エネルギーを持つ安定な束縛状態の存在が示唆される. この組合せは図 9.2 で議論したように, D0 ブレーンが D2 ブレーンに溶け込むことができる設定である.

x^1, x^2 方向を周期的とし, 半径をそれぞれ R_1, R_2 とする. x^1 方向に T 双対をとると, 図 9.2 で議論したように, 束縛状態を生成する過程は D1 ブレーンの繋ぎ替えと理解できる. 8 次元に削減した理論では, x^1, x^2 および斜め方向に巻きついた D1 ブレーンはすべて点粒子となり, それぞれ次の質量を持つ.

$$m_1 = \frac{R_1}{g_s \ell_s^2}, \quad m_2 = \frac{R_2}{g_s \ell_s^2}, \quad m = \frac{\sqrt{R_1^2 + R_2^2}}{g_s \ell_s^2}. \tag{10.33}$$

繋ぎ替えによりエネルギーが減少するのは明らかである.

(iii) D0+D4 D0 ブレーンと D4 ブレーンは, それぞれ

$$\mathrm{D0}(0): \ \Gamma^0 Q_{\mathrm{R}} = Q_{\mathrm{L}}, \quad \mathrm{D4}(01234): \ \Gamma^{01234} Q_{\mathrm{R}} = Q_{\mathrm{L}} \tag{10.34}$$

の超対称性を保つ. 両者の共存する系は 8 成分の超電荷を保つので, その束縛状態は 1/4 BPS と呼ばれる. 束縛エネルギーは発生せず, D0・D4 ブレーンはエネルギーの変化なく重なったり離れたりすることができる.

重なった N 枚の D4 ブレーンに k 個の D0 ブレーンが溶け込んで, 世界体積上の $U(N)$ ゲージ場の励起に変化したとする. D4 ブレーンは RR1 形式場と

$$S_{\mathrm{D4}} = \cdots + \frac{\mu_0}{8\pi^2} \int C_1 \wedge \mathrm{Tr} F^2 \tag{10.35}$$

という結合項を持つことを思い出すと，D0 ブレーンによるゲージ場の励起はインスタントン数と呼ばれる整数で特徴づけられる.

$$k \equiv \frac{-1}{8\pi^2}\int_{M_4} \mathrm{Tr}(F\wedge F) = \frac{-1}{32\pi^2}\int_{M_4} d^4x\varepsilon^{klmn}\mathrm{Tr}(F_{kl}F_{mn}). \tag{10.36}$$

ここで M_4 は D4 ブレーンの広がる空間方向 4 次元を表す.

ゲージ理論のインスタントン解とは，与えられたインスタントン数 k のもとでユークリッド符号の 4 次元ヤン・ミルズ作用を最小にする配位をいう．ゲージ場の (反) 自己双対成分を $F^{\pm} \equiv \frac{1}{2}(F \pm *F)$ とすると，作用は

$$\begin{aligned} S_{\mathrm{E}} &= \frac{1}{2g_{\mathrm{YM}}^2}\int_{M_4} d^4x\sqrt{g}\mathrm{Tr}F_{mn}F^{mn} \\ &= \frac{1}{g_{\mathrm{YM}}^2}\int_{M_4} d^4x\sqrt{g}\mathrm{Tr}F^{\pm}_{mn}F^{\pm mn} \pm \frac{8\pi^2 k}{g_{\mathrm{YM}}^2} \end{aligned} \tag{10.37}$$

と書ける．したがって，k の正負に応じて，ゲージ場はそれぞれ (反) 自己双対方程式 $*F = \mp F$ を満たす．D0 ブレーンが D4 ブレーンに溶け込んだ複合系の基底状態は，この方程式の解で表されると考えてよい．インスタントンはゲージ理論の強結合領域を理解する鍵となる重要な研究対象であるが，このようにしてブレーンの束縛状態と見なすこともできるのである.

特に $M_4 = \mathbb{R}^4$ 上の $U(N)$ 理論の k インスタントンの場合，解のモジュライ空間は実 $4Nk$ 次元となることが知られている．これは D0・D4 ブレーンを繋ぐ弦の生じる零質量スカラー粒子の (チャン・ペイトンの多重度も込めた) 個数に等しいので，D4 ブレーン上のゲージ理論のインスタントンは図 10.3 のように D0・D4 間に弦が凝縮したような状態であるといえる．また，開いた弦の運動を記述するゲージ理論のモジュライ空間の解析から，インスタントン解のいわゆる ADHM(アティヤ・ドリンフェルド・ヒッチン・マニン) 構成を特徴づける方程式が得られることも特筆に値する.

D0・D4 束縛状態は，6.3 節の最後で議論したハイパー多重項を生じる例で

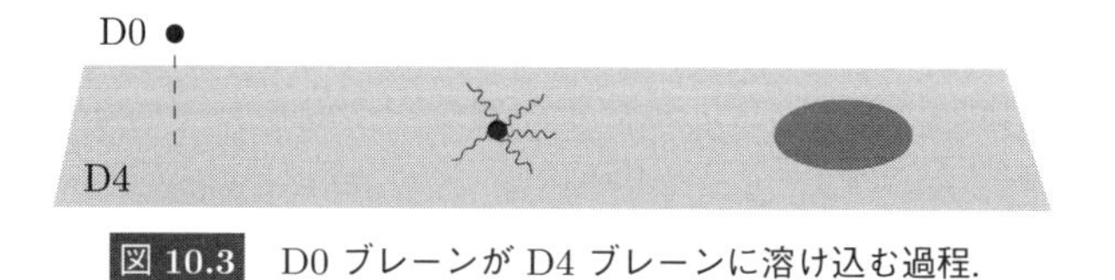

図 10.3 D0 ブレーンが D4 ブレーンに溶け込む過程.

ある．一般に Dp ブレーン，Dp' ブレーンが $r+1$ 次元の交わりをもって直交するとき，$p+p'=2r+4$ なら束縛状態は 8 成分の超電荷を保つ．上の例以外にも，D3(0123) + D1(04) や D4(01236) + D6(0123789) などが，この規則に従って 1/4BPS 束縛状態をなす．

10.2.3　ブレーンに終端を持つブレーン

超弦は D ブレーンに端点を持ち得るが，特に平坦な弦が平坦な D ブレーンに直角に突き立った配位は 1/4 BPS となる．例えば D$p\,(01\cdots p)$ と F1(09) の保つ超電荷はそれぞれ

$$
\begin{aligned}
\mathrm{D}p(01\cdots p)\ &:\ \Gamma^{01\cdots p}Q_{\mathrm{R}}=Q_{\mathrm{L}}, \qquad (p\le 8)\\
\mathrm{F1}(09)\ &:\ \Gamma^{09}Q_{\mathrm{L}}=Q_{\mathrm{L}},\ \Gamma^{09}Q_{\mathrm{R}}=-Q_{\mathrm{R}}
\end{aligned}
\tag{10.38}
$$

で与えられるが，これらは 8 成分の超電荷を共通に保つ．

超弦が Dp ブレーンに終端を持てることを F1 $\dashv$ Dp と書こう．超弦の双対性を使うと，これ以外にも同様の関係に従うブレーンの対が次のように見つかる．

$$
\mathrm{F1}\dashv \mathrm{D}p,\quad \mathrm{D}p\dashv \mathrm{NS5}\ (p\le 5),\quad \mathrm{D}p\dashv \mathrm{D}(p+2),\quad \mathrm{M2}\dashv \mathrm{M5}. \tag{10.39}
$$

2 つめの例で p に制限があるのは，そもそも次元 p の大きすぎる D ブレーンは $(5+1)$ 次元の物体には終われないからである．また $p=5$ の場合も，後ほど見るように注意が必要である．上の例以外にも，例えばタイプ IIB 理論の (p,q) 弦は，D3 ブレーン，$(p,q)5$ ブレーンおよび $[p,q]7$ ブレーンに終端を持てる．

さて，p ブレーン **A** が q ブレーン **B** に終端を持つとき，その終端 ∂**A** は **B** の世界体積内の $(p-1)$ ブレーンである．弦の端点が D ブレーン上のゲージ場の電荷であるのと同様に，一般に **B** の世界体積上には p 形式ゲージ場が存在し，∂**A** はこの電荷として振る舞う．この事実はブレーン **B** の有効理論の性質を探る上で重要な手掛かりのひとつである．

ブレーン **A** の終端はブレーン **B** を引っ張るので，**B** の世界体積は撓(たわ)む．この効果を大雑把に評価するために，いくつかの **A** が超対称性を保って平行に配置され，**B** に終端を持つ状況を考えよう．**A** の終端は **B** 上のゲージ場の電荷を担うので，クーロン斥力により互いに反発し合う．この斥力は **B** 上のスカ

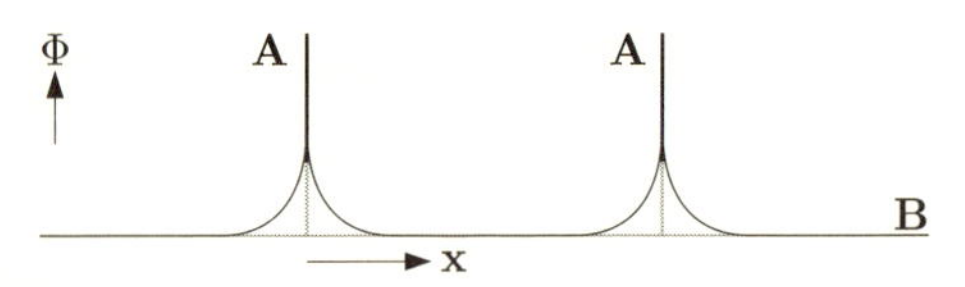

図 10.4 ブレーン **A** が **B** に終端を持つことによる撓み効果.

ラー場を介した相互作用による引力と相殺するはずである．一般に **B** 上にはいくつかのスカラー場が存在し，それぞれ **B** の世界体積の直交方向への変形を表すが，その 1 つは **A** による引っ張りの効果で非零になる (図 10.4)．引力の起源となるのはこのスカラー場である．

A の終端は **B** の世界体積内で $q-(p-1)$ 個の直交方向 (余次元) を持つので，**B** 上のゲージ場およびスカラー場の関数形は $\mathbb{R}^{q-p+1}$ 上の調和方程式によって決まるだろう．したがってブレーンの撓み効果は次の関数で与えられる．

$$\Phi \sim \frac{1}{|\mathbf{x}|^{q-p-1}}. \tag{10.40}$$

余次元が小さくなるにつれ，撓み効果はより著しくなる．いくつかの例を見てみよう．まず余次元 2 の例として，タイプ IIA 理論の NS5(012345) に D4(01236) が終端を持つ場合を考える．次元勘定から，D4 ブレーンの終端は NS5 ブレーン上の 0 形式ゲージ場 (スカラー場) $\widetilde{\Phi}$ の磁荷となる．終端の位置を $x_4 = x_5 = 0$ とすると，磁荷を測る公式は次のようになる．

$$\oint_{z=0} d\widetilde{\Phi} = \widetilde{\Phi}(ze^{2\pi i}) - \widetilde{\Phi}(z). \quad (z \equiv x_4 + ix_5) \tag{10.41}$$

右辺は $z=0$ を囲む経路に沿って反時計回りに $\widetilde{\Phi}$ の変化を辿り，1 周後の値をもとの値と比較することを表す．磁荷の存在下でも $\widetilde{\Phi}$ が 1 価関数となるためには，$\widetilde{\Phi}$ は周期的である (実数値ではなく円周上に値をとる) 必要がある．

撓み効果により，NS5 ブレーンの変形を表すスカラー場 Φ_6 は 2 次元の調和関数，すなわち log 関数となる．このとき超対称性の効果で，スカラー場 Φ_6 と $\widetilde{\Phi}$ の適切な組合せは次のように $z \equiv x^4 + ix^5$ の正則関数となる．

$$\Phi_6 + i\widetilde{\Phi} \sim \log(x_4 + ix_5). \tag{10.42}$$

この D4 $\dashv$ NS5 配位は，M 理論に移すと滑らかな 1 枚の M5 ブレーンの配位となる．$\widetilde{\Phi}$ を周期的な座標 $x^\natural$ と同一視すると，(10.42) 式は $(x_4, x_5, \Phi_6, \widetilde{\Phi})$ を

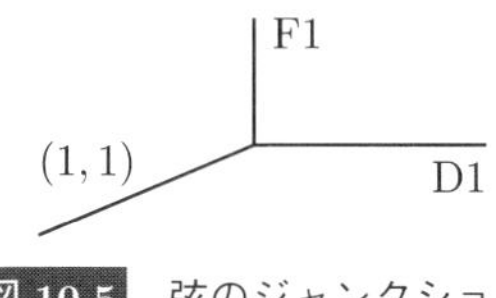

図 10.5　弦のジャンクション.

座標とする $\mathbb{R}^3 \times S^1$ 内の滑らかな M5 ブレーン配位と見なすことができる.

余次元 1 の場合, (10.40) 式は線形関数になるので, 撓みというより折れ曲がりになる. この場合は, ブレーンの担う電荷の保存則から, 全体の配位を 3 種類の電荷を持つ半無限のブレーンの関与する配位と見なす方が自然である. 例えば, 図 10.5 はタイプ IIB 理論の F1(02) の端点が D1(01) に付着した状況を表す. D1 ブレーンの世界体積は超弦の端点によって二分され, その片方には超弦の電荷が流れ込んで $(1,1)$ 弦になる. その結果, 3 種類の弦を張力の釣り合いから決まる適切な角度で接合した配位 (弦のジャンクション) が得られる. $(p,q)5$ ブレーンからも, ウェブと呼ばれる同様の構造を作ることができる.

10.3　7 ブレーンと F 理論

タイプ IIB 理論の $(p,q)7$ ブレーンは, D7 ブレーンに $SL(2,\mathbb{Z})$ 双対な物体である. これら 7 ブレーンの束縛状態の従う物理は, F 理論と呼ばれる枠組みを導入して幾何学的に理解することができる.

10.3.1　7 ブレーンの電荷

まず, タイプ IIB 理論の D7 ブレーン (01234567) を $x^8 = x^9 = 0$ に置いたとして, その周りの複素スカラー場 $\tau = C_0 + ie^{-\Phi}$ の関数形を考えよう. 超対称性を仮定すると, τ は 2 次元の調和方程式に従うので, ブレーンの向きづけに応じて $z \equiv x^8 + ix^9$ の正則あるいは反正則関数になると予想される. 以下 τ は z の正則関数と仮定して進む.

D7 ブレーンの持つ RR 電荷は次のように測られる.

$$1 = 2\kappa^2 \mu_7 \oint_{z=0} dC_0 = C_0(ze^{2\pi i}) - C_0(z). \tag{10.43}$$

したがって, $z = 0$ 付近で τ は次のような多価性を示す.

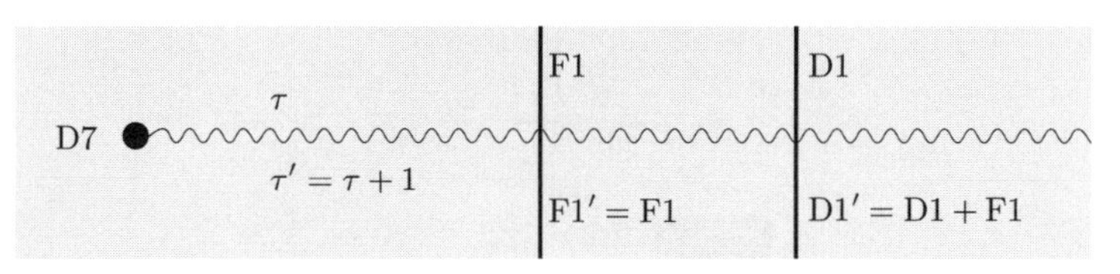

図 10.6 様々な量が D7 ブレーンの生じる分岐切断を横切る際に受けるモノドロミー.

$$\tau(ze^{2\pi i}) = \tau(z) + 1, \quad \tau(z) \sim \frac{1}{2\pi i}\ln z. \tag{10.44}$$

このような多価関数を扱うには，分岐点 $z = 0$ と $z = \infty$ を結ぶ分岐切断を任意に導入し，$\tau(z)$ はこの上を除いて連続な関数として扱う．分岐点 $z = 0$ の周りを時計回りに回ると，分岐切断の上で τ の値は $\tau \to \tau + 1$ と不連続に変化することになる．このように，分岐切断を横切る際の様々な量の変化をモノドロミーと呼ぶ.

分岐切断は任意に導入したものなので，(様々な量がそこで不連続に変化するにも関わらず) 物理的な実在ではない．これはどのように保証されるだろうか? τ の受けるモノドロミー $\tau \to \tau + 1$ は IIB 理論の $SL(2,\mathbb{Z})$ 双対性変換であるから，分岐切断を横切る際に理論のすべての量が共通の双対性変換

$$M_{[1,0]} \equiv \begin{pmatrix} 1 & 1 \\ 0 & 1 \end{pmatrix} : \quad \tau' = \tau + 1, \quad \begin{pmatrix} \mathrm{D1}' \\ \mathrm{F1}' \end{pmatrix} = M_{[1,0]} \begin{pmatrix} \mathrm{D1} \\ \mathrm{F1} \end{pmatrix} \tag{10.45}$$

を受けるとすればよい (図 10.6)．このようにすれば，分岐切断の両側の変数は「双対性を介して」滑らかに繋がるわけである.

$[p,q]$7 ブレーンの周りのモノドロミー $M_{[p,q]}$ を求めよう．D7 ブレーンを $[p,q]$7 ブレーンに移す双対性変換のもとで，τ は $(s\tau + r)/(q\tau + p)$ に移る．したがって $[p,q]$7 ブレーンの周りで τ の受けるモノドロミーは

$$\frac{s\tau' + r}{q\tau' + p} = \frac{s\tau + r}{q\tau + p} + 1 \tag{10.46}$$

から決まり，モノドロミー行列は次のようになる.

$$M_{[p,q]} \equiv \begin{pmatrix} 1 + pq & p^2 \\ -q^2 & 1 - pq \end{pmatrix}, \quad \tau' = \frac{(1 + pq)\tau + p^2}{-q^2\tau + (1 - pq)}. \tag{10.47}$$

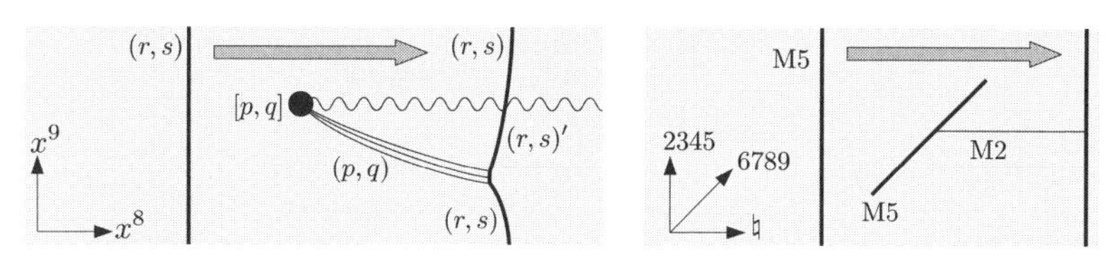

図 10.7 IIB 理論 (左) および M 理論 (右) におけるブレーン生成の例.

10.3.2 ブレーン生成

$[p,q]7$ ブレーンの周りで (r,s) 弦の受けるモノドロミーは

$$(r,s)' = (r,s) + (ps - qr)(p,q) \tag{10.48}$$

で与えられる. つまり, $[p,q]7$ ブレーンから延びる分岐切断を (r,s) 弦が横切るとき, その電荷が $(r,s)'$ に変化する.

ここで, 図 10.7 左のような過程を考えてみよう. まず x^8, x^9 平面の原点に $[p,q]7$ ブレーンがあり, その左側 $(x^8 < 0)$ に x^9 方向に延びた (r,s) 弦があるとする. 分岐切断はこれを避けて右方向にとる. 次に (r,s) 弦が $[p,q]7$ ブレーンを横切って右方向に動くとしよう.

新しい位置にある (r,s) 弦は分岐切断と交わりを持つので, 交点において電荷が $(r,s)'$ に変化する. ところが無限遠方にある弦の両端での電荷は (r,s) のままのはずである. この矛盾を解消するには, (r,s) 弦が $[p,q]7$ ブレーンを横切る際に, 両者を繋ぐ $\Delta \equiv ps - qr$ 本の (p,q) 弦, または $-\Delta$ 本の反 (p,q) 弦が生成されねばならない.

このように, 特定の電荷を担うブレーンの対がすれ違うとき, 両者を繋ぐ新しいブレーンが生成される場合がある. これはハナニー・ウィッテン効果と呼ばれる現象で, 他にも M 理論の M5 ブレーン (012345) と M5 ブレーン (016789) のすれ違いが M2 ブレーンを生成する (図 10.7 右) など様々な例がある.

10.3.3 7 ブレーンの束縛状態

異なるラベル $[p_i, q_i]$ を持つ n 枚の 7 ブレーンが平行に配置されているとする. これらが 1 点に重なることができるための条件を考えよう.

1 点に重なることができると仮定して, その 1 点の周りのモノドロミーを

$$M_{[p_n,q_n]} \cdots M_{[p_1,q_1]} \equiv M \equiv \begin{pmatrix} a & b \\ c & d \end{pmatrix} \tag{10.49}$$

表 10.2 7 ブレーンの束縛状態の生成するモノドロミーとゲージ対称性.

分類	M	個数	例	対称性	分類	M	個数	例	対称性
I_n	$\begin{pmatrix}1 & n\\0 & 1\end{pmatrix}$	n	$\mathbf{A}^n$	A_{n-1}	I_n^*	$\begin{pmatrix}-1 & -n\\0 & -1\end{pmatrix}$	$n+6$	$\mathbf{A}^{n+4}\mathbf{BC}$	D_{n+4}
II	$\begin{pmatrix}1 & 1\\-1 & 0\end{pmatrix}$	2	$\mathbf{AC}$	–	IV*	$\begin{pmatrix}-1 & -1\\1 & 0\end{pmatrix}$	8	$\mathbf{A}^5\mathbf{BC}^2$	E_6
III	$\begin{pmatrix}0 & 1\\-1 & 0\end{pmatrix}$	3	$\mathbf{A}^2\mathbf{C}$	A_1	III*	$\begin{pmatrix}0 & -1\\1 & 0\end{pmatrix}$	9	$\mathbf{A}^6\mathbf{BC}^2$	E_7
IV	$\begin{pmatrix}0 & 1\\-1 & -1\end{pmatrix}$	4	$\mathbf{A}^3\mathbf{C}$	A_2	II*	$\begin{pmatrix}0 & -1\\1 & 1\end{pmatrix}$	10	$\mathbf{A}^7\mathbf{BC}^2$	E_8

と書く．この点でのスカラー場 τ の値はモノドロミー不変性の要請から

$$\frac{a\tau+b}{c\tau+d}=\tau \quad \Rightarrow \quad \tau=\frac{a-d\pm\sqrt{(a+d)^2-4}}{2c} \tag{10.50}$$

となるはずである．$|\mathrm{Tr}M|=|a+d|>2$ のとき τ は実数の無理数となるが，この値はいかなる双対性変換を施しても基本領域 (図 7.1 右) 内に移せないので物理的な値ではない．したがって $|\mathrm{Tr}M|\leq 2$ が第 1 の条件である．

$\mathrm{Tr}M=0,\pm1,\pm2$ の場合，さらに τ が基本領域内に値をとるとすると，その値はそれぞれ $\tau=i,e^{\frac{2\pi i}{3}},i\infty$ となる．このとき M のとり得る値は，表 10.2 に列挙したとおりである [*2)]．また，右から 2 列目は 3 種類のモノドロミー行列 $\mathbf{A}\equiv M_{[1,0]}$, $\mathbf{B}\equiv M_{[1,1]}$, $\mathbf{C}\equiv M_{[1,-1]}$ を用いて M を ($SL(2,\mathbb{Z})$ による相似変換を除いて) 再現する例を示している．

分類 $\mathrm{I}_n,\mathrm{I}_n^*$ に属するモノドロミーはスカラー場に $\tau\to\tau+n$ と作用するので，7 ブレーンの束縛状態の位置を $z=0$ とすると，その付近で $\tau(z)$ は

$$\tau(z)\sim\frac{n}{2\pi i}\log z \tag{10.51}$$

と振る舞う．これが $\mathrm{Im}\tau>0$ と抵触しないためには $n\geq 0$ が必要となる．

複数の 7 ブレーンが 1 点に重なるとき，その上ではゲージ対称性の拡大が起こる．最も簡単な例は同種の $[p,q]$7 ブレーンが n 枚重なる場合で，ゲージ対称性は重心運動の $U(1)$ を除いて $A_{n-1}=SU(n)$ である．対称性の拡大に寄与するのは隣り合う 7 ブレーンを繋ぐ (p,q) 弦で，7 ブレーンが重なる極限でそれらは 1 点に縮んで零質量となる．2 種類以上の 7 ブレーンが 1 点に重なる場合

*2) 例えば $\mathrm{Tr}M=0$ のとき，$|\tau|^2\geq 1$, $2|\mathrm{Re}\tau|\leq 1$ から $a^2+1\geq c^2$, $4a^2\leq c^2$ が従う．

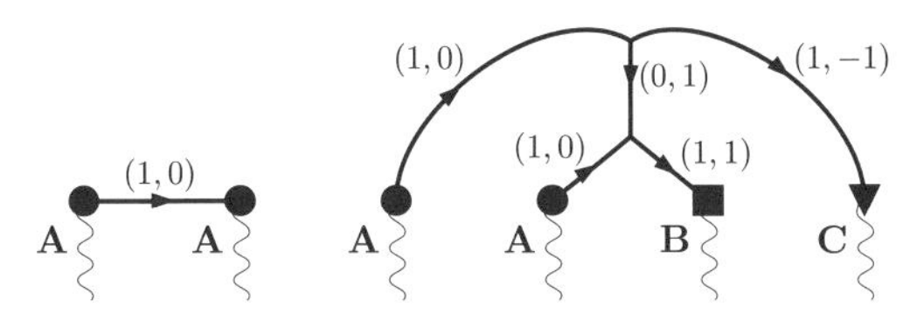

図 10.8 $D_4 = SO(8)$ ゲージ対称性に寄与する超弦のジャンクションの例.

には，$D_n = SO(2n)$ あるいは例外群 E_n へのゲージ対称性の拡大が起こり得る．これを物理的に理解するには，単純な弦だけではなく，図 10.8 のような弦のジャンクションの寄与を考慮する必要がある.

F 理論を使うと，この対称性の拡大を幾何学的に理解することができる.

10.3.4 F 理 論

F 理論のアイデアを説明するため，まず 7 ブレーンの登場する無矛盾な超弦理論の最も簡単な例を議論する．タイプ I 超弦理論の空間 2 方向をトーラス T^2 にコンパクト化し，T 双対をとって得られる理論を考えよう．標的時空は $\mathbb{R}^{1,7} \times (\tilde{T}^2/\mathbb{Z}_2)$ であり，$\mathbb{Z}_2$ は双対なトーラス $\tilde{T}^2$ 上の 4 点を固定する反転である．各々の固定点には $\mathrm{O7}^-$ ブレーンが位置し，さらに $\tilde{T}^2$ 上に 32 個の D7 ブレーンが反転対称な配置をとる．素朴なブレーンの配置を図 10.9 左に示す.

超弦の摂動論においては g_s を定数と仮定して議論したが，ここでは一歩進んで，τ が $\tilde{T}^2/\mathbb{Z}_2$ 上でどのような関数となるかを考える．このとき，図 10.9 のように $\tilde{T}^2/\mathbb{Z}_2$ の基本領域を球面と見なすのがよい.

球面上のブレーンの個数は D7 ブレーン 16 個，$\mathrm{O7}^-$ ブレーン 4 個となるため，$\mathrm{O7}^-$ ブレーンの電荷は D7 ブレーン (-4) 個分に等しい．またそのモノド

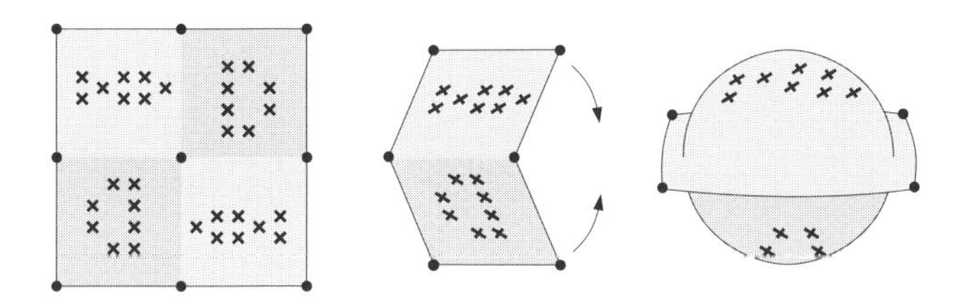

図 10.9 $T^2/\mathbb{Z}_2$ 上のタイプ IIB オリエンティフォルドの素朴な 7 ブレーン配置 (左). 基本領域は位相的には球面と同じである (右).

ロミーは，$\mathbb{Z}_2$ が B 場に符号反転 (8.41) として働くことから

$$M_{\mathrm{O}^-} = \begin{pmatrix} -1 & 4 \\ 0 & -1 \end{pmatrix} = \mathbf{BC} \tag{10.52}$$

となる．(10.51) 式で議論したように，これは 1 点の周りのモノドロミーとしては許されない．したがって $\mathrm{O7}^-$ ブレーンは単体では存在できず，$[1,1]7$ ブレーンと $[1,-1]7$ ブレーンに分解するか，もしくは 4 個以上の D7 ブレーンと束縛状態をなさねばならない．こうして，球面 S^2 上に 24 個の 7 ブレーンを配置したタイプ IIB 理論が得られる．複素スカラー場 τ は，球面上の 24 個の点において定まった $SL(2,\mathbb{Z})$ モノドロミーに従う正則関数となる．

ここで，球面上の各点 z において，$\tau(z)$ をモジュラスとするトーラスを考えよう．さらに，これを球面に沿って束ねることによって 4 次元の空間を定義しよう．2 次元トーラスは楕円曲線とも呼ばれるため，このような多様体の構成は楕円ファイバーと呼ばれる．実は，こうして得られる球面上の楕円ファイバー空間は，K3 曲面と呼ばれる非常によく研究された 4 次元空間である (図 10.10).

この対応は，IIB 理論のスカラー場 τ の従う運動方程式を，より扱いやすい (楕円ファイバーの構造を持つ)K3 曲面の幾何の問題に翻訳できることを示唆する．F 理論はこのアイデアを具現化する枠組みで，次のように定義される．

- K3 曲面上の F 理論は球面 S^2 上のタイプ IIB 理論に等価である．
- より一般に，X を B 上の楕円ファイバー空間とするとき，X 上の F 理論は B 上のタイプ IIB 理論と等価である．

ただし，F 理論は IIB 理論の場の方程式を幾何学的に解く枠組みであって，12 次元の量子超重力理論の存在を意味するものではない．

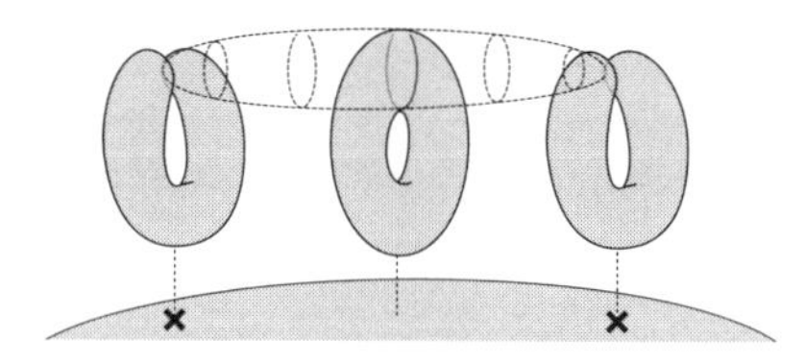

図 10.10 楕円ファイバー空間および特異ファイバーのイメージ．トーラスに巻きついた閉曲線が解ける過程が上部で示されている．これより，楕円ファイバー空間が非自明な 2 サイクルを持ち得ることも分かる．

表 10.3　ゲージ対称性の拡大と K3 空間の生じる特異点 $\mathbb{C}^2/\Gamma$ の関係.

対称性	有限群 Γ	位数 $\lvert\Gamma\rvert$
A_{n-1}	巡回群	n
D_n	二項 2 面体群	$4(n-2)$
E_6	二項 4 面体群	24
E_7	二項 8 面体群	48
E_8	二項 20 面体群	120

K3 曲面の幾何学的性質をもう少し詳しく見てみよう．z に依存して変化するトーラスの形は，7 ブレーンの周りを 1 周すると元に戻るが，$\tau(z)$ はモジュラー変換のモノドロミーを受ける．トーラスに巻きついた閉曲線 (1 サイクル) の巻きつき数 (r,s) も，$[p,q]$7 ブレーンを 1 周すると，(10.48) 式と同様に

$$(r,s)' = (r,s) + (ps - qr)(p,q) \tag{10.53}$$

と変化する．これより，特に $[p,q]$7 ブレーンの上ではトーラスの退化が起こっており，巻きつき数 (p,q) の 1 サイクルがそこで解けるはずである．

2 つの $[p,q]$7 ブレーンがあるとき，これらを繋ぐ任意の経路に沿って，巻きつき数 (p,q) の 1 サイクルを図 10.10 のように動かしてみよう．経路の両端では長さ零になるので，その移動の軌跡は球面の位相を持つ閉じた 2 次元面をなす．これは K3 空間が非自明な 2 サイクルを持ち得ることを表している．

各々の 7 ブレーン上では楕円ファイバーに特異性が生じるけれども，実は K3 曲面自体はそこに特異点を持たない．しかし，いくつかの 7 ブレーンが重なって生じる特異ファイバーは K3 曲面自体の特異点となる．これは KK モノポールが重なって特異点を生じる仕組みと似ている．楕円ファイバーの特異性の分類は小平によって与えられているが，実は表 10.2 にぴたりと一致する．

7 ブレーンの束縛状態がゲージ対称性の拡大を起こすとき，K3 曲面に現れる特異点は，表 10.3 のとおり $\mathbb{C}^2$ を $SU(2)$ の有限部分群 Γ で割ったオービフォルド $\mathbb{C}^2/\Gamma$ で表される．この対応は，実は ADE 型のリー代数と有限群 Γ の間に成り立つ次のような不思議な関係に基づく．$\mathbb{C}^2/\Gamma$ の特異点を解消して得られる滑らかな空間の持つ 2 サイクルの交点数のなす行列は，ADE 型リー代数のカルタン行列の (-1) 倍に等しい．

Chapter

11 少し進んだ話題

双対性および D ブレーンの発見以降，超弦理論は理論物理学のいろいろな話題を巻き込みながら目覚ましい勢いで進展した．ここでは，その中から主要な話題をいくつか紹介する．

11.1 D ブレーンと超対称ゲージ理論

まず，D ブレーンの発見によって超対称ゲージ理論の分野にもたらされた進展についていくつか例を見てみよう．

表 11.1 は，3 次元から 10 次元までの超対称性の多重度 $\mathcal{N}$，および超対称ゲージ理論を構成する代表的な多重項をまとめたものである．超電荷の個数 $16, 8, 4, 2$ に応じて，多重項はボソンとフェルミオンそれぞれ $8, 4, 2, 1$ 個ずつか

表 11.1 超対称ゲージ理論に現れる多重項．A はベクトル場，ϕ は実スカラー場を表す．フェルミオンは省略．

超電荷	次元	10	9	8	7	6	5	4	3
16 個	$\mathcal{N}$	**1**	**1**	**1**	**1**	$(\mathbf{1},\mathbf{1})$	**2**	**4**	**8**
	ベクトル多重項	A	$A+\phi$	$A+2\phi$	$A+3\phi$	$A+4\phi$	$A+5\phi$	$A+6\phi$	$A+7\phi$
8 個	$\mathcal{N}$					$(\mathbf{0},\mathbf{1})$	**1**	**2**	**4**
	ハイパー多重項					4ϕ	4ϕ	4ϕ	4ϕ
	ベクトル多重項					A	$A+\phi$	$A+2\phi$	$A+3\phi$
4 個	$\mathcal{N}$							**1**	**2**
	カイラル多重項							2ϕ	2ϕ
	ベクトル多重項							A	$A+\phi$
2 個	$\mathcal{N}$								**1**
	スカラー多重項								ϕ
	ベクトル多重項								A

らなる．異なる次元の超対称多重項は超電荷の数を変えない次元削減によって関係づくこと，また高い超対称性の多重項は低い超対称性の多重項に分解することに注意しよう．例えば 6 次元 $\mathcal{N}=(1,1)$ のベクトル多重項は，$\mathcal{N}=(0,1)$ のベクトル多重項とハイパー多重項に分解する．

超対称ゲージ理論においては，ゲージ場を含む多重項をベクトル多重項，そうでないものを物質場多重項というふうに区別する．16 個の超電荷を持つ理論にはベクトル多重項しかないので，理論の構成を特徴づけるものはゲージ対称性のみである．一方，超電荷のより少ない理論では，ゲージ群の様々な表現に属する物質場多重項を加えることができ，またラグランジアンに含めることのできる相互作用項も多様性が増してゆく．

表 11.1 ではふれられていないが，以下の事実も重要である．

- ベクトル場・スカラー場の数を与えるだけでは多重項の分類が不十分な場合がある．例えば 3 次元 $\mathcal{N}=4$ 超対称性のベクトル多重項，ハイパー多重項は，R 対称性のもとでの変換性によって 2 種類ずつ存在する．
- 反対称テンソルを含む多重項も存在する．例えば 6 次元には，(反) 自己双対な場の強さを持つ 2 形式場を含む，いわゆるテンソル多重項がある．
- 超電荷の数は 2 のべきとは限らない．よく知られた例としては 3 次元の $\mathcal{N}=3,5,6$ 超対称ゲージ理論がある．

D ブレーンの発見以降，ブレーンをうまく組み上げることによって，様々な次元と超対称性を持ったゲージ理論を実現できることが分かってきている．このような取り組みはゲージ理論のブレーン構成と呼ばれる．以下ではその代表的な例をいくつか紹介し，超弦理論からどのような新しい知見が得られたかを見てゆくことにする．

11.1.1 超電荷 16 個を持つ例

平らな Dp ブレーン上の弦の零質量モードは，表 11.1 の 1 行目に並ぶ，16 個の超電荷からなる超対称性のベクトル多重項をなす．このブレーン上に実現されるのは $(p+1)$ 次元の極大超対称なゲージ理論である．N 枚のブレーンが重なっているとき，ゲージ対称性は $U(N)$ となる．

ここでは，N 枚の重なった D3 ブレーン上に現れる 4 次元 $\mathcal{N}=4$ 超対称

$U(N)$ ヤン・ミルズ理論の例を見てみよう．D3 ブレーンの有効作用から ℓ_s の最低次の項を集めると，次が得られる．

$$\begin{aligned}\mathcal{L} =& \frac{e^{-\Phi}}{4\pi}\,\mathrm{Tr}_{(N)}\Big[-\frac{1}{2}F_{\mu\nu}F^{\mu\nu} - D_\mu\Phi^I D^\mu\Phi^I + \frac{1}{2}[\Phi^I,\Phi^J][\Phi_I,\Phi_J]\Big] \\ &+ \frac{C_0}{16\pi}\,\mathrm{Tr}_{(N)}\Big[\varepsilon^{\mu\nu\lambda\rho}F_{\mu\nu}F_{\lambda\rho}\Big] + (\text{フェルミオンを含む項}). \end{aligned} \tag{11.1}$$

ただし $\mathrm{Tr}_{(N)}$ は $N\times N$ 行列表現についてのトレースを意味する．$U(N)$ ゲージ対称性のうち，全体の並進を表す $U(1)$ 部分は自由場の理論となるので除外して，以下では $SU(N)$ の部分に注目しよう．

4 次元ゲージ理論の結合定数 g_{YM},θ は，標準的な規格化のもとでは

$$\mathcal{L} = \mathrm{Tr}\left[-\frac{1}{2g_{\mathrm{YM}}^2}F_{\mu\nu}F^{\mu\nu} + \frac{\theta}{32\pi^2}\varepsilon^{\mu\nu\lambda\rho}F_{\mu\nu}F_{\lambda\rho} + \cdots\right] \tag{11.2}$$

のように作用に現れる．ただし $\mathrm{Tr} \equiv \frac{1}{2h^\vee}\mathrm{Tr}_{(\text{随伴表現})}$，$h^\vee$ はゲージ群の双対コクセター数である．$SU(N)$ については $\mathrm{Tr} = \mathrm{Tr}_{(N)}$ であるため，これらの結合定数はタイプ IIB 理論のディラトンと RR スカラーの期待値から

$$C_0 \equiv \frac{\theta}{2\pi}, \quad e^{-\Phi} \equiv \frac{4\pi}{g_{\mathrm{YM}}^2} \tag{11.3}$$

と定まる．また，4 次元の超対称ゲージ理論では，ヤン・ミルズ作用は F 項と呼ばれる複素数値の超対称性不変量を用いて書けるため，2 つの結合定数は次の複素結合定数に自然にまとまる．

$$\tau \equiv \frac{\theta}{2\pi} + i\frac{4\pi}{g_{\mathrm{YM}}^2}. \tag{11.4}$$

この τ は，タイプ IIB 超重力理論の複素スカラー場 τ にほかならない．

タイプ IIB 理論の $SL(2,\mathbb{Z})$ 自己双対性は，複素スカラー場に (10.5) 式のように作用する．D3 ブレーン自体はこの変換のもとで不変であるが，その世界体積上の場の理論には双対性が非自明に作用し得る．双対性の生成元に着目すると，変換 T は θ 角の周期性に相当するが，S は結合定数の反転であり，$\mathcal{N}=4$ 超対称ヤン・ミルズ理論が非自明な強結合・弱結合双対性を持つことを示唆する．ゲージ理論におけるこのような双対性は実は古くから予想されており，その提唱者に因んでモントネン・オリーヴの双対性とも呼ばれる．

$\mathcal{N}=4$ 超対称ヤン・ミルズ理論における双対性予想によると，結合定数 τ，

ゲージ群 G の理論は結合定数 $-1/n\tau$，ゲージ群 $\widehat{G}$ の理論に等価である．ここで $(n, G, \widehat{G})$ の組は次のとおりである [*1]．

$$
\begin{aligned}
n = 1 \ &: \ SU(N) \leftrightarrow SU(N), \quad SO(2N) \leftrightarrow SO(2N), \quad E_r \leftrightarrow E_r, \\
n = 2 \ &: \ SO(2N+1) \leftrightarrow Sp(N), \quad F_4 \leftrightarrow F_4, \\
n = 3 \ &: \ G_2 \leftrightarrow G_2.
\end{aligned} \tag{11.5}
$$

N 枚の D3 ブレーン上の理論は，正しく上の $SU(N)$ の場合を再現する．その他の群についてはどうだろうか?

$SO(N)$ および $USp(N)$ ゲージ理論は，D3 ブレーン，O3 プレーンを重ねた系で実現できる．これらについては，実は有効作用は (11.1) 式の 1/2 倍で与えられる．この根拠を理解するには，N を偶数として，D3 ブレーンが 2 組に分かれて O3 プレーンから離れる過程を考えるとよい．対称性が $U(N/2)$ に破れた系の有効作用が (11.1) 式を再現するには，因子 1/2 が必要なのである．

さらに $SO(N)$ では $\mathrm{Tr}_{(N)} = 2\mathrm{Tr}$，$USp(N)$ では $\mathrm{Tr}_{(N)} = \mathrm{Tr}$ となることを使うと，複素ゲージ結合定数と IIB 理論の複素スカラーの関係は

$$
\tau_{(SO(N))} = \tau_{(\mathrm{IIB})}, \quad 2\tau_{(USp(N))} = \tau_{(\mathrm{IIB})} \tag{11.6}
$$

となる．したがって，SO, USp 群の場合も，ゲージ理論の双対性とタイプ IIB 理論の自己双対性は結合定数に対して同じように作用することが分かる．

SO および USp 型のゲージ理論は，それぞれ張力の異なる 2 種類の O プレーンから実現されるのであった．ゲージ理論と IIB 超弦理論の双対性を信じると，$\mathrm{O3}^-$ プレーンが S 双対不変なこと，および $\mathrm{O3}^+$ プレーンが $\mathrm{O3}^-$ プレーンと D3 ブレーンの束縛状態に変換されることを示唆する．$T_{\mathrm{O3}^\pm} = \pm\frac{1}{2}T_{\mathrm{D3}}$ より，張力や RR 電荷はこの変換のもとで保たれる．

次に，双対性のもとで電荷と磁荷が互いに入れ替わる様子を調べよう．ゲージ群を $SU(2)$ にとり，6 個のスカラーの 1 つに次の真空期待値を与える．

[*1] リー群の間のこのような対応関係は，ヤン・ミルズ理論におけるディラックの量子化条件の考察からゴダード・ニュイツ・オリーヴによって提唱され，GNO 双対あるいはラングランズ双対と呼ばれる．また，$SO(3)$ と $SU(2)$ のようなリー群の大局的構造の違いまで含めると対応はさらに複雑で面白いものになる．

$$\Phi_6 = \frac{1}{2}\begin{pmatrix} v & 0 \\ 0 & -v \end{pmatrix}, \quad v > 0. \tag{11.7}$$

$SU(2)$ ゲージ対称性は $U(1)$ に破れる.

$U(1)$ の電荷を担う粒子は，破れた対称性に対応するゲージ場 (W ボソン) とその超対称性相棒たちである．(6.52) 式で見たように，それらはヒッグス機構により質量 v を得る．一方で磁荷を担う粒子としては，ボゴモルニー方程式

$$F_{ij} = \pm\epsilon_{ijk}D_k\Phi_6 \quad (i,j,k = 1,2,3) \tag{11.8}$$

および無限遠での境界条件 (11.7) を満たすモノポール解がある．単位磁荷を持つモノポールは，$\theta = 0$ のとき次の質量を持つことが知られている.

$$m = \frac{4\pi v}{g_{\rm YM}^2}. \tag{11.9}$$

IIB 超弦理論においてこれらの電荷・磁荷を持った粒子に相当するのは，2 枚の D3 ブレーンを繋ぐ超弦および D1 ブレーンであり，互いに S 双対性で移り変わる．これらの質量は，x^6 方向の長さ $\Delta x \equiv 2\pi\alpha' v$ と張力の積で与えられ,

$$T_{\rm F1}\Delta x = v, \quad T_{\rm D1}\Delta x = \frac{4\pi v}{g_{\rm YM}^2} \tag{11.10}$$

となる．これは W ボソンとモノポールの質量を正しく再現している.

11.1.2 超電荷 8 個を持つ例

8 個の超電荷を保つ系は，2 種類のブレーンの様々な組合せで実現できる.

例えば，Dp ブレーン n 枚と Dp' ブレーン n' 枚が $r+1$ 次元面において直交するとき，$p+p' = 2r+4$ ならば 8 個の超電荷を持つ $U(n) \times U(n')$ ゲージ理論がその上に実現されるのであった．このとき，同種のブレーンを繋ぐ弦は $U(n)$ または $U(n')$ の随伴表現に属するベクトル多重項とハイパー多重項を 1 つずつ生じる．異なるブレーンを繋ぐ弦は，一方の端点がゲージ対称性 $U(n)$ の基本表現，もう一方は $U(n')$ の反基本表現に属する電荷を持つので，$U(n) \times U(n')$ の双基本表現に属するハイパー多重項を生じる.

これ以外の場の組成を持つ一般の理論を構成するには，D ブレーン以外のブレーンも利用する．例として，4 次元 $\mathcal{N} = 2$ ベクトル多重項のみからなる超対称ヤン・ミルズ理論を考えよう．ボソン場のラグランジアンの形は (11.1) 式と

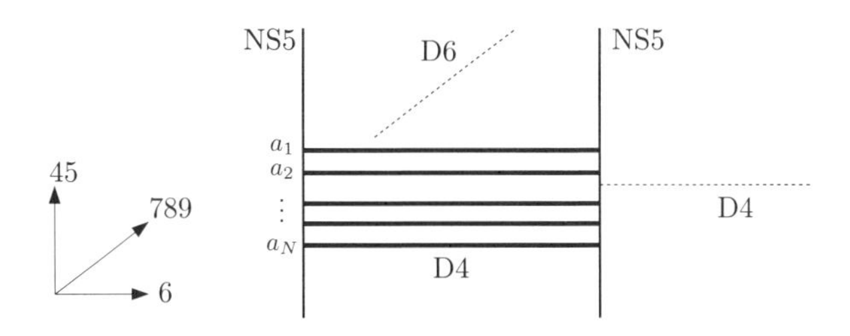

図 11.1 4 次元 $\mathcal{N}=2$ SYM 理論を実現するブレーンの配位．すべてのブレーンに平行な方向 (0123) は省いて描いてある．点線で示したいずれかのブレーンを加えると，基本表現に属するハイパー多重項を導入できる．

同じであるが，スカラー場を 2 個しか持たない．

この理論を実現するブレーン構成の一例は図 11.1 で，2 枚の NS5(012345) の間に橋渡しされた N 枚の D4(01236) からなる．D4 ブレーン上のゲージ理論は本来 $4+1$ 次元の場の理論であるが，NS5 ブレーンの間隔が十分短い場合，次元削減によって $3+1$ 次元の理論と見なせる．また D4 ブレーンは NS5 ブレーンに沿った方向にしか動けないため，5 つのスカラー場 $\Phi^{4,5,7,8,9}$ のうち NS5 ブレーンに平行な方向 Φ^4, Φ^5 以外はディリクレ境界条件により固定される．半無限の D4 ブレーンや D6(0123789) を追加してハイパー多重項を導入する方法も図には示したが，ここでは詳しく議論しない．

この理論の真空は，$N \times N$ 行列に値をとり $[\Phi^4, \Phi^5]=0$ を満たすスカラー場 Φ^I の期待値でラベルされる．ゲージ変換で対角化して

$$\langle \Phi^4 + i\Phi^5 \rangle = \mathrm{diag}(a_1, \cdots, a_N) \tag{11.11}$$

とすると，a_i は i 番目の D4 ブレーンの x^4+ix^5 方向の位置を表す．a_i の値が一般のとき，理論はゲージ対称性が自発的に破れた相にある．

D4 ブレーン上のゲージ対称性 $U(N)$ は，先ほどと同様に重心運動に相当する $U(1)$ と相対運動の $SU(N)$ に分かれる．ここで，10.2.3 項で議論した D4 ブレーンの張力による NS5 ブレーンの log 撓みの効果を思い出そう．実は，重心運動の $U(1)$ の方向の励起はこの log 撓みの関数形に大きく影響するため，規格化可能ではなくなる．つまり $U(1)$ 部分は凍結され，力学的な自由度は $SU(N)$ 部分のみなのである．したがって，(11.11) 式では $\sum_i a_i = 0$ であるとしてよく，一般の a_i ではゲージ対称性は $SU(N)$ から $U(1)^{N-1}$ に破れている．

ゲージ理論の結合定数についても，log 撓みの効果を取り入れて再考する必要がある．これは次の理由による．弱結合の超弦理論から得られる D4 ブレーンの有効作用を素朴に次元削減すると，4 次元理論のゲージ結合定数は

$$\frac{1}{g_{\mathrm{YM}}^2} = 2\pi^2 \ell_s^4 T_{\mathrm{D4}} \cdot L = \frac{L}{8\pi^2 g_s \ell_s} \tag{11.12}$$

(ただし L は NS5 ブレーン間の距離) で与えられる．しかし，log 撓みのため L は x^4, x^5 の関数となり，しかも無限遠でも定数に漸近しない．この振る舞いは，実は $\mathcal{N}=2$ 超対称ヤン・ミルズ理論の結合定数がエネルギースケールに応じて走る様子を反映している．結合定数がゲージ理論を特徴づけるパラメータではないので，L が特定できないのである．一方，このようなゲージ理論では結合定数のスケール依存性をもとに力学的スケール Λ と呼ばれる量が定義され，これが理論を特徴づけるパラメータとなる．

(10.42) 式で議論したように，タイプ IIA 理論の D4・NS5 ブレーンの複合体は，M 理論に移ると滑らかな 1 枚の M5 ブレーンになる．その世界体積は x^4, x^5, x^6 および $x^\natural \sim x^\natural + 2\pi R_{11}$ を座標とする 4 次元空間内の 2 次元面をなし，その形は超対称性から正則座標 $z \equiv x^4 + ix^5$ および $v \equiv x^6 + ix^\natural$ を用いて表されるはずである．この正確な形を求めよう．まず，左右の NS5 ブレーン各々について，D4 ブレーンによる撓みを表す方程式は次で与えられる．

$$\frac{x^6 + ix^\natural}{R_{11}} = \mp \sum_{i=1}^{N} \log(z - a_i) + \mathrm{const}, \quad y^{\mp 1} \sim \prod_{i=1}^{N} (z - a_i). \tag{11.13}$$

ただし $y \equiv \exp \frac{x^6 + ix^\natural}{R_{11}}$ を用いた．2 つの方程式を自然にまとめると，

$$y + y^{-1} = \Lambda^{-N} \prod_{i=1}^{N} (z - a_i) \tag{11.14}$$

となる．ここで Λ は NS5 ブレーンの間隔を調整する定数で，ゲージ理論の力学的スケールに相当する．

(11.14) 式の定める 2 次元面 (複素曲線) にはどんな物理的意義があるだろうか? $\mathcal{N}=2$ 超対称ゲージ理論は，一般には上の例よりも複雑な真空のモジュライ空間を持つが，その中でベクトル多重項に属するスカラー場が (11.11) 式のように凝縮した真空はクーロン枝と呼ばれる．そこではゲージ対称性が $U(1)^r$

(r はゲージ群の階数) にまで破れ，r 個の $U(1)$ ベクトル多重項が零質量に残る．サイバーグとウィッテンは，これら零質量の自由度の従う有効ラグランジアンを a_i, Λ の関数として厳密に導く手続きを提案した．彼らは，有効理論についての情報はパラメータ a_i, Λ に依存して形を変える複素曲線 (SW 曲線) にすべて凝縮されているとし，さらにいくつかの理論について，摂動論や電気・磁気双対性を駆使した緻密な議論に基づいて曲線の方程式を突き止めてみせた．

(11.14) 式は，実は $SU(N)$ 超対称ヤン・ミルズ理論の SW 曲線にほかならない．M 理論のブレーンの単純なダイナミクスから，このようにゲージ理論の核心にふれる結果が得られることは驚くべきであろう．

11.2　ブラックホールと超弦理論

一般相対論のブラックホール解の持つ性質は，様々な点で熱力学に似ていることが知られている．例えば，そのエントロピー S を事象の地平線の面積から

$$S = \frac{1}{4G_{\mathrm{N}}} \cdot (\text{面積}) \tag{11.15}$$

と定めると．ブラックホールが物質を吸収して獲得するエントロピーはその物質が持っていたエントロピーより大きく，全体のエントロピーは常に非減少である．これはベケンシュタイン・ホーキングの公式と呼ばれる．また，ブラックホールはホーキング温度 T_{H} と呼ばれる特定の温度を持ち，その質量 M および T_{H}, S の間に熱力学関係式

$$dM = T_{\mathrm{H}} dS \tag{11.16}$$

が成り立つ．電荷や角運動量などの保存量を持つブラックホールに対しては，この関係式は対応する化学ポテンシャルを含めた形に自然に一般化される．また，ブラックホールはあたかも温度 T_{H} の黒体のように熱的な輻射の源となることが知られており，これはホーキング輻射と呼ばれる．

このようなブラックホールの熱力学的な性質が量子力学のユニタリ性と矛盾しないためには，重力の量子論はどうあるべきなのか．特にしばしば議論されるのは情報損失の問題で，非常に素朴には次のように説明される．物質場と重

力場からなる量子論において，ある純粋状態が時間発展の末ブラックホールとなり，さらにホーキング輻射によって蒸発したとする．終状態が熱的な混合状態だとすると，量子力学のユニタリ性と明らかに矛盾してしまう．

超弦理論のブレーンの束縛状態の中には超重力理論の荷電ブラックホール解として表せるものがある．一方で，その世界体積上の励起はゲージ理論によっても記述される．ブラックホールの熱力学的性質をこの対応関係を用いて説明する試みについて紹介しよう．

11.2.1 ブラックホールの熱力学

ブラックホールの示す熱力学的性質についてまとめよう．簡単な例として，4次元の重力場 $G_{\mu\nu}$ と電磁場 A_μ からなる理論をとる．

$$S = \frac{1}{16\pi G_{\rm N}} \int d^4x \sqrt{-G}(R - F_{\mu\nu}F^{\mu\nu}). \tag{11.17}$$

この理論は次のブラックホール解を持つ．これはライスナー・ノルドシュトロム解と呼ばれる．

$$\begin{aligned} ds^2 &= -f(r)dt^2 + \frac{dr^2}{f(r)} + r^2 d\Omega_2^2, \quad F = \frac{Q}{r^2}dtdr, \\ f(r) &= 1 - \frac{2G_{\rm N}M}{r} + \frac{Q^2}{r^2} = \left(1 - \frac{r_+}{r}\right)\left(1 - \frac{r_-}{r}\right), \\ r_\pm &\equiv G_{\rm N}M \pm \sqrt{G_{\rm N}^2 M^2 - Q^2}. \end{aligned} \tag{11.18}$$

ただし $d\Omega_p^2$ は単位 p 次元球面の計量を表し，M, Q はブラックホールの質量 *2) および電荷，$r_\pm$ は外側・内側の地平面の半径である．電荷 $Q = 0$ の解はシュヴァルツシルト解に一致する．裸の特異点を避けるためには $|Q| \leq G_{\rm N}M$ が必要であり，等号を満たす解は臨界ブラックホールと呼ばれる．

このブラックホールのエントロピー S，温度 $T_{\rm H}$，化学ポテンシャル μ を

$$\begin{aligned} S &\equiv \frac{(\text{面積})}{4G_{\rm N}} = \frac{\pi r_+^2}{G_{\rm N}}, \quad T_{\rm H} \equiv \frac{(\text{表面重力})}{2\pi} = \frac{r_+ - r_-}{4\pi r_+^2}, \\ \mu &\equiv \frac{A_t|_{r=r_+}}{G_{\rm N}} = \frac{Q}{G_{\rm N} r_+} \end{aligned} \tag{11.19}$$

*2) 質量を決める簡便法は $(-g_{tt} - 1)/2$ を万有引力ポテンシャルと同定することである．

と定めると，これらは熱力学関係式 $dM = T_{\rm H}dS + \mu dQ$ を満たす．

ちなみに，温度と表面重力は次のように定義される．(11.18) 式の 1 行目のように，無限遠で 1 に漸近する関数 $f(r)$ を含む球対称なブラックホール計量をとる．無限遠に位置する観測者が質量 m の物体を糸で吊るし，動径座標値 r に保持する．無限遠で糸の端に掛かる力を $F = m\kappa$ と書くと，κ は

$$\kappa = \sqrt{a^\mu a_\mu} \cdot f(r)^{1/2} \tag{11.20}$$

で与えられる．ただし $f(r)^{1/2}$ は赤方偏移を表し，また物体の加速度 a^μ はその速度 u^μ から次のように定まる．

$$a^\mu \equiv u^\nu \nabla_\nu u^\mu, \quad u^\mu = (u^t, u^r, u^\theta, u^\varphi) = (f^{-\frac{1}{2}}, 0, 0, 0) \tag{11.21}$$

これより $\kappa = f'(r)$ と定まり，その地平面での値が表面重力である．

温度を決めるもうひとつの手続きは，ユークリッド化したブラックホール解の時間方向の周期性 $t_{\rm E} \sim t_{\rm E} + T_{\rm H}^{-1}$ を，錐特異点を生じないように定めるというものである．例えば計量 (11.18) をユークリッド化したものは，事象の地平面 $r = r_+$ 付近で次のように振る舞う．

$$\begin{aligned} ds_{\rm E}^2 &= f(r)dt_{\rm E}^2 + \frac{dr^2}{f(r)} + r^2 d\Omega_2^2 \\ &\simeq 2\kappa\varrho^2\, dt_{\rm E}^2 + \frac{2d\varrho^2}{\kappa} + r_+^2 d\Omega_2^2. \quad \left(\varrho \equiv \sqrt{r - r_+}\right) \end{aligned} \tag{11.22}$$

錐特異点が現れないという条件より，$t_{\rm E}$ の周期は $T_{\rm H}^{-1} = 2\pi\kappa^{-1}$ と決まる．

11.2.2　D1・D5 ブラックホール

次に，超弦理論のブレーンを組み合わせて作られるブラックホールの例を見てみよう．以下で取り上げるのは D1・D5 ブラックホールと呼ばれる，超弦理論で最も詳しく調べられている設定である．

タイプ IIB 超弦理論をとり，その x^5 方向を S^1，$x^{6,\cdots,9}$ 方向を T^4 にコンパクト化する．S^1 および T^4 の体積を次のように書く．

$$\mathrm{vol}(S^1) = 2\pi\ell_s L, \quad \mathrm{vol}(T^4) = (2\pi\ell_s)^4 V. \quad (L, V \text{ は無次元}) \tag{11.23}$$

この背景に，S^1 に巻きついた D1 ブレーン (05) を Q_1 個，$S^1 \times T^4$ に巻きつ

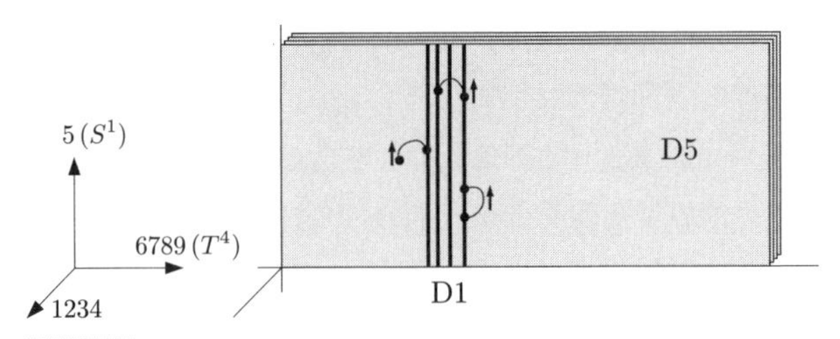

図 11.2 D1・D5 ブレーンと開いた弦の束縛状態のイメージ.

いた D5 ブレーン (056789) を Q_5 個配置する．さらに，その世界体積上に開いた弦を付け加えて x^5 方向に運動させる．それらの担う x^5 方向の運動量の総量を $p_5 = Q_5/\ell_s L$ とする．こうして，図 11.2 のように 3 種類の電荷 Q_1, Q_5, Q_p を担ったブレーンの複合体が得られる．

このブレーンの複合体に対応する超重力理論の古典解を構成しよう．10 次元の弦のフレームの計量，ディラトンおよび RR2 形式場の強さは

$$\begin{aligned} ds^2 &= f_1^{-\frac{1}{2}} f_5^{-\frac{1}{2}} \left\{ -dt^2 + dx_5^2 + (f_p - 1)(dt + dx_5)^2 \right\} \\ &\quad + f_1^{\frac{1}{2}} f_5^{\frac{1}{2}} \, dx_i^2 + f_1^{\frac{1}{2}} f_5^{-\frac{1}{2}} \, ds_{(T^4)}^2, \\ e^{-2\Phi} &= \frac{f_5}{f_1}, \quad F_{05i} = \frac{\partial_i f_1}{g_s f_1^2}, \quad F_{ijk} = \frac{1}{g_s} \varepsilon_{ijkl} \partial_l f_5 \end{aligned} \tag{11.24}$$

で与えられる．ただし i, j, k, l は非コンパクトな空間 4 方向 $x^{1,\cdots,4}$ の添字とし，また f_1, f_5, f_p は $r \equiv (x_1^2 + \cdots + x_4^2)^{1/2}$ の次のような関数である．

$$f_1 = 1 + Q_1 \frac{g_s \ell_s^2}{V r^2}, \quad f_5 = 1 + Q_5 \frac{g_s \ell_s^2}{r^2}, \quad f_p = 1 + Q_p \frac{g_s^2 \ell_s^2}{V L^2 r^2}. \tag{11.25}$$

古典解がこのように 3 つの調和関数の重ね合わせで書かれるのは，3 種類の電荷が共通の超対称性を保つためである．なお，D1 ブレーンは原理的には T^4 内の Q_1 個の点に配置できるが，この古典解においては T^4 の方向に平均化されてしまっていることに注意しておく．

この解を次元削減すると，5 次元重力理論の荷電ブラックホール解になる．5 次元のアインシュタイン・フレームの計量は次で与えられ，

$$ds^2 = -f^{-\frac{2}{3}} dt^2 + f^{\frac{1}{3}} (dr^2 + r^2 d\Omega_3^2), \quad f \equiv f_1 f_5 f_p \tag{11.26}$$

質量とエントロピーの値は次のようになる．

$$M = \frac{LQ_1}{g_s \ell_s} + \frac{LVQ_5}{g_s \ell_s} + \frac{Q_p}{L\ell_s}, \quad S \equiv \frac{\text{面積}}{4G_{(5)}} = 2\pi\sqrt{Q_1 Q_5 Q_p}. \tag{11.27}$$

ここで $G_{(5)}$ は5次元のニュートン定数であり，10次元のニュートン定数とコンパクト空間の体積から次のように決まる．

$$\frac{1}{16\pi G_{(5)}} = \frac{\mathrm{vol}(S^1 \times T^4)}{16\pi G_{(10)}} = \frac{LV}{4\pi^2 \ell_s^3 g_s^2}\,. \tag{11.28}$$

この解は4つの超電荷を保存するBPS (=臨界) ブラックホールを表し，したがって質量は3種類の電荷の単純な線形和で与えられる．

さて，この5次元ブラックホールのエントロピーをDブレーン上の場の理論から再現してみよう．ここでは以下の事柄を仮定する．まず g_s は小さいとし，したがって束縛状態を構成するDブレーンは重く，その上を運動する開いた弦は軽い．また S^1 のサイズ L は T^4 のサイズに比べて大きく，D1・D5ブレーンの束縛状態を $1+1$ 次元の物体と見なせるとする．さらに，単位KK電荷の担うエネルギーは小さいので，Q_p は Q_1, Q_5 に比べて大きいとする．

10.2.2項で議論した例と同様に，D1ブレーンはD5ブレーンに溶け込んで，その世界体積上のゲージ理論のインスタントンとなる．つまりD1・D5束縛状態を任意の時刻 t，地点 x_5 において切断したとき，その断面 T^4 上には $U(Q_5)$ ゲージ場の Q_1 インスタントン配位が現れる．T^4 上のゲージ場のインスタントン配位を指定するモジュライは，$4Q_1Q_5$ 次元のモジュライ空間 $\mathcal{M}_{\text{inst}}$ をなすことが知られている．したがって，D1・D5束縛状態の内部励起を記述する $1+1$ 次元の場の理論をもし同定できたとすると，$\mathcal{M}_{\text{inst}}$ はその真空のモジュライ空間 [*3] として現れるはずである．

D1・D5束縛状態に弦を付け加えてこれをわずかに励起させたとき，$4Q_1Q_5$ 個のモジュライは座標 (t, x_5) に緩やかに依存する関数となる．このような低エネルギー励起は，$\mathcal{M}_{\text{inst}}$ を標的空間とする超対称シグマ模型で記述できるだろう (図11.3)．これは $4Q_1Q_5$ 個のボソン・フェルミオン対からなる2次元 $\mathcal{N} = (4,4)$ 超対称な共形場理論であり，その中心電荷は $c = 6Q_1Q_5$ である．

付け加えられた弦はすべて x_5 の正の方向の運動量を担うとすると，ブラック

[*3] 4.2.1項で議論したように，2次元では零質量スカラーの真空期待値はよく定義されないため，真空のモジュライ空間という用語には注意が必要である．

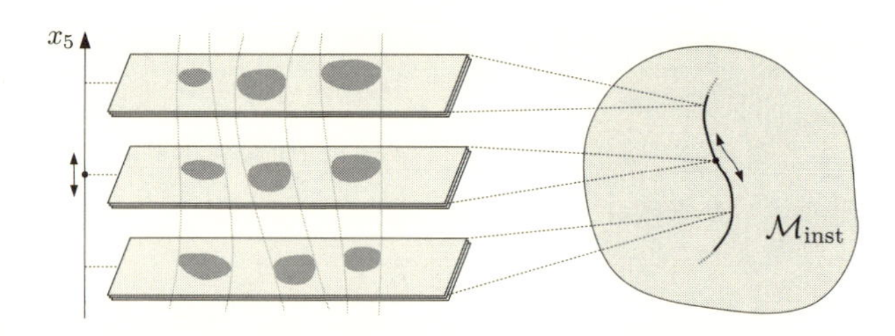

図 11.3 T^4 上の $U(Q_5)$ ゲージ場の Q_1 インスタントン配位が x_5 に依存して緩やかに変化する様子．D1・D5 束縛状態の低エネルギー励起は $\mathcal{M}_{\text{inst}}$ を標的空間とするシグマ模型で記述される．

ホールの持つ運動量 Q_p は共形場理論の量子数 $L_0 = Q_p, \tilde{L}_0 = 0$ を持つ BPS 状態によって再現される．$L_0, \tilde{L}_0$ が大きいとき，このような状態の総数はカーディの公式を用いて次のように評価できる．

$$d(L_0, \tilde{L}_0, c) \sim \exp 2\pi \left(\sqrt{\frac{c}{6} \cdot L_0} + \sqrt{\frac{c}{6} \cdot \tilde{L}_0} \right). \qquad (11.29)$$

この対数をとったものは，ブラックホールのエントロピー (11.27) によく一致する．

ブラックホールとブレーン束縛状態の対応は，超対称性を保たない場合，例えば (11.29) 式の $L_0, \tilde{L}_0$ が両方とも非零の場合にも同様に成り立ち，さらにそこではエントロピーのみならず，粒子の吸収・放出過程に関する一致も確認されている．一方で，場の理論の超対称性を保つ縮退した状態の数え上げに関する理論的進展は，ブラックホールの物理のみならず，超弦理論や場の理論の数理的側面の研究にも大きな影響を与えている．

11.3 ゲージ・重力対応

超弦理論のブラックホールについて，超重力理論の古典解の示す熱力学的性質がブレーンの世界体積上の場の理論からよく再現されるのを見た．マルダセナの提唱した AdS/CFT 対応は，これを重力理論とゲージ理論の間に幅広く成り立つ対応関係に一般化したもので，ゲージ・重力対応とも呼ばれる．ここでは，最も標準的な 4 次元 $\mathcal{N} = 4$ 超対称ヤン・ミルズ理論の例でその基本的なアイデアを紹介する．

11.3.1　$\mathrm{AdS}_5/\mathrm{CFT}_4$ 対応と D3 ブレーン

N 枚の D3 ブレーンの重なった系は，ゲージ理論・超重力理論による 2 通りの記述を持つ．$\ell_s \to 0$ の低エネルギー極限で両者を比較してみよう．

まず，ブレーン上の 4 次元超対称ゲージ理論と 10 次元の IIB 超重力の結合する系を考えよう．$\ell_s \to 0$ の極限では，弦の有質量モードの交換に基づく高階微分項・高次項はすべて脱落し，ゲージ理論の DBI 作用は $\mathcal{N}=4$ 超対称ヤン・ミルズ作用に帰着する．また $G_{\mathrm{N}} \sim g_s^2 \ell_s^8 \to 0$ より，10 次元の超重力多重項の関与する相互作用もすべて脱落する．結局この極限で得られるのは，$\mathcal{N}=4$ 超対称ヤン・ミルズ理論と $G_{\mathrm{N}} \sim 0$ の自由な超重力理論が相互作用なく共存する系である．さらに，ヤン・ミルズ理論のゲージ対称性 $U(N)$ はブレーンの重心運動に相当する $U(1)$ と内部励起の $SU(N)$ に分解する．

次に，超重力理論の古典解による記述を見てみよう．

$$
\begin{aligned}
& ds^2 = f^{-\frac{1}{2}} ds^2_{(\mathbb{R}^{1,3})} + f^{\frac{1}{2}}(dr^2 + r^2 d\Omega_5^2), \quad C_{0123} = 1 - f^{-1}, \\
& f \equiv 1 + L^4/r^4, \quad L \equiv (4\pi g_s N)^{\frac{1}{4}} \ell_s.
\end{aligned} \tag{11.30}
$$

$\ell_s \to 0$ とすると $L \to 0$ となり，古典解はほとんど到るところ平坦になる．この極限で，超重力理論の低エネルギー励起を表すモードは次の 2 通りに分かれる．ひとつはほとんど平坦な 10 次元時空全体を伝搬するモードで，$\ell_s \to 0$ で自由な超重力の運動方程式に従う．もうひとつは事象の地平面 $r=0$ 付近に局在するモードで，これは無限遠の観測者にとっては赤方偏移の効果で常に低エネルギーとなる．前者を捨てて後者のみに限った理論は，D3 ブレーンの内部励起を表す $\mathcal{N}=4$ 超対称 $SU(N)$ ヤン・ミルズ理論に等価なはずである．

地平面近傍での古典解の振る舞いを見てみよう．エネルギーの次元を持つ座標 $U \equiv r\ell_s^{-2}$ を導入し，U を固定して $\ell_s \to 0$ とすると，計量 (11.30) は

$$
ds^2 = L^2 \left(\frac{U^2}{4\pi g_s N} ds^2_{(\mathbb{R}^{1,3})} + \frac{dU^2}{U^2} \right) + L^2 d\Omega_5^2 \tag{11.31}
$$

となる．右辺の第 1 項はサイズ L の 5 次元反ド・ジッター空間 (AdS_5)，第 2 項は半径 L の球面の計量である．したがって，4 次元 $\mathcal{N}=4$ 超対称ヤン・ミルズ理論は $\mathrm{AdS}_5 \times S^5$ 空間上のタイプ IIB 理論に等価であると予想される．これがマルダセナの提唱した AdS/CFT 対応である．

11.3.2　AdS 空間とその対称性

AdS_{d+1} が高い対称性 $SO(2,d)$ を持つ空間であることは，これを平坦な $\mathbb{R}^{2,d}$ 内の次のような超曲面と同一視できることから明らかである．

$$X_{-1}^2+X_0^2-X_1^2-\cdots-X_d^2=L^2. \tag{11.32}$$

AdS_{d+1} の標準的な座標としては以下のものがある．まずグローバル座標 ρ,t,Ω_i $(\sum_{i=1}^d \Omega_i^2=1)$ は次で定義される．

$$X_{-1}=L\cosh\rho\cos t,\quad X_0=L\cosh\rho\sin t,\quad X_i=L\sinh\rho\cdot\Omega_i. \tag{11.33}$$

この座標系を用いると，計量は次のように書ける．

$$ds^2=L^2\Big(-\cosh^2\rho dt^2+d\rho^2+\sinh^2\rho d\Omega_{(d-1)}^2\Big). \tag{11.34}$$

時間座標 t は X_{-1},X_0 平面内の回転角に相当する周期的な変数であるが，この座標系のもとでは，t 方向に普遍被覆をとった (周期性を取り除いた) 空間を AdS_{d+1} 空間と呼ぶ．境界は $\mathbb{R}\times S^{d-1}$ で，$\rho=\infty$ にある．次に，ポアンカレ座標 $(u>0\,;\,x^0,x^1,\cdots,x^{d-1}\in\mathbb{R})$ は以下で定義される．

$$\begin{aligned}
X_0&=\frac{Lt}{u},\qquad X_{-1}=\frac{u}{2}+\frac{1}{2u}(L^2+\eta_{\mu\nu}x^\mu x^\nu),\quad (\mu,\nu=0,\cdots,d-1)\\
X_i&=\frac{Lx_i}{u},\qquad X_d=\frac{u}{2}-\frac{1}{2u}(L^2-\eta_{\mu\nu}x^\mu x^\nu).
\end{aligned} \tag{11.35}$$

この座標系は超曲面 (11.32) の半分，$X_{-1}>X_d$ の領域しかカバーしないことに注意しよう．AdS_{d+1} の計量は次のように書ける．

$$ds^2=\frac{L^2}{u^2}\big(\eta_{\mu\nu}dx^\mu dx^\nu+du^2\big). \tag{11.36}$$

座標 u は (11.31) 式の座標 U と逆数の関係にあるため，境界 $\mathbb{R}^{1,d-1}$ は $u=0$ にある．また，元々 D3 ブレーンのあった地点 $u=\infty$ は地平面をなす．到るところ滑らかなはずの AdS 空間の計量に地平面が現れるのは座標のとり方のためで，平坦時空をリンドラー座標で記述する場合に似ている．

ユークリッド符号のゲージ理論を扱うためには，(11.34) 式の時間座標 t や (11.36) 式の x^0 をウィック回転したいわゆるユークリッド AdS 空間を考える．超曲面による定義式は，(11.32) 式の X_0^2 の前の符号を反転したもので与えられる．位相的には $d+1$ 次元球体と同じで，境界は d 次元球面をなす．

$\mathrm{AdS}_5 \times S^5$ 時空の持つ高い対称性は，ゲージ理論側ではどのように見えるだろうか．実は，4 次元 $\mathcal{N}=4$ 超対称ヤン・ミルズ理論は共形不変であり，したがって平坦時空上の理論はポアンカレ対称性より大きな共形対称性を持つ．また，共形不変性から紫外発散がないこと，特に結合定数 g_{YM}^2 がエネルギースケールに応じて変化しない真の「定数」となることが示唆される．

計量 $g_{\mu\nu}$ を持つ d 次元時空上の共形場理論の対称性は，

$$\delta_{(\xi)} g_{\mu\nu} = \nabla_\mu \xi_\nu + \nabla_\nu \xi_\mu = \frac{2}{d} \nabla_\lambda \xi^\lambda \cdot g_{\mu\nu} \tag{11.37}$$

を満たす共形キリングベクトルによって生成される．d 次元平坦時空の持つ共形キリングベクトルは次で与えられ，$SO(2,d)$ 代数をなす．

$$\begin{aligned} P_\mu &= \partial_\mu, & M_{\mu\nu} &= x_\mu \partial_\nu - x_\nu \partial_\mu, \\ D &= -x^\mu \partial_\mu, & K_\mu &= x_\mu x^\lambda \partial_\lambda - \tfrac{1}{2} x^2 \partial_\mu . \end{aligned} \tag{11.38}$$

K_μ の生成する対称性変換は特殊共形変換と呼ばれる．対称性 $SO(2,d)$ は AdS_{d+1} 空間のアイソメトリーに等しい．

ゲージ理論の持つ $\mathcal{N}=4$ 超対称性は，超電荷 Q_α^I およびその共役 $\bar{Q}_{\dot{\alpha} I}$，合わせて 16 個で生成される．添字 $\alpha, \dot{\alpha}$ は 2 成分ワイルスピノル，I は R 対称性 $SU(4) \simeq SO(6)$ の 4 成分量を表す添字である．$\mathcal{N}=4$ 超対称ヤン・ミルズ理論は，さらに超共形電荷と呼ばれる 16 個の超電荷 $S_{\alpha I}, \bar{S}_{\dot{\alpha}}^I$ を持つ．共形対称性 $SO(2,4)$，R 対称性 $SO(6)$ にこれらの超電荷を加えたものはゲージ理論・重力理論に共通の対称性で，$PSU(2,2|4)$ と呼ばれるリー超代数をなす．

ホログラフィー　　ここまでの議論から，4 次元のゲージ理論は素朴には AdS_5 空間 (11.36) の地平面 $u=\infty$ にあるブレーン上に実現されると考えがちであるが，実はそうではない．

一般に，d 次元の共形場理論と AdS_{d+1} 上の重力理論の持つ対称性は一致するため，このような対の間には量子論的な等価関係が幅広く成り立つと予想されている．さらに，これはホログラフィーと呼ばれる対応関係の具体例と考えられている．ホログラフィーとは，ブラックホール内部の物理がその地平面上の自由度によって記述される，あるいはより一般に，時空のある閉領域内の重力理論がその境界上の自由度によって記述される，という主張である．この立場では，ゲージ理論は AdS 空間の境界，(11.36) 式の $u=0$ に実現されると考えるのが自然である．

さて，何らかの理由，例えば AdS 空間の無限大の体積から生じる赤外発散を正則化するなどにより，AdS 空間を $u \geq \epsilon$ と切断したとしよう．このとき，境界 $u=\epsilon$ 上のゲージ理論においては ϵ は紫外切断の役割を持つ．これは，座標のスケール変換 $x'^{\mu}=ax^{\mu}$ を $u'=au$ と合わせたとき (11.36) 式が不変に保たれることから分かる．ウィルソン流の繰り込みの観点からは，ゲージ理論を $u=\epsilon$ 上に置くことは運動量 $|p|>\epsilon^{-1}$ のモードを経路積分し終えた有効理論を考えることにあたる．

11.3.3　結合定数の関係

次に結合定数の間の関係を見てみよう．

ゲージ理論側では低エネルギー極限 $\ell_s \to 0$ の後で 2 つのパラメータが残る．1 つはゲージ結合定数 $g_{\rm YM}$，もう 1 つはゲージ群のサイズ N である．ファインマン図形を使うと，物理量をこれらのパラメータの 2 重級数として計算できるが，その結果に弦理論の種数展開の構造が現れることが知られている．鍵となるのは，$\mathcal{N}=4$ 超対称ヤン・ミルズ理論ではすべての場が $N \times N$ 行列に値をとることである．

作用 (11.1) からファインマン規則を導くと，プロパゲータは次の形をとる．

$$\langle X_{ab}X_{cd}\rangle \sim g_{\rm YM}^2\Big(\delta_{ad}\delta_{cb}-\frac{1}{N}\delta_{ab}\delta_{cd}\Big). \tag{11.39}$$

ただし X はゲージ場，スカラー場，フェルミオンのいずれかであり，座標依存性は省略した．右辺括弧内の第 2 項は $SU(N)$ のトレース零条件に由来するもので，$N \gg 1$ では無視できる．この理論のファインマン規則は，トホーフト

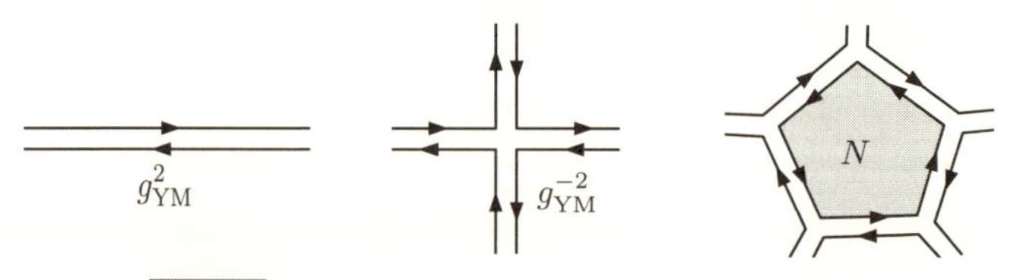

図 11.4　2 重線を用いて表したファインマン規則．

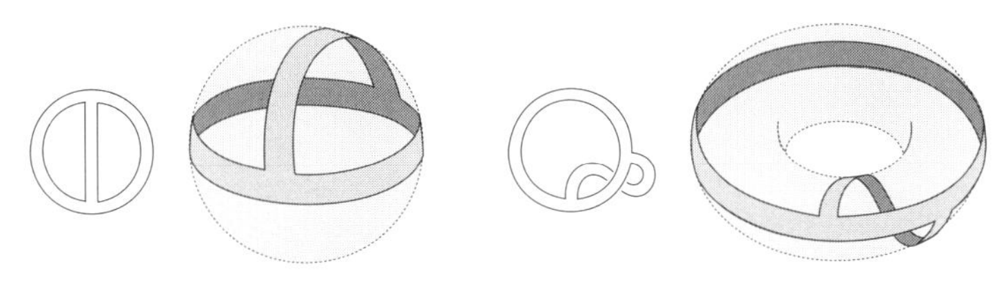

図 11.5　種数 0, 1 を持つ真空泡図形の例.

のアイデアに従って図 11.4 のように 2 重線で表現するのが便利である．2 本の線のそれぞれは，場の持つ $SU(N)$ の基本表現・反基本表現の電荷 (添字) を表す．図形を構成するには，電荷の流れに注意して相互作用頂点を 2 重線で繋いでゆけばよい．ファインマン規則に従えば，図形の各々の頂点および辺にはそれぞれ g_{YM}^{-2}, g_{YM}^{2} が割り当てられる．また図形の「面」は，その縁に沿って添字がループを成すため，因子 N が掛かる．

ファインマン図形は，このように 2 重線で描くことによって，図 11.5 のように 2 次元面の構造を持つ．図形の持つ頂点・辺・面の数をそれぞれ V, E, F とすると，この図形の振幅への寄与は g_{YM}, N に次のように依存する．

$$N^F g_{\mathrm{YM}}^{2(E-V)} = N^{2-2g}\lambda^{E-V} \quad (2-2g = V-E+F) \tag{11.40}$$

ただし $2-2g$ は種数 g を持つ 2 次元面のオイラー標数であり，$\lambda \equiv g_{\mathrm{YM}}^2 N$ はトホーフトの結合定数と呼ばれる．

ゲージ理論の物理量の計算においては，このようにトホーフトの結合定数 λ と N を独立変数としたとき弦理論との対応が見えてくる．この対応において，弦の結合定数の役割を担うのは $1/N$ である．したがって，λ を固定して $N \gg 1$ とする極限では，いわゆる平面的な図形つまり球面のトポロジーを持つ図形の寄与が支配的になる．図 11.5 のように，頂点・辺の数の同じ図形でも N への依存性が異なる場合があるのに注意しよう．

一方，$\mathrm{AdS}_5 \times S^5$ 背景上のタイプ IIB 超弦理論は 3 つの長さのスケールで特徴づけられる．すなわち弦の基本長 ℓ_s，背景時空の曲率半径 $L \equiv (4\pi g_s N)^{\frac{1}{4}}\ell_s$，および 10 次元のニュートン定数から決まるプランク長である．

$$16\pi G_{\mathrm{N}} = \frac{(2\pi\ell_s)^8 g_s^2}{2\pi} \equiv \frac{(2\pi\ell_p)^8}{2\pi} \quad \Rightarrow \quad \ell_p \equiv g_s^{\frac{1}{4}}\ell_s. \tag{11.41}$$

超弦理論が古典超重力理論で精度よく近似されるための条件は次の 2 つである．

まず量子重力による補正 (弦理論のループ補正) が小さいこと．この効果は

$$\frac{G_{\rm N}}{L^8} \sim \left(\frac{\ell_p}{L}\right)^8 \sim N^{-2} \tag{11.42}$$

と見積もられるので，$\ell_p \ll L$ すなわち $N \gg 1$ が必要条件である．次に，微分の最低次の項だけを取り入れた超重力理論の近似がよいこと．高次微分項は零質量の超重力多重項以外の，弦理論に固有の有質量モードを交換する過程から生じるので，ℓ_s のべきを伴う．その効果は

$$\ell_s/L \sim (4\pi g_s N)^{-1/4} \tag{11.43}$$

と見積もられるので，$\lambda \equiv 4\pi g_s N \gg 1$ が必要条件になる．

$N \to \infty$ はゲージ理論・重力理論の両方を簡単化する極限であるが，もう 1 つの結合定数 λ への依存性については，2 つの理論は互いに相補的である．例えば $\lambda \gg 1$ では超重力理論の高次微分項の寄与を無視できる代わりに，ゲージ理論側は強結合となる．ゲージ・重力対応を検証するのはこのため非常に難しいけれども，これを逆手に取って，ゲージ理論や共形場理論の強結合相の問題を古典重力理論を用いて解く枠組みとして利用することもできる．

11.3.4　対応の詳細とその検証

それでは，ゲージ理論と重力理論の間に成り立つ物理量の対応について，いくつか例を見てみよう．

スペクトル　　重力理論の場とゲージ理論の演算子は，1 対 1 の対応をなす．D3 ブレーン多体系の例でこれを詳しく見てみよう．

タイプ IIB 超重力理論においてまず重要になるのは，真空 $\mathrm{AdS}_5 \times S^5$ からの揺らぎを表す場のスペクトルである．AdS_5 のポアンカレ座標を u, x^μ，S^5 の座標を y^a とするとき，10 次元の超重力多重項に属する場 $\phi(u,x;y)$ は一般に S^5 の球面調和関数 $Y_k(y)$ の線形和に展開できる．

$$\phi(u,x;y) = \sum_k \phi_k(u,x) Y_k(y). \tag{11.44}$$

こうして得られる無限個の場 $\{\phi_k(u,x)\}$ は，適当な線形結合をとり直して運動方程式を対角化することにより，5 次元超重力理論の様々な多重項にまとめら

れる．このうち質量最低の重力多重項のみを残した理論は 5 次元 $\mathcal{N}=8$ ゲージ化超重力理論と呼ばれ，S^5 のアイソメトリー $SO(6)$ をゲージ対称性として持つのが特徴である．これに加えて，$SO(6)$ の様々な量子数を持った重い KK モードからなる無限個の多重項が現れるわけである．

これらの場の各々に対応するゲージ理論の局所演算子は，次のように決まる．例えばディラトンの KK 展開のうち $Y_0(y)(=$ 定数$)$ の係数，つまり S 波モード ϕ_0 を考えよう．ゲージ結合定数がディラトンの期待値で与えられることを思い出すと，$\phi_0(u,x)$ はヤン・ミルズラグランジアン $\mathcal{L}_{\mathrm{YM}}$ の係数の変化として

$$S_{\mathrm{YM}}=\cdots+\int d^4x\,\phi_0(u=0,x)\mathcal{L}_{\mathrm{YM}}(x) \tag{11.45}$$

とゲージ理論に現れるはずである．これより，ディラトンの揺らぎに対応する演算子は $\mathcal{L}_{\mathrm{YM}}$ と決まる．なお，積 $\phi_0\mathcal{L}_{\mathrm{YM}}$ は開いた弦が繋がり合って 1 つの閉じた弦を生じる相互作用頂点とも解釈できる．この観点では，N の大きな極限で特に考慮すべきは単トレース，つまり $\mathrm{Tr}(\cdots)$ の形の演算子であり，多重トレース演算子 (単トレースの積) の影響は重要でない．

この対応をさらに詳しく調べるにあたって重要なのは，IIB 超重力理論を KK 展開して得られる 5 次元の場はすべてスピン 2 以下であり，超対称性の短い表現に属することである．これらの場に結合するゲージ理論の演算子も，したがって超共形代数の短い表現に属する．一般に超共形代数 $PSU(2,2|4)$ の表現を構成するには，まず生成元を (D の固有値 Δ を増やす) 上昇演算子 (P_μ,Q)，下降演算子 (K_μ,S)，残り $(D,M_{\mu\nu},R)$，ただし R は R 対称性の生成元，に分ける．次に，下降演算子の作用で消えるプライマリ状態の属する $(D,M_{\mu\nu},R)$ の表現を選び，その上に P_μ,Q を掛けて表現ベクトルを順次生成してゆく．短い表現に対しては，プライマリ状態が 16 個の Q の半分の作用でも消えるという条件がさらに課される．これを満たす状態はカイラルプライマリと呼ばれる．

具体的な例として，次の局所演算子を考えよう．

$$O^{I_1\cdots I_n}=\mathrm{Tr}\big[\Phi^{I_1}\cdots\Phi^{I_n}\big]. \tag{11.46}$$

n 個の $SO(6)$ 添字について完全対称化しトレース成分を除くと，この演算子は $SO(6)$ の $(0,n,0)$ と呼ばれる既約表現に属するカイラルプライマリとなり，そ

の次元はゲージ結合定数に依らず $\Delta = n$ となる．この演算子の持つ共形代数および $SO(6)$ のカシミア演算子 *4) の固有値は，次で与えられる．

$$C_{SO(2,4)} = n(n-4), \quad C_{SO(6)} = n(n+4) \tag{11.47}$$

よって，対応する 5 次元のスカラー場の 2 乗質量は，$C_{SO(2,4)}$ の値から自然に $m^2 = n(n-4)/L^2$ と決まる．素朴な KK 質量 $m^2 = C_{SO(6)}/L^2$ からのずれは，運動方程式を対角化する際に生じることが知られている．一方，$SO(6)$ の同じ表現に属するディラトンの KK モードについては，運動方程式は初めから対角形であり，2 乗質量は $m^2 = n(n+4)/L^2$ である．したがって，このモードはゲージ理論の次元 $\Delta = n+4$ のスカラー演算子に結合する．

超共形代数の短い表現に属さない演算子，例えば小西演算子 $\mathrm{Tr}(\Phi^I\Phi^I)$ などについては，その次元は量子補正のため，結合定数 λ の複雑な関数になると予想される．これらに対応する 5 次元の場は，超重力理論の古典的作用に含まれない弦の有質量モードと考えられるため，詳しく調べるのは難しい．一般論として，$\lambda \gg 1$ のときの次元の関数形は $\Delta(\Delta-4) = m^2L^2$ を逆に解いて

$$\Delta = 2 + \sqrt{4 + m^2L^2} \sim mL \sim L/\ell_s \sim \lambda^{1/4} \tag{11.48}$$

と見積もられるため，非常に大きな異常次元が現れると予想される．

相関関数　ゲージ理論の相関関数についてグプサー・クレバノフ・ポリヤコフおよびウィッテンによって提唱された GKPW 公式を紹介しよう．

5 次元の場 $\phi(u,x)$ と 4 次元の局所演算子 $\mathcal{O}(x)$ が対を成すとする．簡単のため両者はスカラーとし，$\mathcal{O}(x)$ の次元を Δ とする．このとき次が成り立つ．

$$\left\langle e^{\int d^4x \hat{\phi}(x)\mathcal{O}(x)} \right\rangle_{\mathrm{CFT}} = Z_{\mathrm{AdS}}[\hat{\phi}(x)]. \tag{11.49}$$

左辺は演算子 $\mathcal{O}(x)$ の相関関数の生成汎関数，右辺はタイプ IIB 理論の分配関数で，以下の境界条件のもとでの場 $\phi(u,x)$ についての経路積分で定義される．

$$\phi(u,x) \xrightarrow{u\to 0} u^{4-\Delta}\hat{\phi}(x). \tag{11.50}$$

N が大きい極限では，Z_{AdS} は境界条件 (11.50) に従う運動方程式の古典解を

---

*4) (11.38) 式の生成元を使うと $C_{SO(2,4)} \equiv D^2 - P_\mu K^\mu - K_\mu P^\mu - \frac{1}{2}M_{\mu\nu}M^{\mu\nu}$ と書ける．次元 $D = \Delta$ のローレンツ不変なプライマリ状態に対しては $C_{SO(2,4)} = \Delta(\Delta-4)$ となる．

超重力理論の作用に代入することにより近似評価できる．なお，境界値問題の解が一意に定まるように，通常はユークリッド化した設定で議論する．

$\mathcal{O}$ の次元 Δ と ϕ の質量 m の関係を見るため，AdS_5 上の自由スカラー場の運動方程式を解いてみよう．ポアンカレ座標をとると，変数分離形の解は

$$\phi_\pm(u,x) = e^{ik_\mu x^\mu}\, u^2 J_{\pm\nu}(\sqrt{k^2}u) \stackrel{u\to 0}{\longrightarrow} u^{\Delta_\pm},$$
$$\Delta_\pm \equiv 2\pm\nu,\quad \nu\equiv\sqrt{4+m^2L^2} \tag{11.51}$$

と書ける (J_ν はベッセル関数)．(11.48) 式に合わせて $\mathcal{O}$ の次元を $\Delta=\Delta_+$ とすると，$\mathcal{O}$ に共役な外場 ϕ の次元は $4-\Delta=\Delta_-$ となるので，境界条件 (11.50) は解 $\phi=\phi_-$ の漸近形を定める．ϕ は $\mathcal{O}$ がマージナル ($\Delta=4$) のとき零質量，$\Delta<4$ のときはタキオンになるが，AdS_5 上のスカラー場の質量はブライテンローナー・フリードマンの下限 $m^2L^2>-4$ を満たす限り問題は生じない．

$\mathcal{O}$ の 2 点関数を超重力理論の自由場近似から再現してみよう．まず境界条件 (11.50) を満たす古典解は，バルク・境界プロパゲータ K_Δ を用いて

$$\phi(u,x) = \int d^4x' K_\Delta(u,x;x')\hat{\phi}(x'),$$
$$K_\Delta(u,x;x') \equiv \frac{Cu^\Delta}{(u^2+|x-x'|^2)^\Delta},\quad C=\frac{\Gamma(\Delta)}{\pi^2\Gamma(\Delta-2)} \tag{11.52}$$

と構成できる．これを AdS 背景上の自由スカラー場の作用に代入すると，

$$\begin{aligned} I[\phi] &= \frac{1}{2}\int d^4x du\sqrt{g}\big[g^{\mu\nu}\partial_\mu\phi\partial_\nu\phi + m^2\phi^2\big] = -\frac{1}{2}\int_{u=0} d^4x\sqrt{g}g^{uu}\phi\partial_u\phi \\ &= -\frac{1}{2}\int_{u=0} d^4x d^4x'\hat{\phi}(x)\hat{\phi}(x')\Big[(4-\Delta)u^{4-2\Delta}\delta^4(x-x') \\ &\qquad\qquad + 4C|x-x'|^{-2\Delta} + \cdots\Big] \end{aligned} \tag{11.53}$$

を得る．右辺括弧内の第 1 項は $u\to 0$ で発散するが，局所相殺項で除去できる．第 2 項は 2 点関数 $\langle\mathcal{O}(x)\mathcal{O}(x')\rangle \sim |x-x'|^{-2\Delta}$ を正しく再現する．

ウィルソンループ　ウィルソンループ (8.31) はゲージ理論の重要な演算子のひとつで，ゲージ群の表現 R と時空内の閉曲線 C に応じて定まる．例えば C を x^0, x^1 平面内の長方形 $0\le x^0\le T, -\ell/2\le x^1\le \ell/2$ を囲むようにとり，T を大きくとる．このときウィルソンループの期待値を次のように書くと，

$$\langle W_{C,R}\rangle = e^{-iTV(\ell)}, \tag{11.54}$$

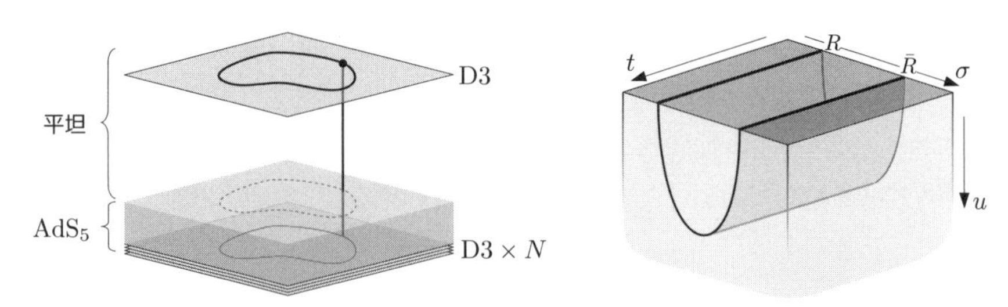

図 11.6　$\mathcal{N}=4$ 超対称ヤン・ミルズ理論のウィルソンループと超弦の極小曲面.

$V(\ell)$ は表現 $R, \bar{R}$ に属する重い試験電荷間のポテンシャルと同定できる.

D3 ブレーン上のゲージ理論に対しては，基本表現に属するウィルソンループを次のように自然に導入できる．N 枚の D3(0123) が $x^{I=4,\cdots,9}=0$ にあるとして，補助的に D3 をもう 1 枚，$x^I \propto n^I$ $(n^I n^I = 1)$ の方向に遠く離して平行に置く．N 枚の D3 のいずれかと補助 D3 を繋ぐ弦は，$SU(N)$ の基本表現に属する重い試験電荷と見なせる．補助 D3 上の弦の端点を閉曲線 C に沿って動かすことにより，次の超対称なウィルソンループが得られる (図 11.6 左).

$$W_{C,R,n} \equiv \mathrm{Tr}_R \exp i \int_C (A_\mu \dot{x}^\mu + \Phi^I n^I |\dot{x}^\mu|) d\tau. \quad (R = \text{基本表現}) \tag{11.55}$$

強結合 $(\lambda \gg 1)$ のゲージ理論ではこの期待値の評価は難しいので，$\mathrm{AdS}_5 \times S^5$ 上の弦の古典的な作用を用いて評価する．世界面の形を図 11.6 右のように

$$(u, x^0, x^1, x^2, x^3; y^I) = (u(\sigma), t, \sigma, 0, 0; n^I) \tag{11.56}$$

と仮定すると，南部・後藤作用は次のようになる.

$$S_{\mathrm{NG}} = -\frac{TL^2}{2\pi\alpha'} \int_{-\ell/2}^{\ell/2} d\sigma \frac{\sqrt{1+u'^2}}{u^2}. \quad \left(T \equiv \int dt\right) \tag{11.57}$$

これに運動方程式の解を代入して評価すると，ポテンシャル $V(\ell)$ が得られる.

$$V(\ell) = -\frac{S_{\mathrm{NG}}}{T} = -\frac{L^2}{\pi \ell_s^2}\frac{1}{\epsilon} - \frac{4\pi^2 L^2}{\Gamma(\frac{1}{4})^4 \ell_s^2}\frac{1}{\ell}\,. \tag{11.58}$$

ただし ϵ は AdS の動径方向の切断 $(u \geq \epsilon)$ である．試験電荷対に働く力はクーロン的になるが，その大きさは λ ではなく $L^2/\ell_s^2 \sim \lambda^{1/2}$ に比例する.

有限温度　　ホログラフィーは超対称性や共形対称性のない系にも広く成り立つと予想される．ここでは，例として有限温度の $\mathcal{N}=4$ 超対称ヤン・ミルズ

理論を考えてみよう．弱結合においては，系は零質量自由ボソン・フェルミオン $8N^2$ 個ずつからなり，温度 T におけるエネルギー，エントロピーは

$$E_{\mathrm{YM}} = \int \frac{d^3x d^3k}{(2\pi^3)} \left[\frac{8N^2 \cdot |k|}{e^{|k|/T} - 1} + \frac{8N^2 \cdot |k|}{e^{|k|/T} + 1} \right] = \frac{\pi^2}{2} V N^2 T^4,$$
$$S_{\mathrm{YM}} = \frac{2}{3}\pi^2 V N^2 T^3 \quad \left(V \equiv \int d^3x \right) \tag{11.59}$$

で与えられる．この計算を場の理論の経路積分で再現するには，時間方向をウィック回転して周期的 $t_{\mathrm{E}} \sim t_{\mathrm{E}} + 2\pi/T$ とすればよい．このときボソンには周期性，フェルミオンには反周期性を課すため，超対称性は破れる．

この結果を再現する重力理論の古典解として，以下を考える．

$$ds^2_{(\mathrm{s})} = H^{-\frac{1}{2}}(-f dt^2 + dx_i^2) + H^{\frac{1}{2}}(f^{-1} dr^2 + r^2 d\omega^2_{8-p}), \quad e^{\Phi} = g_s H^{\frac{3-p}{4}},$$
$$C_{01\cdots p} = \kappa \left(\frac{1}{H} - 1 \right), \quad H = 1 + \frac{L^{7-p}}{r^{7-p}}, \quad f = 1 - \frac{r_0^{7-p}}{r^{7-p}}. \tag{11.60}$$

この表式は，$(\kappa^2 - f)/H = (\text{定数})$ のとき運動方程式を満たす．$p = 3$ の場合をとり，まずブレーン数 N，質量 M，温度 T およびエントロピー S を L, r_0 の関数として求める．その結果から L, r_0 を消去すると，M, S が N, T の関数として定まる．これらは $L \gg r_0$ の仮定のもとで次の形をとる．

$$M - N T_{\mathrm{D3}} V = \frac{3\pi^2}{8} V N^2 T^4, \quad S = \frac{1}{2}\pi^2 V N^2 T^3. \tag{11.61}$$

(11.59) 式と比較すると係数に 3/4 のずれがあるが，これは同じ物理量を結合定数の異なる値において計算したためと考えられている．一般の結合定数の値に対する E_{YM} の関数形は，次のように予想されている．

$$E_{\mathrm{YM}}(\lambda) = \frac{1}{2} c(\lambda) \pi^2 N^2 V T^4. \quad \left(c(0) = 1, \ c(\infty) = \frac{3}{4} \right) \tag{11.62}$$

E, S が N^2 に比例する振る舞いから，この有限温度系は温度 T の値に依らず，ゲージ電荷を担った粒子が自由に運動する非閉じ込め相にあると分かる．空間方向を $\mathbb{R}^3$ から S^3 に置き換えると，時間方向の S^1 の半径 R と S^3 の半径 R' の比の値によって，QCD の閉じ込め・非閉じ込め相転移に似た相転移が起こる [*5]．この相転移の様子を，無限遠方に境界 $S^3 \times S^1$ を持つ 5 次元時空上

[*5] 一般に相転移は有限自由度の系 (有限体積の場の理論) では起こり得ないが，ここでは $SU(N)$ ゲージ理論を $N = \infty$ 周りで摂動展開するため無限自由度となり，相転移が起こり得る．

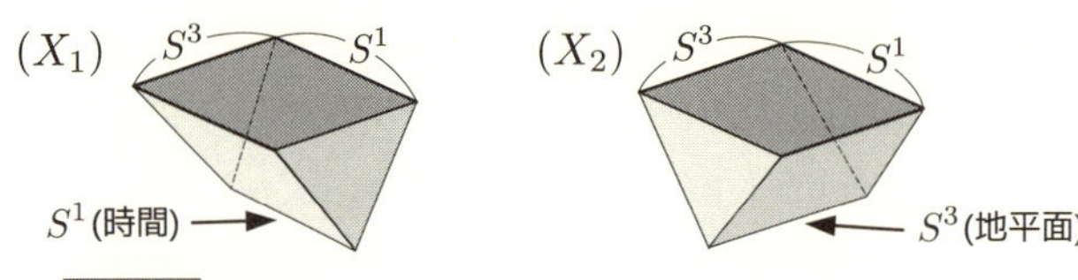

図 11.7 境界 $S^3 \times S^1$ を持つ空間 X_1, X_2 のトポロジー.

の重力理論から見てみよう．以下，$z \equiv R'/R$ を不変温度と呼ぶ.

境界条件に従う古典解は次の 2 つがある．1 つめは (11.34) 式をユークリッド化し t_{E} を周期的とした空間 X_1 で，任意の不変温度 z に対して存在する．2 つめは以下の計量で定義されるブラックホール解 X_2 である.

$$
\begin{aligned}
& ds^2 = f dt_{\mathrm{E}}^2 + f^{-1} dr^2 + r^2 d\Omega_3^2, \\
& f(r) = 1 + \frac{r^2}{L^2} - \frac{wM}{r^2} = \frac{(r^2 - r_+^2)(r^2 + r_-^2)}{r^2 L^2}, \quad w \equiv \frac{16 G_5}{3\pi^2}.
\end{aligned} \tag{11.63}
$$

t_{E} は周期 $2\pi r_+ L^2/(2r_+^2 + L^2)$ を持ち，不変温度は $z = (2r_+^2 + L^2)/L r_+$ となる．これより，$\sqrt{2}$ より大きな任意の z に対し，r_+ の値は 2 通り存在することが分かる．このうち $r_+ > L/\sqrt{2}$ の大きなブラックホール解は比熱 dM/dz が正で安定，$r_+ < L/\sqrt{2}$ の解は比熱が負で不安定となる.

重力理論の経路積分は，大雑把には古典解 X_1, X_2 を作用 I に代入して

$$
Z_{\mathrm{AdS}} = e^{-I[X_1]} + e^{-I[X_2]} + \cdots \tag{11.64}
$$

と近似評価できるだろう．この 2 項を実際に比較すると，低温 $z < 3$ では第 1 項，高温 $z > 3$ では第 2 項が支配的となり，ゲージ理論の相転移の説明を与える．重力理論においては，これはホーキング・ページ転移と呼ばれている.

古典解 X_1, X_2 の位相的な違いを図 11.7 に示す．境界 $S^1 \times S^3$ の S^1 に沿った閉曲線を C とすると，X_1 内には C を境界とする 2 次元面は存在できないが，X_2 内には存在できる．このことから，X_2 においては有限のエネルギーを費やせば S^1 に沿った試験電荷の世界線 (ポリヤコフループ) を導入できることが示唆される．つまり X_2 はゲージ理論の非閉じ込め相に相当すると考えられる.

参考文献

1) J. Polchinski, *String Theory*, Cambridge University Press (1998).
2) M. B. Green, J. H. Schwarz and E. Witten, *Superstring Theory*, Cambridge University Press (1988).
3) D. Friedan, E. J. Martinec and S. H. Shenker, Nucl. Phys. B **271**, 93 (1986).
4) C. G. Callan, Jr., E. J. Martinec, M. J. Perry and D. Friedan, Nucl. Phys. B **262**, 593 (1985).
5) D. H. Friedan, Annals Phys. **163**, 318 (1985).
6) L. Alvarez-Gaume, D. Z. Freedman and S. Mukhi, Annals Phys. **134**, 85 (1981).
7) T. H. Buscher, Phys. Lett. B **194**, 59 (1987); Phys. Lett. B **201**, 466 (1988).
8) E. Cremmer, B. Julia and J. Scherk, Phys. Lett. B **76**, 409 (1978).
9) M. Huq and M. A. Namazie, Class. Quant. Grav. **2**, 293 (1985).
10) P. S. Howe and P. C. West, Nucl. Phys. B **238**, 181 (1984).
11) G. F. Chapline and N. S. Manton, Phys. Lett. B **120**, 105 (1983).
12) M. J. Duff, H. Lu and C. N. Pope, Phys. Lett. B **382**, 73 (1996).
13) L. Brink, P. Di Vecchia and P. S. Howe, Phys. Lett. B **65**, 471 (1976).
14) J. A. Harvey, hep-th/9603086.
15) Y. Tachikawa, Lect. Notes Phys. **890** (2014).
16) J. M. Maldacena, Ph. D. Thesis, Princeton University (1996).
17) O. Aharony, S. S. Gubser, J. M. Maldacena, H. Ooguri and Y. Oz, Phys. Rept. **323**, 183 (2000).

本書で取り上げた内容をより詳しく紹介した教科書としては，代表的な文献 [1] ほかいろいろなものがある．これ以前には，教科書 [2]，あるいは世界面理論の量子化を系統的に整えた論文 [3] などが教材として使われていた．

以下，あまり多くの教科書で詳しく扱われない話題について文献を挙げる．非線形シグマ模型の β 関数については，一般公式は文献 [4]，導出の詳細は文献 [5,6] を参照されたい．T 双対変換の一般公式 (6.53) ついては，文献 [7] が原論文である．超重力理論については，本書ではボソン部分のみ紹介したが，フェルミオンを含む理論の全体が必要になる場合もある．11 次元および 10 次元のタイプ IIA，IIB，I 超重力理論について，それぞれ文献 [8~11] を挙げる．古典解の導出に興味がある場合は，(11.60) 式を発見した論文 [12] をとりあえずお薦めする．また 5. 2. 4 項の 2 次元局所超対称理論の構成は，文献 [13] に基づく．

最終章で紹介した 4 次元 $\mathcal{N}=4$, $\mathcal{N}=2$ 超対称ゲージ理論，ブラックホール，AdS/CFT 双対性についても，レビューを 1 つずつ挙げる (文献 [14~17])．

索　引

欧数字

あ　行

か　行

さ　行

た 行

な 行

は　行

ま　行

や 行

ら 行

わ 行

著者略歴

細道和夫（ほそみち かずお）

1972年　福井県に生まれる
2000年　東京大学大学院理学系研究科博士課程修了
現　在　国立台湾大学物理学系教授
　　　　理学博士

Yukawaライブラリー 2
弦とブレーン

定価はカバーに表示

2017年2月20日　初版第1刷
2018年9月10日　　　第2刷

監修者　京都大学基礎物理学研究所
著　者　細　道　和　夫
発行者　朝　倉　誠　造
発行所　株式会社　朝　倉　書　店
東京都新宿区新小川町6-29
郵便番号　162-8707
電　話　03(3260)0141
FAX　03(3260)0180
http://www.asakura.co.jp

〈検印省略〉

中央印刷・渡辺製本

ISBN 978-4-254-13802-3　C 3342　Printed in Japan